高等职业院校精品教材系列

电工技术基础

（第 2 版）

郑 怡　权建军　主　编
闫 姝　傅继军　副主编

电子工业出版社
Publishing House of Electronics Industry
北京·BEIJING

内 容 简 介

本书在第 1 版得到全国广大院校师生的欢迎和使用基础上，结合课程组近年来取得的教学成果，在充分听取广大师生的意见和建议后，在保留原教材主题内容的前提下，不断进行优化、补充和调整。内容由电工基础、电机与电器、低压配电系统三部分组成，含 7 个模块共 31 个任务。电工基础部分包括四个模块，内容涵盖直流电路、单相正弦交流电路、三相交流电路、一阶动态电路的测量与分析。电机与电器部分由两个模块组成，主要介绍电路中最常见的电气设备变压器、电动机及常用的低压电器的基本结构、功能和应用以及典型的继电器接触控制电路。低压配电系统部分主要在前两部分学习的基础上使学生能够应用已学知识，完成较简单的综合实训项目，使学生的综合学习能力得到提高。

本书在前六个模块后增加了内容回顾，典型例题解析，以及复习•提高•检测等三部分内容，同时针对重点知识点配套了视频讲解二维码，方便教师教学及学生课后回顾复习，其中大量的习题可供教师组卷使用。

本书适合理实一体化教学与学生的自主研究性学习，可供高职高专院校电类，机电类等相关专业使用。

未经许可，不得以任何方式复制或抄袭本书之部分或全部内容。
版权所有，侵权必究。

图书在版编目（CIP）数据

电工技术基础 / 郑怡，权建军主编．—2 版．—北京：电子工业出版社，2016.8
全国高职高专院校示范专业规划教材．一体化教学系列

ISBN 978-7-121-28961-3

Ⅰ．①电… Ⅱ．①郑… ②权… Ⅲ．①电工技术—高等职业教育—教材 Ⅳ．①TM

中国版本图书馆 CIP 数据核字（2016）第 123016 号

策划编辑：刘少轩（liusx@phei.com.cn）
责任编辑：郝黎明
印　　刷：三河市鑫金马印装有限公司
装　　订：三河市鑫金马印装有限公司
出版发行：电子工业出版社
　　　　　北京市海淀区万寿路 173 信箱　邮编　100036
开　　本：787×1 092　1/16　印张：18.5　字数：473.6 千字
版　　次：2012 年 8 月第 1 版
　　　　　2016 年 8 月第 2 版
印　　次：2022 年 12 月第 15 次印刷
定　　价：53.00 元

凡所购买电子工业出版社图书有缺损问题，请向购买书店调换。若书店售缺，请与本社发行部联系，联系及邮购电话：（010）88254888，88258888。
质量投诉请发邮件至 zlts@phei.com.cn，盗版侵权举报请发邮件至 dbqq@phei.com.cn。
本书咨询联系方式：（010）88254571。

前　　言

电工技术基础是一门理实一体化课程，本课程中的理论知识本身是适合理论、实践双体系课程教学的，我们希望利用实践课程的试验结果，提出问题，使学生在学习过程中逐步掌握理论知识，得到结论，编写出一本让学生乐于接受、又便于学校进行教学组织的教材。使理论、实践双体系课程模式在一定程度相互借鉴，互相补充，相互融合，采用突出以形象的学习情境引发任务驱动教学资源的整合。

本书在第 1 版得到全国广大院校师生的欢迎和使用基础上，结合课程组近年来取得的教学成果，在充分听取广大师生的意见和建议后，在保留原教材主题内容的前提下，不断进行优化、补充和调整。内容由电工基础、电机与电器、低压配电系统三部分组成，含 7 个模块共 31 个任务。电工基础部分包括四个模块，内容涵盖直流电路、单相正弦交流电路、三相交流电路、一阶动态电路的测量与分析。电机与电器部分由两个模块组成，主要介绍电路中最常见的电气设备变压器、电动机及常用的低压电器的基本结构、功能和应用以及典型的继电器接触控制电路。低压配电系统部分主要在前两部分学习的基础上使学生能够应用已学知识，完成较简单的综合实训项目，使学生的综合学习能力得到提高。

本书在前六个模块后增加了内容回顾，典型例题分析，复习·提高·检测等三部分内容，内容回顾：归纳总结重要结论，加深学生对本模块内主要概念、理论和方法的记忆。典型例题解析：结合典型例题求解，详细介绍解题思路、方法、步骤；通过求解有代表性的例题，对学生理解教学内容更有帮助。复习·提高·检测：这部分通过大量的练习题，既能用于学生自我检查或课后练习，巩固学习成果，也可为其他院校建立试题库提供参考。

本书的内容尽量做到结构紧凑、内容简明、脉络清晰。在各模块后安排有练习与思考，方便学生复习巩固知识，通过选择题、判断题理清学习中的难点与重点。这样的编排既便于教师讲授，又起到了对学生引导、总结、提高和自我检查的目的。

参加本书编写的人员都是在各高职高专院校从事电工基础教学和研究的一线教学人员，本书由郑怡、权建军担任主编，由闫姝、傅继军担任副主编。权建军编写模块 1 中的新增内容及自我检测题一、二；闫姝编写模块二的新增内容及自我检测三、四、五；郑怡编写模块 3~7 的新增内容部分。

为了方便教师教学，本书配有电子教学课件，请有此需要的教师登录华信教育资源网（www.hxedu.com.cn）免费注册后进行下载，电子教学课件可用于开展交互式教学，方便教师在教学中使用，并将各模块后的计算题的解题过程步骤附上。

编者在编写本书时参考了国内一些已出版的优秀教材，受到不少启发，并吸收了其中一些优点，特向这些教材的编者致意，编写过程中也得到了兰州石化职业技术学院的领导和教师的支持与帮助，在此编者表示十分感谢。

限于编者水平，书中的缺点和错误在所难免，恳请广大读者批评指正。

编　者
2016 年 4 月

目　录

第 1 部分　电工基础

模块 1　直流电路的测量与学习 ·· 1

任务 1.1　电路的组成与作用 ·· 1
　　1.1.1　电路的组成 ··· 1
　　1.1.2　电路的作用 ··· 2
　　1.1.3　实际电路元件与理想电路元件 ··· 2

任务 1.2　电路的基本物理量 ·· 3
　　1.2.1　电流 ··· 3
　　1.2.2　电压 ··· 4
　　1.2.3　电路的三种工作状态 ··· 5
　　1.2.4　电气设备的额定值 ·· 6
　　1.2.5　电位 ··· 7
　　1.2.6　电动势 ·· 8
　　1.2.7　电能与电功率 ·· 8
　　1.2.8　电位的计算 ··· 9

任务 1.3　欧姆定律与电阻 ··· 10
　　1.3.1　欧姆定律的应用 ·· 11
　　1.3.2　电阻与电导 ·· 11
　　1.3.3　电阻的连接 ·· 13

任务 1.4　电容与电感 ··· 16
　　1.4.1　电容元件 ··· 16
　　1.4.2　电感元件 ··· 17
　　1.4.3　电容元件的串并联 ··· 18

任务 1.5　电压源、电流源及受控源 ·· 20

任务 1.6　理想电压源、理想电流源的串联与并联 ··· 22
　　1.6.1　理想电压源的串联 ··· 22
　　1.6.2　理想电压源的并联 ··· 22
　　1.6.3　电流源的并联 ··· 23
　　1.6.4　电流源的串联 ··· 23

任务 1.7　实际电源的两种模型及其等效变换 ··· 24
　　1.7.1　实际电压源 ·· 24
　　1.7.2　实际电流源 ·· 24

1.7.3 电源的等效变换 ··· 25

任务 1.8 基尔霍夫定律 ·· 27
 1.8.1 基尔霍夫定律 ··· 27
 1.8.2 复杂电路的分析方法 ·· 29
 ※内容回顾※ ··· 42
 ※典型例题解析※ ··· 46
 ※练习题※ ··· 55
 ※复习·提高·检测※ ·· 59

模块 2 单相正弦交流电路的测量与学习 ·· 75

任务 2.1 单相正弦交流电的概念 ·· 75
 2.1.1 正弦交流电的基本物理量（三要素） ························· 75
 2.1.2 正弦交流电的相位差 ·· 76
 2.1.3 正弦交流电的有效值 ·· 77
 2.1.4 正弦交流电的相量表示 ·· 78

任务 2.2 单一参数元件的电路 ·· 80
 2.2.1 电阻元件电路 ··· 81
 2.2.2 电感元件电路 ··· 83
 2.2.3 电容元件电路 ··· 85

任务 2.3 R、L、C 元件串、并联电路的分析 ··· 88
 2.3.1 RLC 串联交流电路 ·· 88
 2.3.2 阻抗的串并联 ··· 94
 2.3.3 功率因数的提高 ··· 96

任务 2.4 交流电路中的谐振 ·· 98
 2.4.1 串联谐振 ··· 99
 2.4.2 并联谐振 ··· 100

任务 2.5 非正弦周期交流电路 ·· 102
 ※内容回顾※ ··· 104
 ※典型例题解析※ ··· 107
 ※练习题※ ··· 110
 ※复习·提高·检测※ ·· 111

模块 3 三相交流电路的测量与学习 ·· 128

任务 3.1 三相交流电源 ·· 129
 3.1.1 概述 ··· 129
 3.1.2 三相电源的星形（Y）连接 ······································· 129

3.1.3 三相电源的三角形（△）连接 ………………………………………………… 130
　任务 3.2 三相负载的连接 ……………………………………………………………… 131
　　3.2.1 三相负载的星形（Y）连接 ……………………………………………………… 131
　　3.2.2 三相负载的三角形（△）连接 …………………………………………………… 137
　任务 3.3 三相电功率 …………………………………………………………………… 139
　　※内容回顾※ …………………………………………………………………………… 141
　　※典型例题解析※ ……………………………………………………………………… 142
　　※练习题※ ……………………………………………………………………………… 147
　　※复习·提高·检测※ ………………………………………………………………… 148

模块 4　一阶动态电路分析 ………………………………………………………………… 159
　任务 4.1 过渡过程的产生与换路定律 ………………………………………………… 159
　　4.1.1 过渡过程的产生 …………………………………………………………………… 159
　　4.1.2 换路定律及电路初始值的计算 …………………………………………………… 160
　任务 4.2 RC 串联电路暂态过程的分析 ……………………………………………… 162
　任务 4.3 一阶电路暂态过程的应用 …………………………………………………… 165
　　4.3.1 RL 串联电路的零状态响应 ……………………………………………………… 165
　　4.3.2 RL 串联电路的零输入响应 ……………………………………………………… 167
　　※内容回顾※ …………………………………………………………………………… 169
　　※典型例题分析※ ……………………………………………………………………… 169
　　※练习题※ ……………………………………………………………………………… 173
　　※复习·提高·检测※ ………………………………………………………………… 174

第 2 部分　电机与电器

模块 5　变压器 ……………………………………………………………………………… 182
　任务 5.1 磁路的基本概念 ……………………………………………………………… 182
　任务 5.2 交流铁芯线圈电路 …………………………………………………………… 186
　任务 5.3 变压器的用途与结构 ………………………………………………………… 187
　任务 5.4 变压器的工作原理 …………………………………………………………… 188
　　5.4.1 空载运行 …………………………………………………………………………… 188
　　5.4.2 有载运行 …………………………………………………………………………… 189
　　5.4.3 阻抗变换 …………………………………………………………………………… 190
　任务 5.5 变压器的外特性 ……………………………………………………………… 191
　　5.5.1 电压变化率 ………………………………………………………………………… 191
　　5.5.2 变压器的效率 ……………………………………………………………………… 192

  5.5.3 变压器的额定值及型号 ………………………………………………… 192
 任务 5.6 几种常用的变压器 ………………………………………………………… 193
  5.6.1 三相电力变压器 …………………………………………………………… 193
  5.6.2 自耦变压器 ………………………………………………………………… 194
  5.6.3 互感器 ……………………………………………………………………… 195
  ※内容回顾※ ……………………………………………………………………… 196
  ※典型例题解析※ ………………………………………………………………… 197
  ※练习题※ ………………………………………………………………………… 199
  ※复习·提高·检测※ …………………………………………………………… 200

模块 6 电动机控制技术 ……………………………………………………………… 205

 任务 6.1 三相异步电动机的结构与工作原理 …………………………………… 205
  6.1.1 三相异步电动机的结构 …………………………………………………… 205
  6.1.2 三相异步电动机的工作原理 ……………………………………………… 207
  6.1.3 三相异步电动机的铭牌 …………………………………………………… 211
 任务 6.2 三相异步电动机的应用 …………………………………………………… 212
  6.2.1 三相异步电动机的电磁转矩 ……………………………………………… 212
  6.2.2 三相异步电动机的启动 …………………………………………………… 213
  6.2.3 三相异步电动机的调速 …………………………………………………… 216
  6.2.4 三相异步电动机的制动 …………………………………………………… 216
 任务 6.3 三相异步电动机的控制 …………………………………………………… 218
  6.3.1 常用低压控制电器 ………………………………………………………… 218
  6.3.2 实训器材的准备 …………………………………………………………… 225
  6.3.3 三相异步电动机基本控制电路 …………………………………………… 225
  ※内容回顾※ ……………………………………………………………………… 229
  ※典型例题解析※ ………………………………………………………………… 230
  ※练习题※ ………………………………………………………………………… 235
  ※复习·提高·检测※ …………………………………………………………… 235

第 3 部分 低压配电系统

模块 7 低压配电系统 ………………………………………………………………… 246

 任务 7.1 低压配电系统设计 ………………………………………………………… 246
 任务 7.2 低压配电线路安装 ………………………………………………………… 250
 任务 7.3 低压配电线路设计配电箱安装 …………………………………………… 251
 任务 7.4 安全用电常识 ……………………………………………………………… 258
  ※练习题※ ………………………………………………………………………… 262

附录 A 自我检测题 ··· 265
 自我检测题一 ·· 265
 自我检测题二 ·· 267
 自我检测题三 ·· 269
 自我检测题四 ·· 271
 自我检测题五 ·· 274

附录 B 自我检测题参考答案 ·· 277
 自我检测题一 ·· 277
 自我检测题二 ·· 278
 自我检测题三 ·· 278
 自我检测题四 ·· 279
 自我检测题五 ·· 280

参考文献 ·· 283

第1部分 电工基础

模块 1 直流电路的测量与学习

任务 1.1 电路的组成与作用

演示器件	手电筒、电池、灯泡、导线、开关	
操作人	教师演示	
演示结果	电路状态	灯泡状态
	开关闭合	亮
	开关断开	灭
问题 1：电路主要由几部分组成？ 问题 2：电路中的作用有哪些？ 问题 3：电路中的元件要有哪些？		

图 1-1 手电筒电路

1.1.1 电路的组成

如图 1-1 所示的手电筒电路，当开关闭合后，电路有电流，电流通过使灯泡发光，这是最简单的电路。电路是各种电气设备按一定方式连接起来的电流通过的路径。电路由电池、灯泡、开关、连接导线组成。根据不同的用途可以归纳为三部分：电源、负载和中间环节。

1. 电源

电源是指电路中的能源，将非电能转换为电能的装置。电池是此电路的能源，但要注意的是，不是所有的电池都作为电源来使用，如充电电池充电时在电路中的作用不是电源，而是负载。

2. 负载

负载是指将电能转换为非电能的装置，如灯泡、电烙铁、电炉、电动机等。

3. 中间环节

把电源和负载连接起来的部分，如导线、金属片、开关、保护装置等，起传输、控制和保护的作用，称为中间环节。

1.1.2 电路的作用

（1）实现电能的传输、分配和转换。例如，手电筒电路、照明电路等，把电能转换为光能和热能。

（2）实现信号的传递、处理、转换。例如，MP3 播放器，将存储的音乐文件经过信号处理电路，变换为音频信号，经过放大后，就是人们听到的音乐。

1.1.3 实际电路元件与理想电路元件

用实际电路元件绘制电路非常麻烦，也不利于电路的分析。因此用一个足以表征其主要电磁特征的理想电路元件来代替实际元件。

例如，把灯泡看做一个理想的电阻元件，干电池看做一个理想电压源；如图 1-2 所示的手电筒电路是由理想电路元件构成的电路，称为电路模型。

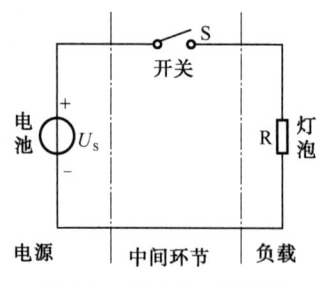

图 1-2　手电筒电路模型

理想电路元件是组成电路的基本元件，元件上的电压和电流的关系又称为元件的伏安特性，它反映了元件的性质。电路中使用的各种理想电路元件模型，如图 1-3 所示。

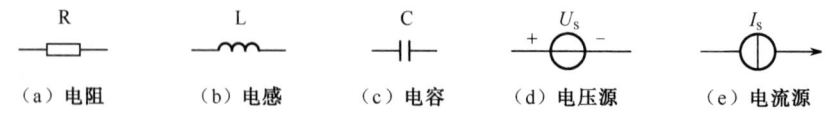

（a）电阻　　（b）电感　　（c）电容　　（d）电压源　　（e）电流源

图 1-3　理想电路元件的图形与符号

任务 1.2　电路的基本物理量

演示器件	直流稳压电源、电阻箱两个、导线、开关、直流电压表、直流电流表			演示电路
操作人	教师演示、学生练习			
演示结果	开关位置	电流表（mA）	电压表（V）	
	1	200	0	
	2	0	2	
	3	20	1.8	
问题 1：电压表与电流表在电路连接时的注意事项。 问题 2：电路中的基本物理量有哪些？ 问题 3：开关分别接到 1、2、3 位置时，电路的主要不同之处有哪些？				

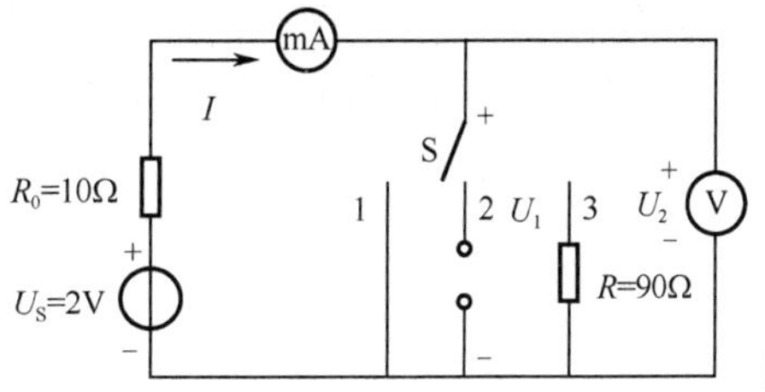

图 1-4　简单电路

图 1-4 是一个简单电路，电流的方向可以直观判定，做此实验，要注意以下的细节：首先要选择直流电流表的量程 0～500mA，串联到电路时，表头的正负极不能接反；其次电压表也要选择直流电压表的量程 0～25V 并联到电路，表头的正负极不能接反。

1.2.1　电流

1. 电流

电流是由电荷的定向移动形成的，是有大小、方向的量。
电流定义为单位时间内通过导体横截面的电荷量，用符号 i 表示，即：

$$i = \frac{\mathrm{d}q}{\mathrm{d}t} \tag{1-1}$$

在国际单位制中，电流的单位是安培（A），简称安。常用单位有千安（kA）、毫安（mA）或微安（μA）。其换算关系如下：

$$1\mathrm{kA} = 10^3 \mathrm{A} \qquad 1\mathrm{mA} = 10^{-3} \mathrm{A} \qquad 1\mathrm{\mu A} = 10^{-6} \mathrm{A}$$

习惯上把正电荷运动的方向规定为电流的实际方向。

大小和方向均不随时间变化的电流称为恒定电流，简称直流（DC），直流电流常用大写字母 I 表示，如图 1-5（a）所示。量值和方向随时间变化的电流称为交变电流，简称交流（AC），用小写字母 i 表示，如图 1-5（b）所示。

2. 电流的参考方向

对于简单的电路，电流的实际方向可以直观地确定。但在复杂电路中，各条支路的电流的实际方向很难确定；并且交流电路中的电流的实际方向还在不断改变。为了解决这个问题，引入参考方向的概念。参考方向是指电路中任意选定的一个方向，有电流的参考方向、电压的参考方向等。在电路图中用实线箭头表示参考方向，用虚线箭头表示实际方向，如图 1-6 所示。

实际方向和参考方向的关系为：当电流的参考方向与实际方向一致时，电流为正值，即 $I>0$，如图 1-6（a）所示；当电流的参考方向与实际方向相反时，电流为负值，即 $I<0$，如图 1-6（b）所示。读者就可以利用电流的正负值确定电流的实际方向。在未标示参考方向的情况下，电流的正负是毫无意义的。

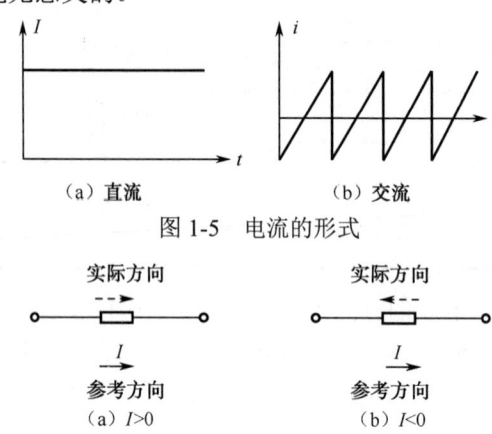

图 1-5　电流的形式

图 1-6　电流参考方向与实际方向的关系

1.2.2　电压

1. 电压

电压是有大小、方向的量。电压的方向规定为由高电位指向低电位。

电压也称为"电位差"，就是电场力把单位正电荷从电路中的 a 点移至 b 点所做功。其数学表达式为：

$$U_{ab} = \frac{dW_{ab}}{dq} = V_a - V_b \tag{1-2}$$

式中，V_a、V_b 分别表示 a、b 点的电位；U_{ab} 表示 a、b 点间的电位之差；W_{ab} 表示电场力做的功，单位为焦耳（J）；q 表示电量，单位为库仑（C）。

在国际单位制中，电压的单位是伏特，简称伏(V)。常用的单位还有千伏(kV)、毫伏(mV)、微伏（μV）等。其换算关系如下：

$$1kV = 10^3 V \qquad 1mV = 10^{-3} V \qquad 1\mu V = 10^{-6} V$$

如果大小和方向都不随时间变化的电压称为直流电压，用大写字母 U 表示；大小和方向随时间变化的电压称为交变电压或交流电压，用小写字母 u 表示。

2. 电压的参考方向

对于简单的电路，电压的方向可以直观地确定。但在复杂电路中，电压的实际方向不易直观确定，这给实际电路的分析计算带来不便，所以引入了电压的参考方向。在电路图中用箭头或正负表示，如图1-7所示。

实际方向和参考方向的关系为：当电压的参考方向与实际方向一致时，电压为正值，即$U>0$，当电压的参考方向与实际方向不一致时，电压为负值，即$U<0$。

电压的参考方向除了用"+"、"-"号表示外，也可用箭头来表示，如图1-8（a）所示；还可用双下标表示，U_{ab}表示"a"为高电位、"b"为低电位，如图1-8（b）所示。

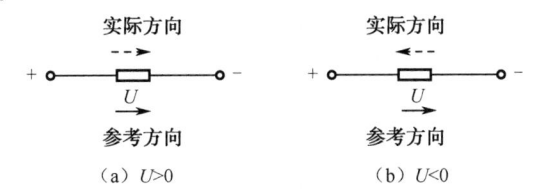

图1-7 电压参考方向与实际方向的关系

图1-8 电压的参考方向

3. 关联参考方向

一段电路或一个元件上的电压的参考方向和电流的参考方向在选定时，两者彼此独立。但是，为了分析电路方便，常把元件上的电流和电压的参考方向取为一致，称为关联参考方向；反之称为非关联参考方向。

图1-9（a）所示的U和I参考方向相一致，是关联参考方向，则其电压与电流的关系式为$U=IR$；而图1-9（b）所示的U和I参考方向不一致，是非关联参考方向，则其电压与电流的关系式为$U=-IR$。

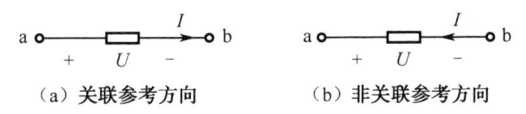

图1-9 关联参考方向和非关联参考方向

1.2.3 电路的三种工作状态

在图1-4中，当开关S分别接到1、2、3位置时，分别代表电路的3种工作状态。

1. 短路状态

开关接到 1 位置时，I=200mA、U=0，这种情况称为短路，是一种故障状态。电路具有以下特征。

（1）电路中的电流最大，即：

$$I_{SC}=U_S/R_0$$

（2）电源和负载的端电压均为 0，即：

$$U_1=U_S-R_0I_{SC}=0$$
$$U_2=0$$

由于电源的内阻一般很小，电源发热很严重，会烧毁电源，造成严重事故。应采取保护措施，尽量避免短路的发生。

2. 开路状态

开关接到 2 位置时，I=0、U=2V，称为断路或开路状态。它也是电路的一种空载运行状态，当开关断开或连接导线断开时，就会发生这种状态。电路开路时，外电路负载可视为无穷大，故电路具有以下特征。

（1）电路中电流为零，即 I=0。

（2）电路端电压等于电源的电动势，即 $U=U_S$。

3. 负载状态

开关接到 3 位置时，负载为通路状态，电路具有以下特征。

（1）电路中的电流为：

$$I=U_S/(R_0+R)$$

（2）电源的端电压为：

$$U_1=U_S-R_0I=U_2$$

1.2.4　电气设备的额定值

必须着重指出，在实际电路中，每一种电气设备或元件在工作时都有一定的使用限额，这种限额称为额定值。额定值是制造厂家综合考虑可靠性、经济性及使用寿命等因素而规定的，它是使用者使用该电气设备或元件的依据。通常表示额定值的一组数据为额定电压 U_N、额定电流 I_N、额定功率 P_N。例如，灯泡电压 220V、功率 40W，就是告诉使用者灯泡在 220V 电压下工作是正常的，此时其消耗功率为 40W。实践证明，电气设备额定运行时效率高、安全可靠，经济合理，并能保证一定的使用寿命。当实际功率或电流大于额定值时，电气设备的工作状态称为过载（或超载）状态，一般来说短时过载是允许的，因为设计产品时考虑了一定的安全系数，但长期严重过载是不允许的。当在低于额定值很多的状态下工作时，不能发挥元件的潜力，不能使电气设备正常工作，甚至造成设备的损坏。例如，电压过低时，灯泡发光不足、电动机不能拖动生产机械正常运转。

1.2.5 电位

演示器件	直流稳压电源2个、电阻3个、直流电压表、导线							演示电路
操作人	教师演示、学生练习							
操作结果	电源参数	V_A	V_B	V_C	V_O	U_{AB}	U_{BC}	图1-10 电位的测量
	U_{S1}=15V U_{S2}=12V 分别以 O、B 为零参考点	15V	10.5V	12V	0	4.5V	-1.5V	
		4.5V	0	1.5V	-10.5V	4.5V	-1.5V	
	U_{S1}=12V U_{S2}=12V 分别以 O、B 为零参考点	12V	9V	12V	0	3V	-3V	
		3V	0	3V	-9V	3V	-3V	
	问题1：电位与电压的区别。 问题2：电压与电位的关系。							

电位的概念：电场力将单位正电荷从电场中某点移至无穷远点（零电位）所做的功。在电路中任选一点为参考点（零电位），则电路中某点电位定义为该点到零参考点之间的电压。

参考点的电位为零电位，通常选择大地用"⏚"表示，或某公共点（如机壳）用"⊥"表示作为零电位点。

在测量电路中电位时，零参考点接电压表黑表笔，测量点接红表笔。

根据图1-10的电路，观察测量结果，可以得到如下结论。

（1）电路中各点的电位会随参考点的不同而变化，电位是一个相对值。

（2）电压是一个绝对值，与参考点的选择无关，电压与电位单位相同。

（3）电路中任意两点间的电压是这两点之间的电位差。

$$U_{AB}=V_A-V_B \tag{1-3}$$

电位是电路分析中的重要概念。在电子技术中，常用电位的高低来分析电路的工作状态，如判断二极管是导通还是截止、三极管是在饱和工作状态还是在截止工作状态等。

高压带电作业时，要求人与导线等电位，这样人体无电流通过，因此不会造成人体触电事故。

在电子电路中，电源的一端通常是接地的，为了作图方便，习惯上不画电源，而在电源的非接地端标注其电位的数值。把图1-11（a）所示的电路利用电位的概念，简化成图1-11（b）所示。在电子线路中，常使用这种习惯画法。

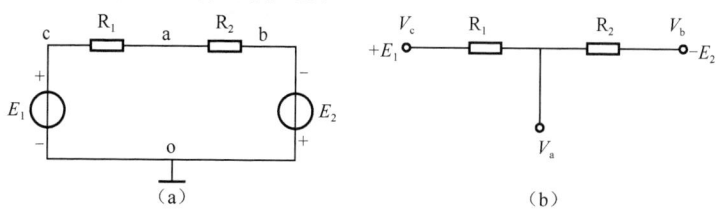

图1-11 电路中电源及参考点的画法

1.2.6 电动势

在如图1-12所示的电路中，为了维持电流在导体中的流通，并保持U_{AB}恒定，电源内部必须产生一种力，克服电场力而使负极板B上的正电荷流向正极板A，把电源的这种力称为电源力，用电动势来衡量电源力对电荷的做功能力。电动势在数值上等于电源力将单位正电荷从电源的负极板移到电源正极板所做的功，用E表示，即

$$E = \frac{W_{BA}}{Q} \tag{1-4}$$

在国际单位制中，电动势的单位也用伏特（V）。

电动势的实际作用方向是由低电位指向高电位端，是电位升的方向。

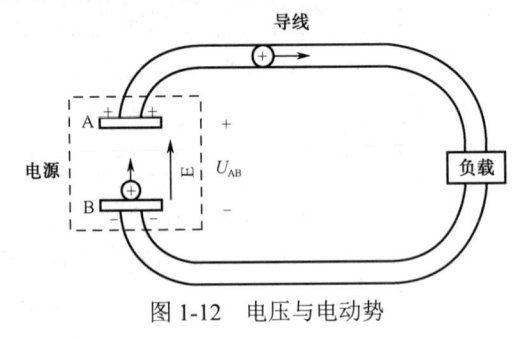

图1-12 电压与电动势

1.2.7 电能与电功率

1. 电能

当电路有电流流过时，电路各部分进行着能量转换。对于外电路，电流流过负载，把电能转换为非电能；而在电源内部，电源力克服电场力对正电荷做功，把非电能转换为电能。能量转换的多少，由式（1-5）计算。

设电路任意两点间的电压为U，流入该部分电路的电流为I，在时间t内电场力所做的功（也称为电能）为：

$$W = UIt \tag{1-5}$$

式中，电能的单位为焦耳（J）；若时间用小时（h）、功率用千瓦（kW）为单位，则电能的单位为千瓦时（kW·h），常用度表示，即

1度=1 千瓦时=3.6×10⁶ J

扫一扫，听听解读

2. 电功率

单位时间内消耗的电能称为电功率，即

$$P = W/t \tag{1-6}$$

式中，电功率的单位为瓦特，简称瓦，符号为W，常用的单位有千瓦（kW）、兆瓦（MW）和毫瓦（mW）等。

以二端元件为例，当电压和电流为关联参考方向时，功率为：

$$P=UI \tag{1-7}$$

当电压和电流为非关联参考方向时,功率为:

$$P=-UI \tag{1-8}$$

在计算功率时,首先要根据电压与电流的参考方向是否关联,选择相应的功率计算公式,若功率 $P>0$,为正值,表示元件吸收功率,该元件为负载;若功率 $P<0$,为负值,则表示元件发出功率,该电路元件为电源。

根据能量守恒定律,在一个电路中,发出功率的总和必等于消耗功率的总和。

【例题 1-1】试求如图 1-13 所示电路中的功率,并判断各二端元件是吸收功率还是发出功率。

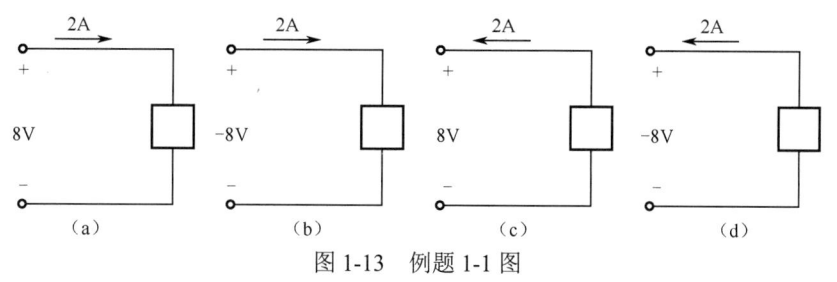

图 1-13 例题 1-1 图

【解】(1) 图 1-13(a) 电压与电流的参考方向相关联

$$P=UI=8\times2=16(W)$$

$P>0$,表示该元件吸收的功率为 16W。

(2) 图 1-13(b) 电压与电流的参考方向相关联

$$P=UI=-8\times2=-16(W)$$

$P<0$,表示该元件发出的功率为 16W。

(3) 图 1-13(c) 电压与电流的参考方向非关联

$$P=-UI=-8\times2=-16(W)$$

$P<0$,表示该元件发出的功率为 16W。

(4) 图 1-13(d) 电压与电流的参考方向非关联

$$P=-UI=-(-8)\times2=16(W)$$

$P>0$,表示该元件吸收的功率为 16W。

1.2.8 电位的计算

在分析电子电路时,经常要用到电位的概念,用电位的概念来讨论问题。

参考点选取之后,电路中某点的电位,就是该点到参考点的电压。因此,电路中电位的计算,实质就是电压的计算。

电位的计算方法如下。

(1) 任意选取零电位参考点。

(2) 标出电源和负载的极性。

(3) 求某点的电位值,就选取一条从该点到参考点的路径,然后求所经过器件上的电压降(电压降取正值,电压升取负值)的代数和,即为该点的电位。

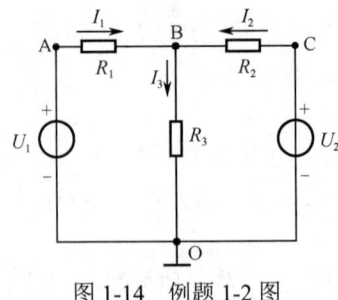

图 1-14　例题 1-2 图

【例题 1-2】如图 1-14 所示，求 A、B、C 三点的电位。

【解】选取 O 点为参考点，A 点的电位，选取路径为 A→U_1→O，则：

$$V_A=U_1$$

B 点的电位，选取路径 B→R_3→O，则：

$$V_B=R_3I_3$$

C 点的电位，选取路径 C→U_2→O，则：

$$V_C=U_2$$

注意：① 参考点选定后，各点的电位是确定值，与选择的路径无关。

② 电路中任意两点间的电压等于该两点之间的电位差，即 $U_{AB}=V_A-V_B$。

③ 电路中某点的电位与参考点选择有关，而电路中任意两点间的电压与参考点选择无关，即参考点选择不同，各点的电位不同，而电路中任意两点间的电压不变。

任务 1.3　欧姆定律与电阻

扫一扫，做做练习

演示器件	直流稳压电源、电阻箱两个、导线、开关、直流电压表、直流电流表			演示电路
操作人	教师演示、学生练习			
演示结果	电源参数（V）	电流表（mA）	电压表（V）	
	2	20	1.8	
	4	40	3.6	
	6	60	5.4	
问题 1：全电路欧姆定律与一段电路的欧姆定律。				
问题 2：电路中电阻的连接有哪几种？				
问题 3：电路中的电源有哪些类型？				

图 1-15　欧姆定律

1.3.1 欧姆定律的应用

1. 一段电路的欧姆定律

欧姆定律是电路中的基本定理,是1826年由德国科学家欧姆通过实验总结得出的。当电阻两端加上电压时,电阻中就会有电流通过。实验证明:电阻中的电流与加在电阻两端的电压成正比,而与电阻阻值成反比,如图1-15所示。

在电压、电流为关联参考方向时,电阻元件的欧姆定律表达式为:

$$U=IR \tag{1-9}$$

需要指出的是,电阻元件上的电压、电流为非关联参考方向时,上述欧姆定律的表达式应加负号,即

$$U=-IR \tag{1-10}$$

式(1-9)与式(1-10)中,电阻单位为欧姆(Ω)、电流为安培(A)时,电压单位为伏特(V)。

2. 全电路欧姆定律

如图1-15所示,在闭合电路中,U_S为电源的电动势,R_0为电源的内阻,U_S与R_0构成了电源的内电路;R为负载电阻,是电源的外电路,外电路和内电路共同组成了闭合电路。则有:

$$U=U_S-IR_0$$
$$U_S=U+IR_0=IR+IR_0$$

整理得
$$I=U_S/(R+R_0) \tag{1-11}$$

式(1-11)就是全电路欧姆定律。其意义是电路中流过的电流,其大小与电动势成正比,而与电路的全部电阻之和成反比。

1.3.2 电阻与电导

1. 电阻

电阻元件是一种最常见的电路元件。

电阻是表示通电导体对电流的一种阻碍作用的物理量,用R表示。实验表明:在一定温度下,金属导体的电阻由它的长度、截面积及材料决定,即

$$R=\frac{\rho \cdot l}{S} \tag{1-12}$$

式中: l ——导体的长度(m);

S ——导体的截面积(m²);

ρ ——导体材料的电阻率(Ω·m)。

电阻的单位是欧姆（Ω），常用单位有千欧（kΩ）和兆欧（MΩ），它们之间的关系是：

$$1k\Omega = 10^3 \Omega \quad 1M\Omega = 10^6 \Omega$$

只具有电阻作用的二端元件称为电阻元件，简称电阻。常见的有电阻元件、电位器、滑线变阻器以及可抽象为电阻元件的设备，如白炽灯、电炉、电烙铁等。

二端元件的特性一般用其电压与电流关系曲线（又称为伏安关系）来描述。

若电阻的伏安特性曲线是一条经过原点的直线，称为线性电阻，如图1-16（a）所示。非线性电阻的伏安特性是一条曲线，即 U、I 不是正比关系。图1-16（b）所示为晶体二极管的伏安特性曲线。

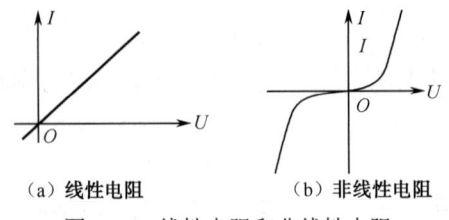

（a）线性电阻　　（b）非线性电阻

图1-16　线性电阻和非线性电阻

电阻的倒数称为电导，是表征材料导电能力的另一个参数，用符号 G 表示，即

$$G = \frac{1}{R} \tag{1-13}$$

电导的单位是西门子（S），简称西。

2. 电阻器的标注

电阻器按其材料可分为碳膜、金属膜、金属氧化膜电阻等。较为常见的标注方法有色环标注法，是用不同颜色的色环，按照规定的排列顺序在电阻上标注标称阻值和允许误差的方法。

（1）四色环标注法

这种标注的方法多用于普通电阻器上。它用四条色带表示电阻器的标称阻值和允许偏差，其中前三条色带表示标称阻值，后一条色带表示允许偏差。在表示标称阻值的三条色带中，第一条和第二条分别表示第一位和第二位有效数字，第三条色带表示有效数值的倍率，如图1-17（a）所示。

（2）五色环标注法

这种标注的方法多用于精密电阻器上。它用五条色带表示电阻器的标称阻值和允许偏差，其中前四条色带表示标称阻值，后一条色带表示允许偏差，如图1-17（b）所示。

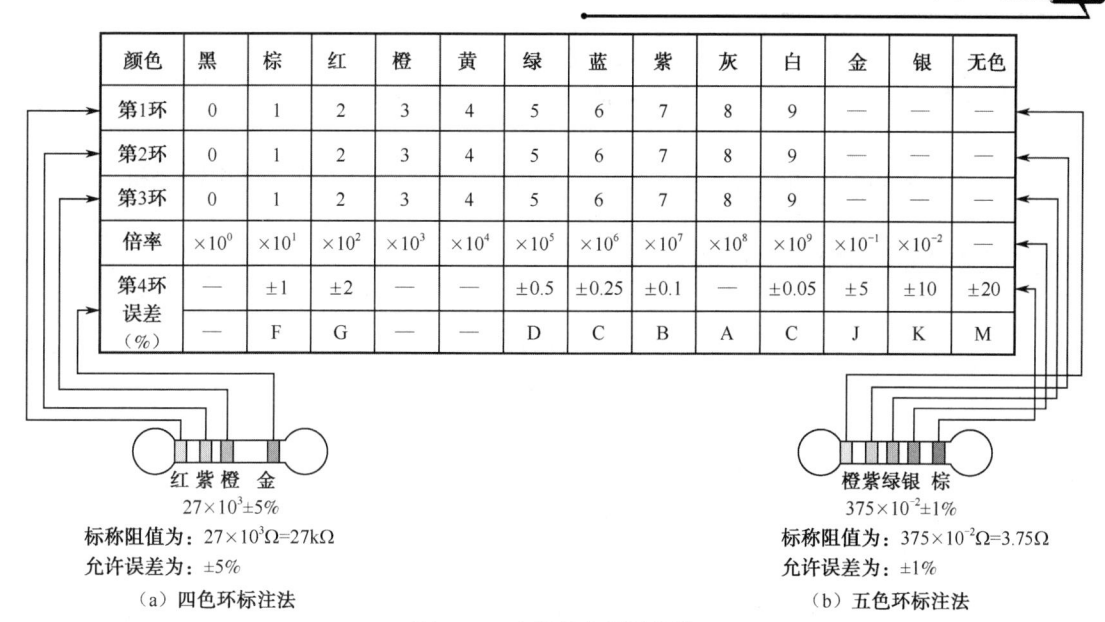

颜色	黑	棕	红	橙	黄	绿	蓝	紫	灰	白	金	银	无色
第1环	0	1	2	3	4	5	6	7	8	9	—	—	—
第2环	0	1	2	3	4	5	6	7	8	9	—	—	—
第3环	0	1	2	3	4	5	6	7	8	9	—	—	—
倍率	$\times 10^0$	$\times 10^1$	$\times 10^2$	$\times 10^3$	$\times 10^4$	$\times 10^5$	$\times 10^6$	$\times 10^7$	$\times 10^8$	$\times 10^9$	$\times 10^{-1}$	$\times 10^{-2}$	—
第4环误差(%)	—	±1	±2	—	—	±0.5	±0.25	±0.1	—	±0.05	±5	±10	±20
	—	F	G	—	—	D	C	B	—	A	C	J	K	M

(a) 四色环标注法　　红紫橙金
$27 \times 10^3 \pm 5\%$
标称阻值为：$27 \times 10^3 \Omega = 27 k\Omega$
允许误差为：±5%

(b) 五色环标注法　　橙紫绿银 棕
$375 \times 10^{-2} \pm 1\%$
标称阻值为：$375 \times 10^{-2} \Omega = 3.75 \Omega$
允许误差为：±1%

图 1-17　电阻的色环标注法

1.3.3　电阻的连接

1. 等效网络

在电路分析中，如果一个元件或一部分电路只有两个端与其外部连接，习惯上把这部分电路称为二端网络。

如果一个二端网络和另一个二端网络的端口电压、端口电流相等，或者说有相同的伏安关系，则这两个二端网络为等效网络。等效网络虽然内部结构各不相同，但对任何外电路而言，它们效果相同。

2. 电阻的串联

几个电阻一个接一个无分支地顺序相联，称为电阻的串联，如图 1-18 所示。

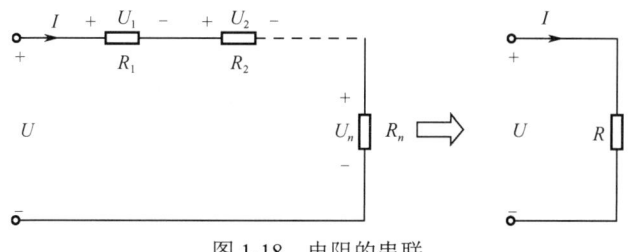

图 1-18　电阻的串联

电阻串联电路的特点如下。

（1）通过各电阻的电流相同：

$$I_1 = I_2 = \cdots = I_n \tag{1-14}$$

（2）总电压等于各电阻电压之和，即：

$$U=U_1+U_2+\cdots+U_n$$
$$=IR_1+IR_2+\cdots+IR_n$$
$$=I(R_1+R_2+\cdots+R_n)$$

（3）几个电阻串联，可以用一个等效电阻来替代，等效电阻 R 等于各电阻之和，即：

$$R=R_1+R_2+\cdots+R_n \tag{1-15}$$

当只有两个电阻串联时，则有：

$$\left.\begin{aligned}U_1 &= \frac{R_1}{R_1+R_2}U \\ U_2 &= \frac{R_2}{R_1+R_2}U\end{aligned}\right\} \tag{1-16}$$

式（1-16）表明，在分压时，电阻越大所承受的电压越大。

在电工测量中，使用串联电阻的分压作用扩大电压表头的量程；在电子电路中，常用串联电阻组成分压器以分取部分信号电压。

【例题 1-3】如图 1-19 所示，用一个满刻度偏转电流为 50μA，电阻 R_g=3kΩ 的表头，能否用来直接测量 100V 的电压？如不能，应串联多大的电阻？

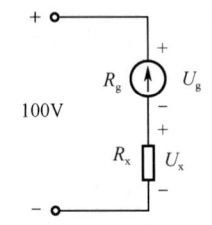

图 1-19 例题 1-3 电路图

【解】满刻度时表头承受的电压为：

$$U_g=R_gI_g=3\times10^3\times50\times10^{-6}=0.15(V)$$

显然不能直接测量 100V 的电压，需串入分压电阻。分压电阻上的电压为：

$$U_x=100-0.15=99.85(V)=R_xI_g$$

解得：R_x=1997kΩ

3. 电阻的并联

若干个电阻首尾两端分别连接在两个节点上，使每个电阻承受同一电压，这种连接方式称为电阻的并联，如图 1-20 所示。

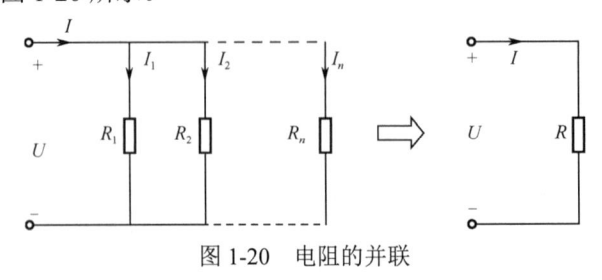

图 1-20 电阻的并联

电阻并联电路的特点如下。

（1）各电阻两端的电压相同：
$$U_1=U_2=\cdots=U_n \tag{1-17}$$
（2）总电流等于分流各电阻电流之和，即：
$$\begin{aligned}I &= I_1+I_2+\cdots+I_n \\ &= \frac{U}{R_1}+\frac{U}{R_2}+\cdots+\frac{U}{R_n} \\ &= U\left(\frac{1}{R_1}+\frac{1}{R_2}+\cdots+\frac{1}{R_n}\right)\end{aligned} \tag{1-18}$$

（3）几个电阻并联，可以用一个等效电阻来替代，等效电阻 R 的倒数等于各电阻倒数之和，即

$$\frac{1}{R}=\frac{1}{R_1}+\frac{1}{R_2}+\frac{1}{R_3} \tag{1-19}$$

可得
$$G=G_1+G_2+G_3$$

可见，并联电路的总电导等于各电导之和。

当只有两个电阻并联时，可以用式（1-20）求其等效电阻：

$$R=\frac{R_1 R_2}{R_1+R_2} \tag{1-20}$$

当只有两个电阻并联时，则有

$$\begin{cases} I_1=\dfrac{R_2}{R_1+R_2}I \\ I_2=\dfrac{R_1}{R_1+R_2}I \end{cases} \tag{1-21}$$

式（1-21）表明，在分流时，电阻小的分配的电流大，电阻大的分配的电流小。

电阻的并联应用也很广泛，如电灯、家用电器（电视、电冰箱）等都是并联接入电路的。在电工测量中，使用并联电阻的分流作用，可以扩大电流表表头的量程。

【例题1-4】如图1-21所示，用一个满刻度偏转电流为50μA，电阻 R_g=3kΩ的表头，要测量20mA的电流，应该并联多大的电阻？

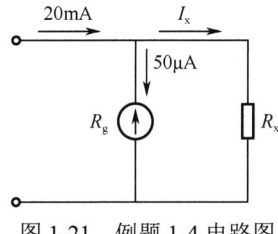

图1-21　例题1-4电路图

【解】由题意可知，I_g=50μA，I=20mA，

设与表头并联的电阻为 R_x，则由式（1-21）得：

$$50=\frac{R_x}{3000+R_x}\times 20\times 10^3$$

解得：R_x=7.519Ω

4. 电阻的混联

在电阻电路中，既有电阻的串联，又有电阻的并联，这种连接方式，称为电阻的混联方式。

混联电路如果是简单的电阻串联和并联的组合，可将串联部分求其等效电阻，并联部分求其等效电阻，再对这样简化后得到的等效电阻的连接形式进一步化简，直到化简为一个等效电阻。

如果混联电路的串并联关系不易看出连接情况，可以在不改变其连接形式的条件下，利用等电位点，将电路化成比较容易判断串、并联的形式。

【例题1-5】求图1-22（a）所示电路ab端口的等效电阻。

【解】由图1-22（a）很难看出这几个电阻的串、并联关系。

观察等电位点，并对等电位点用同一字母标注，得到如图1-22（b）所示的电路。

于是，$R_{ab} = 4 + 10 // 15 + 5 // 20 = 4 + \dfrac{10 \times 15}{10+15} + \dfrac{5 \times 20}{5+20} = 14(\Omega)$

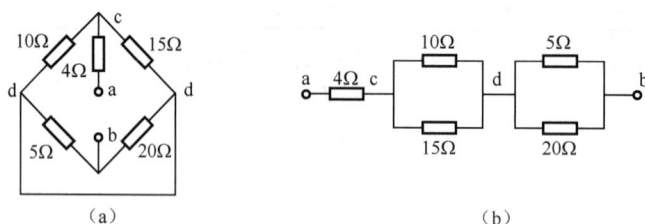

图1-22 例题1-5电路图

任务1.4 电容与电感

1.4.1 电容元件

在工程技术中，电容器的应用极为广泛。电容器虽然品种、规格各异，但就其构成原理而言，电容器都是由间隔以不同介质（如空气、云母、绝缘纸、陶瓷等）的两块金属板组成的。在图1-23中，电容器C是由绝缘非常良好的两块金属极板构成的。当在电容元件两端施加电压时，两块极板上将出现等量的正、负电荷，并在两极板间形成电场而具有电场能量。当电源移除后，电荷继续聚集在极板上，电场继续存在。电容元件就是反映存储电荷产生电场，储存电场能量这一物理现象的理想电路元件。

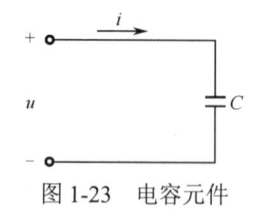

图1-23 电容元件

电容器极板上所储存的电荷电量q，与外加电压u成正比，即：

$$q = Cu \tag{1-22}$$

式中，C 称为电容，是表征电容元件特性的参数。

当电压单位为 V（伏特），电量单位为 C（库仑）时，电容的法定计量单位为 F（法拉）。较小的单位还有 μF（微法）、nF（纳法）、pF（皮法）。它们之间的关系是：

$$1F = 10^6 \mu F \quad 1F = 10^9 nF \quad 1F = 10^{12} pF$$

当电压 u 和电流 i 取关联参考方向时，如图 1-23 所示，得到电容元件的电压电流关系（VCR）为：

$$i = \frac{dq}{dt} = C\frac{du}{dt} \qquad (1-23)$$

式（1-23）表明，只有当电容元件两端的电压发生变化时，电路才有电流流过，电压的变化越快，电流就越大。当电容元件两端施加直流电压 U，因 $dU/dt=0$，故电流 $i=0$，因此电容元件对直流相当于开路，即电容有通交流隔直流的作用。

从式（1-23）还可以看出，电容两端的电压不能跃变，因为如果电压跃变，du/dt 为无穷大，电流 i 也为无穷大，对实际电容而言，这是不可能的。

在 u、i 关联参考方向时，电容元件的功率：

$$p = ui = Cu\frac{du}{dt} \qquad (1-24)$$

在 t 时刻电容元件储存的电场能量为：

$$w_C = \int_0^t p dt = \int_0^t ui dt = \int_0^u Cu du = \frac{1}{2}Cu^2 \qquad (1-25)$$

当电压为直流电压 U 时，则

$$W_C = \frac{1}{2}CU^2 \qquad (1-26)$$

式（1-25）与式（1-26）中，w_C、W_C 的单位都是 J（焦耳）。

式（1-26）说明，电容元件在某时刻储存的电场能量与元件在该时刻所承受的电压的平方成正比。故电容元件不消耗功率，是一种储存电场能量的元件。

1.4.2 电感元件

工程上广泛应用导线绕制的线圈，例如，在电子线路中常用的空心或带有铁芯的高频线圈。电感元件是一种储存磁场能量的电路元件。当一个线圈通以电流后产生的磁场随时间变化时，线圈中就产生感应电压。

图 1-24 为一个线圈，其中的电流 i 产生磁通 Φ_L 与 N 匝线圈交链，则磁通链 $\Psi_L = N\Phi_L$。根据电磁感应定律，有：

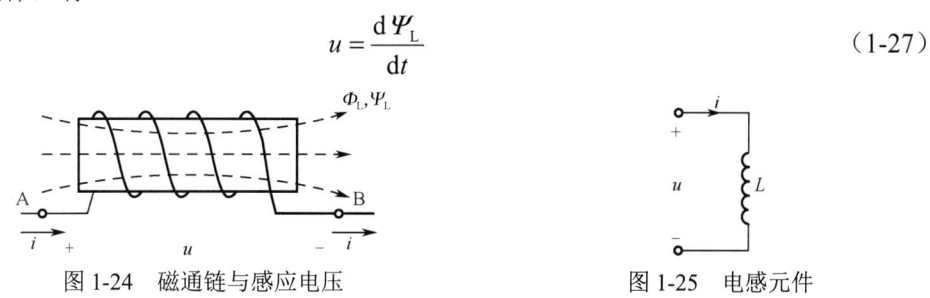

$$u = \frac{d\Psi_L}{dt} \qquad (1-27)$$

图 1-24 磁通链与感应电压

图 1-25 电感元件

线性电感元件的图形符号如图1-25所示，规定Ψ_L与电流i的参考方向满足右手定则。对于线性电感元件，其元件特性为：

$$\Psi = Li \tag{1-28}$$

其中，L为电感元件的参数，称为自感系数或电感，它是一个正实常数。

在国际单位制中，磁通和磁通链的单位是Wb（韦伯，简称韦），当电流为A（安培）时，电感的单位是H（亨利，简称亨）。比较小的单位还有mH（毫亨）、μH（微亨）。它们之间的关系是：

$$1H = 10^3 mH \qquad 1H = 10^6 \mu H$$

将式（1-28）代入式（1-27），可以得到电感元件的电压电流关系（VCR）。

$$u = L\frac{di}{dt} \tag{1-29}$$

由式（1-29）表明，电感元件两端的电压与它的电流对时间的变化率成正比。当L中流过稳定的直流电流I，因$dI/dt=0$，故$u=0$，这时电感元件相当于短路。

从式（1-29）可以看出，电感元件中的电流i不能跃变。因为假设i跃变，di/dt为无穷大，电压u也应为无穷大，而这实际上是不可能的。

当u、i为关联参考方向时，电感元件的功率：

$$p = ui = Li\frac{di}{dt} \tag{1-30}$$

在t时刻电感元件中储存的磁场能量为：

$$w_L = \int_0^t pdt = \int_0^t uidt = \int_0^{i(t)} Lidi = \frac{1}{2}Li^2 \tag{1-31}$$

当电流为直流I时，则有：

$$W_L = \frac{1}{2}LI^2 \tag{1-32}$$

式中，w_L、W_L的单位都是J（焦耳）。

式（1-32）表明，电感元件在某时刻储存的磁场能量与该时刻流过元件的电流的平方成正比。电感元件不消耗能量，是一种具有储存磁场能量的元件。

1.4.3　电容元件的串并联

当电容元件串联或并联时，可以用一个等效电容替代，下面分别讨论。

1. 电容串联

图1-26所示为n个电容相串联。

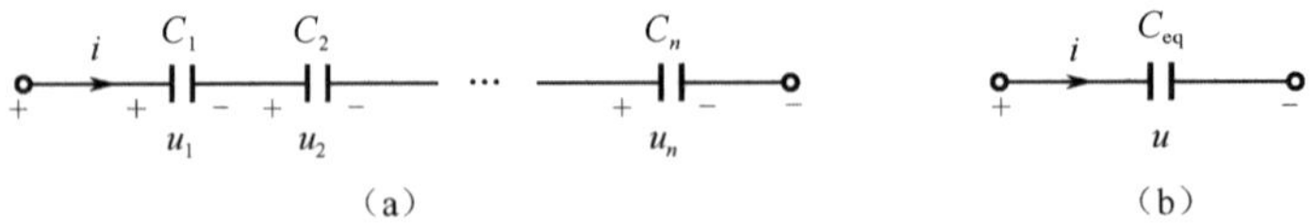

图1-26　电容的串联

对于每个电容,具有相同的电量。

$$q = C_1 u_1 = C_2 u_2 = \cdots = C_n u_n$$

则

$$u = u_1 + u_2 + \cdots + u_n = \frac{q}{C_1} + \frac{q}{C_2} + \cdots + \frac{q}{C_n} = q(\frac{1}{C_1} + \frac{1}{C_2} + \cdots + \frac{1}{C_n}) = \frac{q}{C_{eq}}$$

式中,C_{eq} 为串联等效电容,其值由式(1-33)决定,即:

$$\frac{1}{C_{eq}} = \frac{1}{C_1} + \frac{1}{C_2} + \cdots + \frac{1}{C_n} \tag{1-33}$$

每个电容的电压关系为:

$$u_1 : u_2 : \cdots : u_n = \frac{q}{C_1} : \frac{q}{C_2} : \cdots : \frac{q}{C_n} = \frac{1}{C_1} : \frac{1}{C_2} : \cdots : \frac{1}{C_n}$$

电容串联时,虽然每个电容有相同的电荷量,但每个电容承受的电压不同,容量小的电容承担较大的电压。因此在电容串联使用时,要考虑电容的耐压问题。

2. 电容并联

图 1-27 所示为 n 个电容的并联。

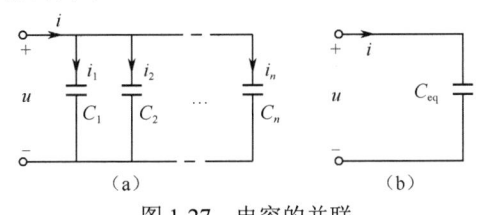

图 1-27 电容的并联

由于每个电容电压相同,其电流关系满足:

$$i = i_1 + i_2 + \cdots + i_n = C_1 \frac{du}{dt} + C_2 \frac{du}{dt} + \cdots + C_n \frac{du}{dt} = C_{eq} \frac{du}{dt}$$

式中,C_{eq} 为并联等效电容,其值为:

$$C_{eq} = C_1 + C_2 + \cdots + C_n \tag{1-34}$$

【例题 1-6】 已知电容 C_1=4μF,耐压值 U_{M1}=150V;电容 C_2=12μF,耐压值 U_{M2}=360V。
(1)将两只电容器并联使用,等效电容是多大?最大工作电压是多少?
(2)将两只电容器串联使用,等效电容是多大?最大工作电压是多少?

【解】(1)将两只电容器并联使用时,等效电容为:

$$C = C_1 + C_2 = 4 + 12 = 16 (\mu F)$$

其耐压值为:

$$U = \{U_{M1}, U_{M2}\}_{min} = 150V$$

(2)将两只电容器串联使用时,等效电容为:

$$C = \frac{C_1 C_2}{C_1 + C_2} = \frac{4 \times 12}{4 + 12} = 3 (\mu F)$$

① 求取电量的限额:

$$q_{M1} = C_1 U_{M1} = 4 \times 10^{-6} \times 150 = 6 \times 10^{-4} (C)$$

$$q_{M2} = C_2 U_{M2} = 12 \times 10^{-6} \times 360 = 4.32 \times 10^{-3} (\text{C})$$
$$q_M = \{q_{M1}, q_{M2}\}_{\min} = 6 \times 10^{-4} (\text{C})$$

② 求工作电压：

$$U_M = \frac{q_M}{C} = \frac{6 \times 10^{-4}}{3 \times 10^{-6}} = 200(\text{V})$$

任务1.5 电压源、电流源及受控源

1. 理想电压源

大家知道，在电路中能够提供电压的设备有发电机、蓄电池、干电池等。这些设备都是电压源。当电压源在忽略其内部损耗的情况下，可以看做理想电压源模型。理想电压源能向负载提供一个恒定的电压 U_s 或按某一特定的规律随时间变化的电压 u_s。图1-28（a）为理想电压源的图形符号。u_s 为电压源的电压，"+"、"-"为电压的参考极性。

理想电压源有以下两个特征。

（1）电压源的端电压 $u(t)$ 是某种确定的时间函数，不会因所接外电路的不同而改变，即 $u(t)=u_s(t)$。

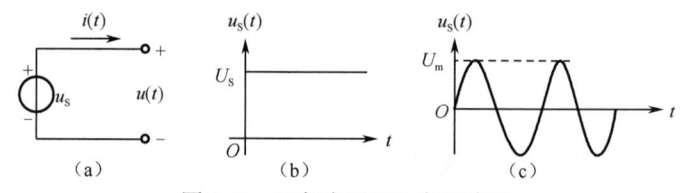

图1-28 理想电压源及电压波形

（2）电流 $i(t)$ 随外接电路的不同而不同，即输出电流的大小由电压源和外电路共同决定。

常见的电压源有直流电压源和正弦电压源。直流电压源的电压 u_s 是常数，即 $u_s=U_s$（U_s 是常数）。图1-28（b）为直流理想电压源电压的波形曲线。正弦交流电压源的电压 $u_s(t)$ 为

$$u_s(t)=U_m\sin\omega t$$

图1-28（c）是正弦交流电压源电压 $u_s(t)$ 的波形曲线。

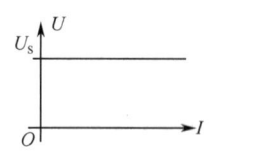

图1-29 直流理想电压源的伏安特性

图1-29是直流理想电压源的伏安特性，它是一条与电流轴平行且纵坐标为 U_s 的直线。表明其端电压恒等于 U_s，与电流的大小无关。当电流为零时，电压源开路，但其端电压仍为 U_s。

2. 理想电流源

在忽略其内部损耗的情况下，理想电流源也是从实际电源抽象出来的理想化模型。理想电流源能向负载提供一个恒定的电流 I_s 或按某一特定的规律随时间变化的电流 i_s。图1-30（a）

为理想电流源的图形符号。i_s 为电流源的电流，电流源旁的箭头表示电流源 i_s 参考方向。电流 i_s 是某种给定的时间函数，与其端电压 $u(t)$ 无关。

理想电流源有以下两个特征。

（1）电流源对外电路提供的电流 $i(t)$ 是某种确定的时间函数，不会因所接外电路不同而改变，即 $i(t)=i_s(t)$，$i_s(t)$ 是电流源的电流。

（2）电流源的端电压 $u(t)$ 随外接电路的不同而不同，即端电压 $u(t)$ 的大小由电流源和外电路共同决定。

如果电流源的电流 $i_s=I_s$（I_s 是常数），则为直流电流源。它的伏安特性是一条与电压轴平行且横坐标为 I_s 的直线，如图 1-30（b）所示，表明其输出电流恒等于 I_s，与端电压无关。当电压为零，即电源短路时，它发出的电流仍为 I_s。

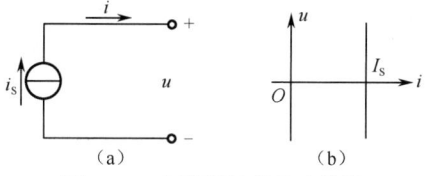

图 1-30 电流源及其伏安特性

3. 受控源

以上所述的电压源和电流源都是独立电源。

受控源是非独立源。在电路理论中，受控源主要用来描述和构成各种电子器件的模型，为电子线路的分析计算提供基础。受控源也是一种电源，其大小受电路某部分电压或电流的控制。

受控源有两对端钮：一对为输入端钮或控制端口；一对为输出端钮或受控端口。因此，受控源是一个二端口元件。受控源在电路中用菱形符号来表示，以区别于独立源的图形符号。根据控制量是电压还是电流，受控制量是电压源还是电流源，受控源有以下 4 种类型。

（1）电压控制的电压源（记作 VCVS）；
（2）电流控制的电压源（记作 CCVS）；
（3）电压控制的电流源（记作 VCCS）；
（4）电流控制的电流源（记作 CCCS）；

4 种受控源的模型如图 1-31 所示。

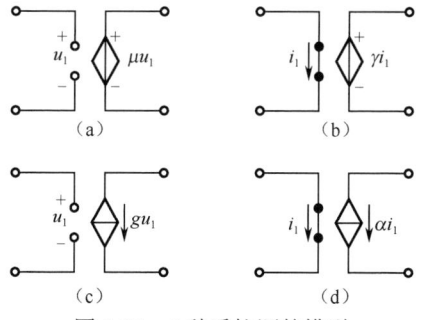

图 1-31 4 种受控源的模型

受控量与控制量成正比的受控源，即图 1-31 中 μ、γ、g、α 为常数时，受控源是一种线性元件，本书只讨论线性受控源。在电压控制的受控源模型中，控制支路是断开的，这只是表明在理想情况下，仅有电压能控制另一支路的电压或电流，控制支路无须电流。控制支路的电流既然为零，在模型中就必须把控制支路看做开路，或者说控制支路的电阻为无穷大。控制支路的两个端钮自然还是要和外电路中有关元件相连接的。

在电子线路中的三极管和场效应管都是受控源。

如图 1-32（a）三极管的 3 个极分别为基极（b）、集电极（c）和发射极（e）。其等效电路模型如图 1-32（b）所示。不难看出，三极管是电流控制的受控电流源（CCCS），它的集电极电流 i_c 是受基极电流 i_b 控制的，$i_c=\beta i_b$。

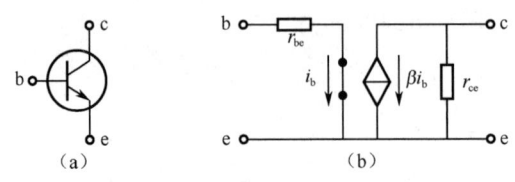

图 1-32　三极管及其受控源模型

任务 1.6　理想电压源、理想电流源的串联与并联

1.6.1　理想电压源的串联

理想电压源串联时，等效电压源的大小为各电压源的代数和。

如图 1-33（a）电路为 3 个电压源串联，其等效电压源如图 1-33（b）所示。

图 1-33（b）中，$U_S=U_1+U_2+U_3$。

等效的含义是指对外电路 R 而言，图 1-33（a）、图 1-33（b）得到了相同的电压和电流，即 U_1、U_2 和 U_3 对 R 而言起了与等效电压源 U_S 相同的作用。

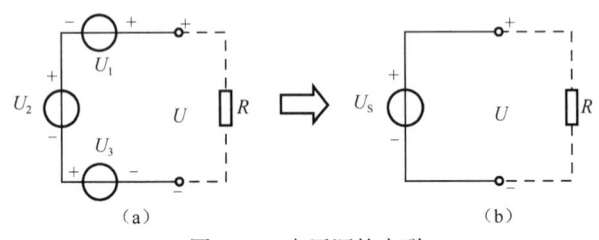

图 1-33　电压源的串联

1.6.2　理想电压源的并联

理想电压源与其他任何元件并联，电路的端口电压都不变，因此其等效电路仍为理想电压源，如图 1-34 所示。

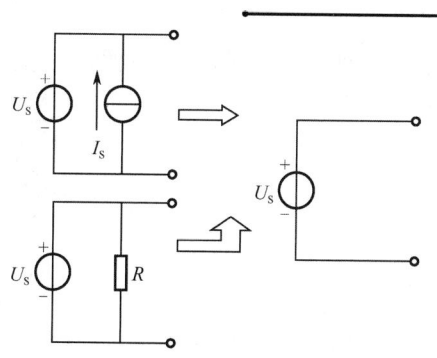

图 1-34 电压源与其他元件的并联

1.6.3 电流源的并联

电流源并联时，等效电流源的大小为各电流源的代数和。

图 1-35 中，当 $I_S=I_{S1}+I_{S2}$ 时，图 1-35（b）是图 1-35（a）的等效电路。

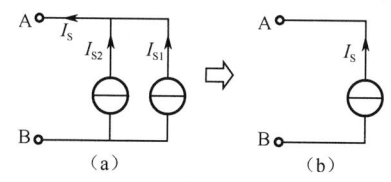

图 1-35 电流源的并联

1.6.4 电流源的串联

理想电流源与其他元件串联，等效为一个电流源。这是因为外电路得到了由电流源提供的相同的电流，如图 1-36 所示。

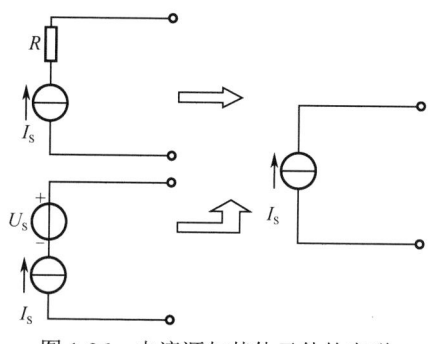

图 1-36 电流源与其他元件的串联

扫一扫，做做练习

23

任务1.7 实际电源的两种模型及其等效变换

1.7.1 实际电压源

实际电压源的内部存在一定的损耗，接上负载后，其输出电压会随电流的上升而有所下降，如发电机、蓄电池和干电池等。因而不能简单地用理想电压源模型来描述。

实际电压源通常用一个理想电压源与一个电阻串联的模型来代替，如图1-37（a）所示。R_0为电源的内阻，表示内部损耗。此时，实际电压源的输出电压与输出电流的关系为：

$$U=U_S-IR_0 \tag{1-35}$$

实际电压源的外特性曲线如图1-37（b）所示。

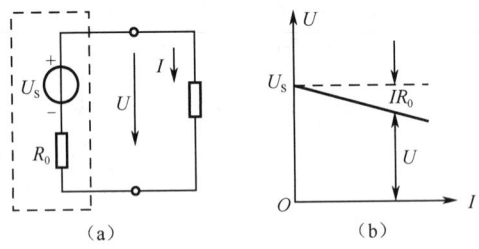

图1-37 实际电压源及其外特性

从图1-37可以看出，当输出电流I上升时，特性略向下倾斜，这是由于R_0上的电压降增大所致。实际电压源的内阻R_0一般很小，因此，R_0上的电压降也很小。显然，当$R_0 \to 0$时，实际电压源即成为理想电压源。理想电压源与实际电压源均不允许短路，由于短路电流很大，会将电源烧坏。

1.7.2 实际电流源

实际电流源的内部同样存在一定的损耗，接上负载后，其输出电流会随电压的上升而有所下降，这时就不能简单地用理想电流源模型来描述。

为反映实际电流源随负载变化的情况，实际电流源通常用一个理想电流源与一个电阻并联的模型来代替，如图1-38（a）所示。R_0'为电源的内阻，表示内部损耗。此时，实际电流源的输出电压与输出电流的关系为：

$$I=I_S-U/R_0' \tag{1-36}$$

实际电流源的外特性曲线如图1-38（b）所示。

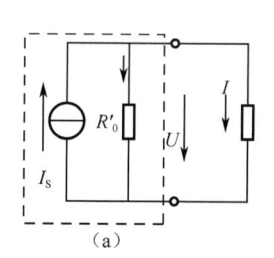

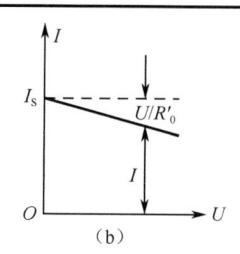

图 1-38 实际电流源及其外特性

当电源的内阻远大于负载电阻，输出电流 $I=I_S-U/R_0'≈I_S$ 基本恒定，此时实际电流源可以认为是理想电流源。在实际工作中所使用的一些稳流设备，就是一种高阻的电流源。

从图 1-38（b）可以看出，当输出电压 U 上升时，特性略向下倾斜，偏离 I_S，这是由于 R_0' 上的电流增大所致。实际电流源的内阻 R_0' 一般很大，因此，R_0' 上的电流也很小。显然，当 $R_0'→∞$ 时，实际电流源即成为理想电流源。

1.7.3 电源的等效变换

从实际电压源的外特性和实际电流源的外特性可知，两者是相似的。只要对负载 R 提供相同的电压和相同的电流，两者就是等效的。

设实际电压源电源电动势为 U_S，内阻为 R_0，实际电流源的电流为 I_S，内阻为 R_S。图 1-39 所示为实际电压源和实际电流源的等效变换图。

图 1-39（a）中，实际电压源的输出电流为：

$$I=\frac{U_S-U}{R_0}=\frac{U_S}{R_0}-\frac{U}{R_0} \tag{1-37}$$

图 1-39（b）中，实际电流源的输出电流为：

$$I=I_S-\frac{U}{R_0'} \tag{1-38}$$

根据等效的原则，只要式（1-37）和式（1-38）中的对应项相等，就能保证其特性曲线重合，即：

$$\left.\begin{array}{l} I_S=\dfrac{U_S}{R_0} \\ R_0'=R_0 \end{array}\right\} \tag{1-39}$$

这就是两种电源模型等效变换的条件。

变换时需要注意以下问题。

（1）等效变换时，两种电源的内阻 R_0 和 R_0' 相同。同时，应注意 U_S 和 I_S 的方向：I_S 的电流流出端与 U_S 的正极性端对应。

（2）R_0 和 R_0' 不局限于是电源的内阻，可以是任意与电压源相串联或与电流源相并联的电阻。

（3）理想电压源和理想电流源特性曲线无法重合，不能进行这种等效变换。

(4) 等效只是对外电路 R 而言，提供了相同的电压和电流。

(5) 特别注意，等效变换对内并不等效，如内阻上的功率消耗，在图 1-39（a）中，当负载未接入时，$I=0$，内阻 R_0 上不消耗功率；等效成如图 1-39（b）所示的电路后，负载未接入时，内阻 R_0' 上有功率消耗。

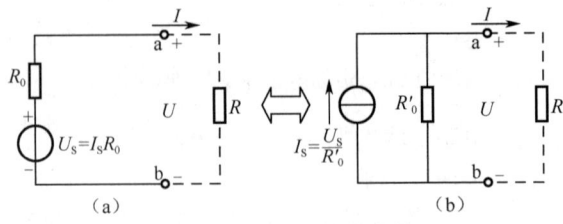

图 1-39 电源的等效变换

(6) 电压源和电流源的等效变换是电路求解中简化电路的有效方法，往往要通过多次变换才能达到简化、合并电源的效果。

【例题 1-7】 做出图 1-40（a）所示电路的等效电源图。

【解】 将图 1-40（a）电压源转换成电流源的电流为 $I_S = \dfrac{U_S}{R_0} = 2\text{A}$，电阻为 $R_0 = 3\Omega$。

等效变换后的电源如图 1-40（b）所示。

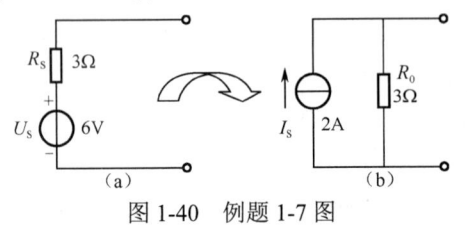

图 1-40 例题 1-7 图

【例题 1-8】 有两台直流发电机并联工作，共同供给 $R=24\Omega$ 的负载电阻，如图 1-41（a）所示。其中一台发电机的理想电压源 $U_{S1}=130\text{V}$，内阻 $R_1=1\Omega$；另一台的理想电压源 $U_{S2}=117\text{V}$，内阻 $R_2=0.6\Omega$，试求负载电流 I。

图 1-41 例题 1-8 电路图

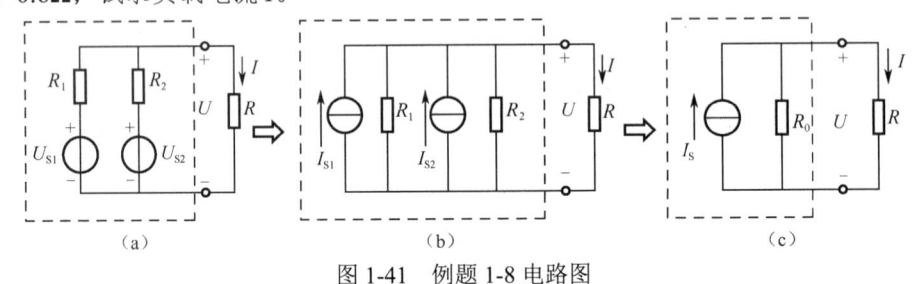

【解】 将图 1-41（a）电压源电路变换为图 1-41（b）电流源等效电路。

$$I_{S1} = \frac{U_{S1}}{R_1} = \frac{130}{1} = 130(\text{A})$$

$$I_{S2} = \frac{U_{S2}}{R_2} = \frac{117}{0.6} = 195(\text{A})$$

合并 I_{S1} 和 I_{S2}，如图 1-41（c）所示。

$$I_S = I_{S1} + I_{S2} = 130 + 195 = 325(A)$$

$$R_0 = \frac{R_1 R_2}{R_1 + R_2} = \frac{1 \times 0.6}{1 + 0.6} = 0.375(\Omega)$$

$$I = \frac{R_0}{R_0 + R} I_s = \frac{0.375}{0.375 + 24} \times 325 = 5 \ (A)$$

任务1.8 基尔霍夫定律

演示器件	直流稳压电源2个、电阻3个、直流电压表、直流电流表、导线							演示电路
操作人	教师演示、学生练习							
操作结果	电源参数	I_A（mA）	I_B（mA）	I_C（mA）	U_{AB}（V）	U_{BC}（V）	U_{BO}（V）	
	U_{S1}=15V U_{S2}=12V	8.4	2.4	10.8	4.2	−1.2	10.8	
	U_{S1}=12V U_{S2}=12V	4.8	4.8	9.6	2.4	−2.4	9.6	
结论	$I_A+I_B=I_C$ 或 $I_A+I_B-I_C=0$							
	$U_{AB}+U_{BO}+U_{OA}=0$ $U_{BC}+U_{CO}+U_{OB}=0$							
	问题1：基尔霍夫定律的内容。 问题2：复杂电路的分析方法。							

图1-42 基尔霍夫定律

1.8.1 基尔霍夫定律

1. 名词解释

任何电路都是由若干个元件连接而成的，各元件上的电压、电流除了满足各自的伏安关系外，还需要满足由于元件相互之间的连接而形成的制约关系，概括这种制约关系的是基尔霍夫定律。

基尔霍夫定律是线性电路、非线性电路都遵循的共同规律。一般的电路分析都是建立在基尔霍夫定律之上的。基尔霍夫定律包括基尔霍夫电流定律和基尔霍夫电压定律。在讲述基尔霍夫定律之前，先介绍几个常用名词。

（1）支路：电路中流过同一电流的一个分支称为一条支路。如图1-42所示有3条支路，流过的电流分别为I_A、I_B、I_C。

（2）节点：3条或3条以上支路的连接点称为节点。如图1-42所示有B、O两个节点。

（3）回路：由若干支路组成的闭合路径。如图1-42所示有ABOA、BCOB、ABCOA 3个回路。

（4）网孔：网孔是回路的一种。将电路图画在平面上，回路内不含有其他支路的回路称为网孔。如图 1-42 所示有 ABOA、BCOB 两个网孔。

2. 基尔霍夫电流定律（KCL）

任意时刻，流出（或流入）任意一个节点的所有支路电流的代数和恒等于零，这就是基尔霍夫电流定律，简称 KCL，即：

$$\sum I = 0 \tag{1-40}$$

电流的连续性原理阐明：电路中任一点（包括节点）上任何时刻都不会发生电荷堆积或减少的现象。KCL 正是电流连续性原理的体现。

对图 1-42 电路中的节点 B，应用 KCL，则有：

$$I_A + I_B - I_C = 0$$

对图 1-42 电路中的节点 O，应用 KCL，则有：

$$-I_A - I_B + I_C = 0$$

显然，以上两个节点电流方程不是独立的。一般情况，在含有 n 个节点的电路中，只能写出 $n-1$ 个独立的节点电流方程。KCL 还可以推广应用到电路中任意假想的封闭面（广义节点）。

如图 1-43 所示电路中共有 a、b、c 3 个节点，

对于节点 a 有： $\quad I_1 - I_4 - I_6 = 0 \tag{1-41}$

对于节点 b 有： $\quad I_2 + I_4 - I_5 = 0 \tag{1-42}$

对于节点 c 有： $\quad I_3 + I_5 + I_6 = 0 \tag{1-43}$

将式（1-41）～式（1-43）相加，得出：

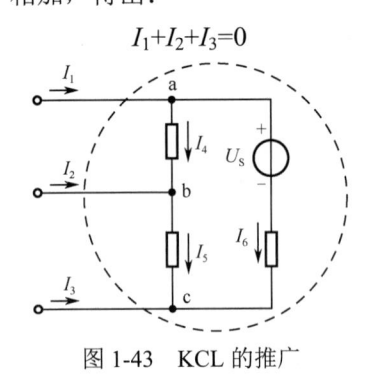

$$I_1 + I_2 + I_3 = 0$$

图 1-43 KCL 的推广

因为对一个闭合面来说，电流仍然是连续的。所以 KCL 还可以推广应用到电路中任意假想的封闭面（广义节点），即在任一瞬间通过任意封闭面的电流的代数和恒等于零。

3. 基尔霍夫电压定律（KVL）

任何时刻，沿着任何一个回路绕行一周，所有支路电压的代数和恒等于零，这就是基尔霍夫电压定律，简称 KVL，即：

$$\sum U = 0 \tag{1-44}$$

在写出式（1-44）所示的 KVL 方程时，先要约定回路绕行的方向，凡支路电压的参考方向与回路绕行的方向一致的，此电压前取"+"号，支路电压的参考方向与回路绕行的方向相

反的，此电压前取"-"号。回路绕行方向可用箭头表示，也可用节点序列来表示。

在图 1-42 所示电路中，有 3 个回路，都按顺时针方向绕行，可以写出其 KVL 方程如下：

对回路 ABOA 有： $U_{AB}+U_{BO}+U_{OA}=0$ （1-45）

对回路 BCOB 有： $U_{BC}+U_{CO}+U_{OB}=0$ （1-46）

对回路 ABCOA 有： $U_{AB}+U_{BC}+U_{CO}+U_{OA}=0$ （1-47）

对每个元件上的电压，要判断是否为关联参考方向，再应用欧姆定律写出各电压与所在支路的电流的关系，即可写出 KVL 方程：

对回路 ABOA 有： $I_AR_1+I_CR_3-U_{S1}=0$ （1-48）

对回路 ACDBA 有： $-I_BR_2+U_{S2}-I_CR_3=0$ （1-49）

对回路 ABCOA 有： $I_AR_1-I_BR_2+U_{S2}-U_{S1}=0$ （1-50）

将式（1-48）与式（1-49）相加，得出式（1-50）。

显然，以上 3 个回路方程只有两个是独立的。该电路有 2 个节点，3 条支路，可以写出 1 个独立的 KCL 方程和 2 个独立的 KVL 方程。一般来说，在含有 b 条支路、n 个节点的电路中，只能写出 $n-1$ 个独立的 KCL 方程和 $b-n+1$ 个独立的 KVL 方程。

KVL 定律还适用于开口电路。如图 1-44 所示电路中，设开口电路电压为 U_{AB}，绕行方向为逆时针，则开口电路电压方程为 $U_{AB}-U_S-IR=0$，即 $U_{AB}=IR+U_S$。

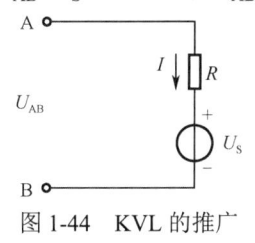

图 1-44　KVL 的推广

1.8.2　复杂电路的分析方法

1. 支路电流法

支路电流法是求解复杂电路的基本方法之一。它是以支路电流为未知量，应用基尔霍夫电流定律（KCL）列出节点电流方程，应用基尔霍夫电压定律（KVL）列出回路电压方程式，然后解出支路电流的方法。

以图 1-45（a）所示的电路为例来说明支路电流法的应用。

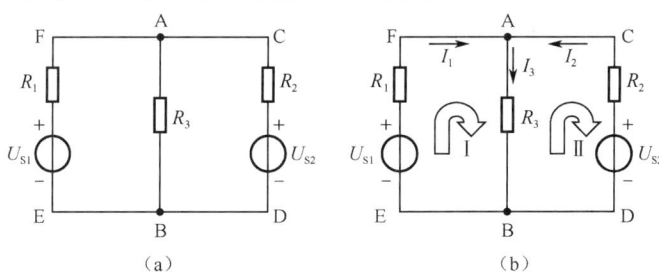

图 1-45　支路电流法

在图 1-45（a）中，支路数 $b=3$，节点数 $n=2$，以支路电流 I_1、I_2、I_3 为变量，共要列出 3

29

个独立方程。列方程前指定各支路电流的参考方向如图 1-45（b）所示。

首先，根据电流的参考方向，对节点 A 列出 KCL 方程
$$I_1+I_2-I_3=0 \tag{1-51}$$

其次，选择回路，应用 KVL 列出 $b-(n-1)$ 个方程。通常选择网孔来列写 KVL 方程（当然也可以选择回路）。选择回路 Ⅰ、Ⅱ 均为顺时针绕行方向，写出回路方程，即

对网孔 Ⅰ 有：
$$I_3R_3-U_{S1}+I_1R_1=0 \tag{1-52}$$

对网孔 Ⅱ 有：
$$-I_2R_2+U_{S2}-I_3R_3=0 \tag{1-53}$$

联立求解由式（1-51）、式（1-52）和式（1-53）就可以求出未知的支路电流 I_1、I_2 和 I_3。

综上所述，支路电流法分析计算电路的一般步骤如下。

（1）先假设各支路电流的参考方向及网孔的绕行方向。

（2）根据 KCL 列出独立的节点电流方程。

（3）根据 KVL 列出独立的回路电压方程。

（4）解方程组求出各支路电流。

注意：列写方程时一定要 KCL、KVL 一起用。

【**例题 1-9**】 如图 1-46 所示电路，已知 $R_1=3\Omega$，$I_S=2A$，$R_2=6\Omega$，$U_{S1}=15V$，$R_3=6\Omega$，求通过电阻 R_3 支路的电流 I_3 及理想电流源的端电压 U。

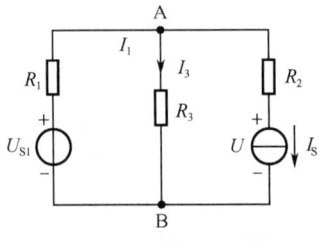

图 1-46 例题 1-9 图

【**解**】（1）按题意，设定两个未知的支路电流 I_1、I_3 的参考方向；画出回路 Ⅰ 的绕行方向。

（2）电路有两个节点 A、B，只能列写一个独立的电流方程，由 KCL 定律，对节点 A 有：
$$I_1=I_3+I_S$$

（3）根据 KVL 定律列写回路的电压方程，由 KVL 定律，对回路 Ⅰ 有：
$$I_3R_3-U_{S1}+I_1R_1=0$$

（4）将数据代入以上方程，进行求解。得到结果：$I_1=3A$，$I_3=1A$。

（5）求 U：
$$U=-I_SR_2+I_3R_3=-2\times 6+1\times 6=-6（V）$$

支路电流法是求解电路的最基本方法，对于支路比较多的电路而言，支路电流法列的方程较多，求解比较麻烦。

2. 回路电流法

回路电流法是以假想回路电流为未知量，根据 KVL 列写独立回路的电压方程，然后联立求解的方法。对于支路较多的电路，该方法列出的方程明显减少，便于计算。下面通过例题说明解题方法，由图 1-47 可以看出，此电路虽然支路较多，但只有 3 个网孔，故可以确定只有 3 个独立回路。

【例题 1-10】 已知电路如图 1-47 所示。求 R_4 中的电流 I_4。

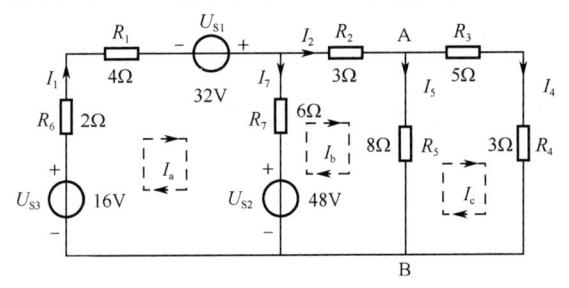

图 1-47 例题 1-10 图

【解】 设独立回路如图 1-47 所示，回路电流为 I_a、I_b、I_c，并以该回路电流的方向作为绕行方向，写出 3 个独立回路的 KVL 方程。

$$\left.\begin{array}{l}(R_6+R_1+R_7)I_a - R_7 I_b = U_{S1} - U_{S2} + U_{S3} \\ (R_7+R_2+R_5)I_b - R_7 I_a - R_5 I_c = U_{S2} \\ (R_5+R_3+R_4)I_c - R_5 I_b = 0\end{array}\right\} \quad (1\text{-}54)$$

为了便于理解，对式（1-54）概括为如下的形式：

$$\left.\begin{array}{l}R_{11}I_a + R_{12}I_b + R_{13}I_c = U_{S11} \\ R_{21}I_a + R_{22}I_b + R_{23}I_c = U_{S22} \\ R_{31}I_a + R_{32}I_b + R_{33}I_c = U_{S33}\end{array}\right\} \quad (1\text{-}55)$$

式中：

（1）R_{11}、R_{22}、R_{33} 分别称为回路 a、回路 b 和回路 c 的自电阻，它们分别是各自网孔内所有电阻的总和，如 $R_{11}=R_6+R_1+R_7$。

（2）R_{12} 称为回路 a 与回路 b 的互电阻，它是回路 a 和回路 b 的公有电阻的负值，即 $R_{12}=-R_7$。出现负号是因为网孔电流 I_a 和 I_b 以相反的方向流过公有电阻 R_7。

（3）R_{13} 称为回路 a 与回路 c 的互电阻，由于回路 a 和回路 c 的没有公有电阻，因此，$R_{13}=0$。

（4）R_{23}、R_{21}、R_{32} 分别为其下标数字所示回路间的互电阻，分别为相关两回路公有电阻的正值或负值。正、负值要视有关的回路电流流过公有电阻时其相互方向的关系而定，同向时为正，反向时为负。另外，$R_{12}=R_{21}$，$R_{23}=R_{32}$，$R_{13}=R_{31}$。

（5）U_{S11}、U_{S22}、U_{S33} 分别为回路 a、回路 b 和回路 c 中各电压源电压升的代数和。例如，$U_{S11}=U_{S1}-U_{S2}+U_{S3}$。

式（1-55）为三网孔电路的回路电流方程的普遍形式。虽然具体电路各有不同，其区别只是各个自电阻、互电阻和 U_{S11} 等的具体内容不同。根据观察即可写出方程。

如果各回路电流的参考方向均设为顺时针方向或逆时针方向，则各互电阻均为有关公有电阻的负值。

本题中，将已知数据代入式（1-54），可求得回路电流 I_a、I_b 和 I_c。

$$\left.\begin{array}{l}(2+4+6)I_a - 6I_b = 16 - 48 + 32 \\ -6I_a + (6+3+8)I_b - 8I_c = 48 \\ -8I_b + (8+5+3)I_c = 0\end{array}\right\}$$

得：$I_a = 2.4\text{A}$ $\quad I_b = 4.8\text{A}$ $\quad I_c = 2.4\text{A}$

从而求支路电流如下：

$$I_1=I_a=2.4A \quad I_2=I_b=4.8A \quad I_4=I_c=2.4A$$
$$I_7=I_a-I_b=-2.4A \quad I_5=I_b-I_c=2.4A$$

【例题 1-11】 在图 1-48 中，$R_1=5\Omega$、$R_2=10\Omega$、$R_3=20\Omega$。用回路电流法求各支路电流。

【解】 第一回路的自电阻

$$R_{11}=R_1+R_3=5+20=25(\Omega)$$

第一回路和第二回路的互电阻

$$R_{12}=R_{21}=-R_3=-20\Omega（因为流过 R_3 的电流 I_1 和 I_2 方向不同，互电阻为负值）$$

第二回路的自电阻

$$R_{22}=R_2+R_3=10+20=30(\Omega)$$

又 $U_{S11}=20V$（回路 1 绕行方向电压源的电压升为正）

$U_{S22}=-10V$（回路 2 绕行方向电压源的电压降为负）

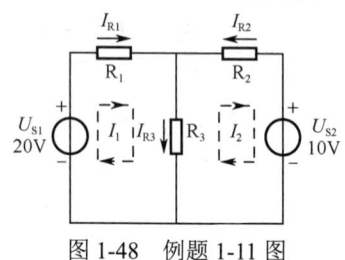

图 1-48 例题 1-11 图

得回路电流方程：

$$\left.\begin{array}{r}25I_1-20I_2=20\\-20I_2+30I_2=-10\end{array}\right\}$$

求得： $\qquad I_1=8/7A \qquad I_2=3/7A$

再求各支路电流，如图 1-48 所示的 I_{R1}、I_{R2} 及 I_{R3}：

$$I_{R1}=I_1=8/7A \quad I_{R2}=-I_2=-3/7A \quad I_{R3}=I_1-I_2=8/7-3/7=5/7(A)$$

对于含有理想电流源的电路，可以设含有电流源的电流为回路电流或增加电流源两端的电压为独立变量，再按 KVL 列出独立回路的电流方程进行求解。

3. 节点电位法

节点电位法是以电路中的节点电位为未知量列方程求解电路的分析方法，这种方法多用在多支路少节点的电路中，计算支路电流时非常简便。

现以图 1-49 为例介绍节点电位法的分析方法。

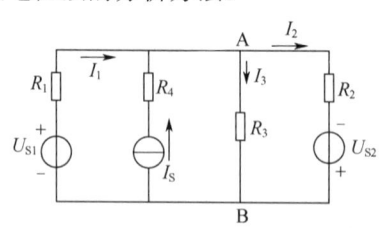

图 1-49 节点电位法示例图

（1）选取节点 B 为参考点，支路电流与 V_A 的关系式分别为：

$$I_1 = \frac{U_{S1} - V_A}{R_1} \qquad I_2 = \frac{U_{S2} + V_A}{R_2} \qquad I_3 = \frac{V_A}{R_3}$$

（2）利用节点 A 的 KCL 方程：

$$I_1 + I_S - I_2 - I_3 = 0$$

代入各电流值，得：

$$\frac{U_{S1} - V_A}{R_1} + I_S - \frac{V_A}{R_3} - \frac{V_A + U_{S2}}{R_2} = 0$$

整理得

$$V_A = \frac{\dfrac{U_{S1}}{R_1} - \dfrac{U_{S2}}{R_2} + I_S}{\dfrac{1}{R_1} + \dfrac{1}{R_2} + \dfrac{1}{R_3}} \tag{1-56}$$

即

$$V_A = \frac{\sum \dfrac{U_S}{R} + \sum I_S}{\sum \dfrac{1}{R}} \tag{1-57}$$

式（1-57）中分母为两节点之间各支路的恒压源为零后的电阻的倒数和；分子为各支路的恒压源与本支路电阻相除后的代数和。

（3）应用 V_A 的结果即可求得各支路电流的值。

【例题 1-12】用节点电位法求图 1-49 电路中各支路电流。已知 $U_{S1}=9V$，$U_{S2}=12V$，$I_S=5A$，$R_1=3\Omega$，$R_2=R_3=6\Omega$，$R_4=10\Omega$。

【解】设 B 点为电位参考点，各支路电流方向如图 1-49 所示。

对节点 A，由式（1-57）得

$$V_A = \frac{\dfrac{U_{S1}}{R_1} - \dfrac{U_{S2}}{R_2} + I_S}{\dfrac{1}{R_1} + \dfrac{1}{R_2} + \dfrac{1}{R_3}} = \frac{\dfrac{9}{3} - \dfrac{12}{6} + 5}{\dfrac{1}{3} + \dfrac{1}{6} + \dfrac{1}{6}} = 9(V)$$

将 V_A 的结果代入各支路电流表达式得

$$I_1 = \frac{U_{S1} - V_A}{R_1} = \frac{9 - 9}{3} = 0(A)$$

$$I_2 = \frac{U_{S2} + V_A}{R_2} = \frac{12 + 9}{6} = 3.5(A)$$

$$I_3 = \frac{V_A}{R_3} = \frac{9}{6} = 1.5(A)$$

在应用式（1-57）分析计算电路时应注意以下两点。

（1）当恒压源两端极性与节点电压的参考极性一致时取正号，极性相反时取负号。

（2）当恒流源流向节点时取正号，背离节点时取负号。分母中不含与恒流源串联的电阻。

4. 电阻的星形与三角形连接的等效变换

在电阻的连接关系中，还有一种连接，它既非串联，也非并联。如图 1-50（a）所示的桥式电路，不具备参数对称条件，用串并联简化的办法求得端口 ab 处的等效电阻是不可能的。如果能将图 1-50（b）连接在①、②、③这 3 个端子间的 R_{12}、R_{23}、R_{31} 构成的三角形连接（又称△连接）电路等效变换为图 1-50（c）所示的由 R_1、R_2、R_3 构成的星形连接（也称 Y 连接）电路，则可方便地应用串并联简化的办法求得 ab 端口的等效电阻，这就提出了 Y-△ 等效变换的问题。

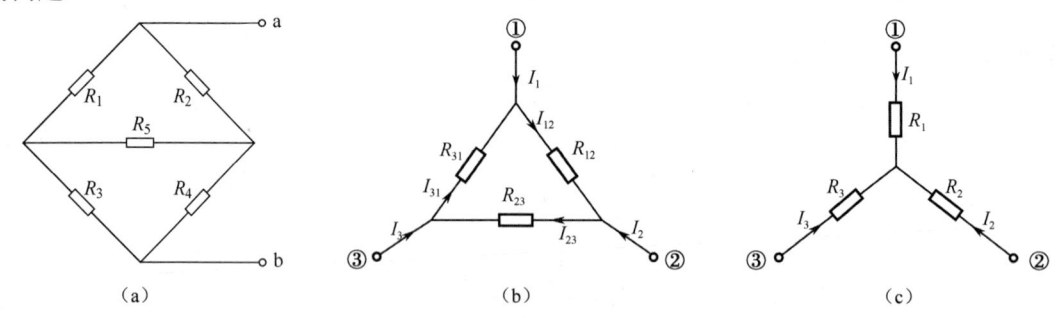

图 1-50　△连接和 Y 连接的等效变换

两电路要求对外等效，即满足：
（1）流进节点①、②、③的电流不变；
（2）节点①、②、③之间的电压 U_{12}、U_{23}、U_{31} 保持不变。

一种简单的推导等效变换的方法是两电路在一个对应端子悬空的同等条件下，分别测量两电路剩余端子之间的电阻，要求测得的电阻相等。

悬空第③端子，可得

$$R_1 + R_2 = \frac{R_{12}(R_{23} + R_{31})}{R_{12} + R_{23} + R_{31}}$$

悬空第②端子，得

$$R_3 + R_1 = \frac{R_{31}(R_{12} + R_{23})}{R_{12} + R_{23} + R_{31}}$$

悬空第①端子，得

$$R_2 + R_3 = \frac{R_{23}(R_{12} + R_{31})}{R_{12} + R_{23} + R_{31}}$$

将以上三式联立求解，可得

$$\left. \begin{aligned} R_1 &= \frac{R_{12}R_{31}}{R_{12} + R_{23} + R_{31}} \\ R_2 &= \frac{R_{12}R_{23}}{R_{12} + R_{23} + R_{31}} \\ R_3 &= \frac{R_{23}R_{31}}{R_{12} + R_{23} + R_{31}} \end{aligned} \right\} \quad (1\text{-}58)$$

利用式（1-58）可以方便地求出△连接电阻等效的 Y 连接电阻。反过来，由 Y 连接求等效△连接的公式可由式（1-58）两两相乘后相加，再分别除以式（1-58）中的每一个，得到

$$R_{12} = \frac{R_1R_2 + R_2R_3 + R_3R_1}{R_3}$$
$$R_{23} = \frac{R_1R_2 + R_2R_3 + R_3R_1}{R_1}$$
$$R_{31} = \frac{R_1R_2 + R_2R_3 + R_3R_1}{R_2}$$
(1-59)

式（1-58）和式（1-59）可以概括为

$$R_i = \frac{\text{接于端钮}\,i\,\text{的两电阻的乘积}}{\text{三电阻之和}}$$

$$R_{mn} = \frac{\text{电阻两两乘积之和}}{\text{接在与}\,R_{mn}\,\text{相对端钮的电阻}}$$

特殊情况是若△连接的 3 个电阻相等，即 $R_{12}=R_{23}=R_{31}=R_\triangle$。等效变换后，Y 连接的 R_1、R_2、R_3 必然相等，满足

$$R_1 = R_2 = R_3 = R_Y = \frac{1}{3}R_\triangle$$
(1-60)

反过来，若 $R_1=R_2=R_3=R_Y$，则等效△连接时电阻相等，即

$$R_{12} = R_{23} = R_{31} = R_\triangle = 3R_Y$$
(1-61)

【**例题 1-13**】求如图 1-51 所示的电路中 a、b 端的等效电阻。

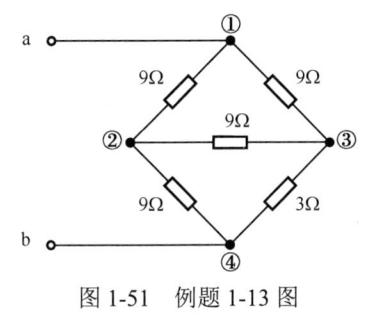

图 1-51　例题 1-13 图

【**解**】由电阻的△-Y 变换，将图 1-52（a）中的虚线内的△形连接的电阻变换为 1-52（b）中的 Y 形连接电阻。

由式（1-60），$R_Y = \frac{1}{3}R_\triangle = 3\Omega$

对图 1-52（b），容易求得 $R_{ab}=3+12//6=7(\Omega)$

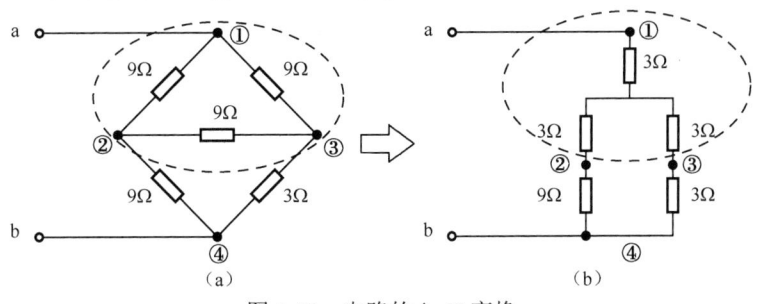

图 1-52　电路的△-Y 变换

5. 叠加定理

叠加定理是线性电路中的一条重要定理。在线性电路中，当有几个电源共同作用时，任一支路所产生的电流（或电压）等于这些电源单独作用时在该支路所产生电流（或电压）的代数和。

当某个独立电源单独作用于电路时，其他独立电源应该"除源"。电流源电流为零，相当于电流源"开路"；电压源电压为零，相当于电压源"短路"，如图1-53所示。

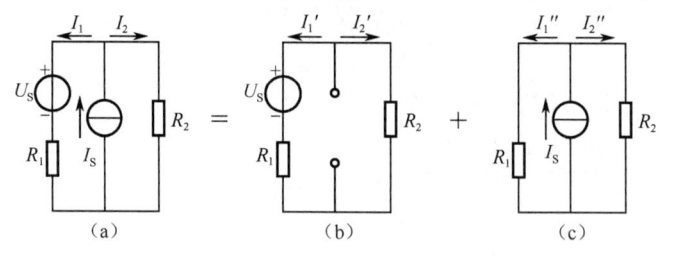

图 1-53 叠加定理示例

在图1-53中，则有

$$I_1 = I_1' + I_1'' \qquad I_2 = I_2' + I_2''$$

叠加定理是把复杂电路化为多个简单电路求解，最后进行叠加。

【例题1-14】如图1-53（a）所示电路，已知 $U_S=18V$，$R_1=3Ω$，$R_2=6Ω$，$I_S=3A$，求通过电阻 R_1 和 R_2 的电流 I_1 和 I_2。

【解】电压源单独作用时，如图1-53（b）所示。

$$-I_1' = I_2' = U_S/(R_1+R_2) = 18/(3+6) = 2(A)$$

电流源单独作用时，如图1-53（c）所示。

$$I_1'' = \frac{R_2}{R_1+R_2} I_S = \frac{6}{3+6} \times 3 = 2(A)$$

$$I_2'' = \frac{R_1}{R_1+R_2} I_S = \frac{3}{3+6} \times 3 = 1(A)$$

应用叠加定理得

$$I_1 = I_1' + I_1'' = -2 + 2 = 0(A)$$
$$I_2 = I_2' + I_2'' = 1 + 2 = 3(A)$$

使用叠加定理时，应该注意以下几点。

（1）叠加定理适用于线性电路的电压和电流，对非线性电路不适用。

（2）在叠加的各分电路中，不作用的电压源置零，在电压源处用短路代替；不作用的电流源置零，在电流源处用开路代替。电路中的所有电阻保留不变。受控源则保留在各分电路中。

（3）叠加时要注意电压和电流的参考方向，求代数和。

（4）不能用叠加定理直接计算功率。

6. 戴维南定理

戴维南定理也称为等效电压源定理，是阐明线性有源二端网络外部性能的一个重要定理。若只需要分析计算某一支路的电流或电压，应用戴维南定理求解就较为简单。

在介绍戴维南定理之前，先对一些名词进行解释。

（1）二端网络：具有两个出线端钮的网络（电路）。

（2）有源二端网络：含有独立电源的二端网络，如图1-54所示。

（3）无源二端网络：不含有独立电源的二端网络，如图1-55所示。

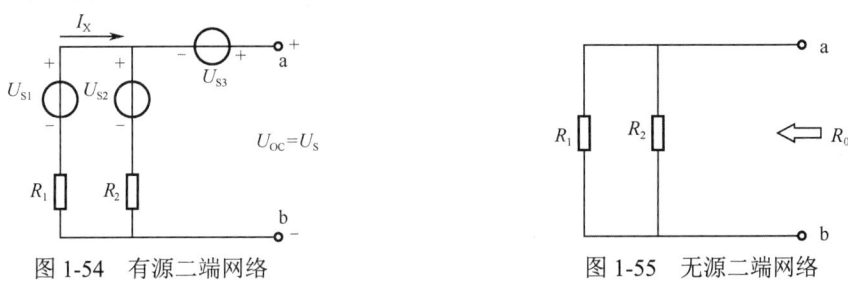

图1-54　有源二端网络

图1-55　无源二端网络

戴维南定理指出：任何一个线性有源二端网络，对其外部而言，都可以用一个实际电压源来等效代替。等效电压源的电压 U_S 等于有源二端网络的开路电压 U_{OC}，如图1-54所示；等效电压源的内电阻 R_0 等于有源二端网络除源（电压源被短路，电流源开路）后，所得无源二端网络的等效电阻 R_{ab}，如图1-55所示。

【例题1-15】用戴维南定理求图1-56（a）中通过负载电阻 R 的电流 I。

（a）有源复杂电路　（b）有源二端网络电路　（c）等效电源电路

（d）等效电压源电压　（e）等效电压源内电阻

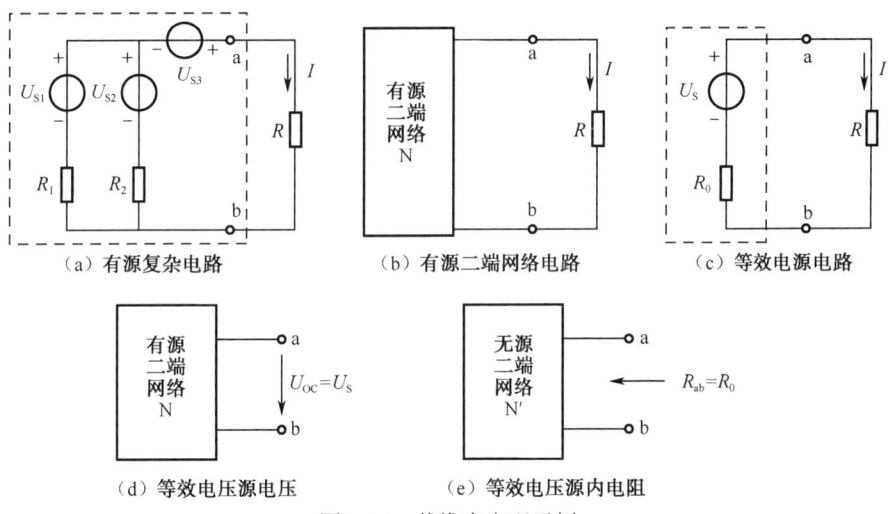

图1-56　戴维南定理示例

【解】第一步：将待求支路断开，求有源二端网络的开路电压 U_{OC}，如图1-54所示。有源二端网络内的电流为

$$I_X = \frac{U_{S1} - U_{S2}}{R_1 + R_2}$$

等效电压源的电压 U_S，即 a、b 两端的开路电压 U_{OC}

$$U_S = U_{OC} = U_{S3} + U_{S2} + I_X R_2$$

第二步：将有源二端网络除源，得到无源二端网络，求输入电阻 R_0，如图 1-55 所示。等效电压源内电阻为

$$R_0 = \frac{R_1 R_2}{R_1 + R_2}$$

图 1-57 等效电源电路

第三步：画出等效电路图如图 1-57 所示，求负载电流 I。
最后根据全电路的欧姆定律得通过负载 R 的电流 I 为

$$I = \frac{U_S}{R + R_0}$$

总结：利用戴维南定理的解题步骤如下。
① 设想将原电路切割成两部分，即待求电路和含源二端网络。
② 利用戴维南定理将含源二端网络简化成等效电压源。
③ 将求出的等效电压源与待求电路组合成新电路求解未知量。

【例题 1-16】利用戴维南定理求图 1-58 中的电流 I_5。已知 $U_{S1}=12V$，$R_1=R_2=5\Omega$，$R_3=10\Omega$，$R_4=5\Omega$，$R_5=10\Omega$。

【解】图 1-58 的电路可画为图 1-59 所示的等效电路。

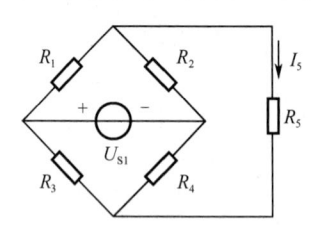

图 1-58 例题 1-16 图

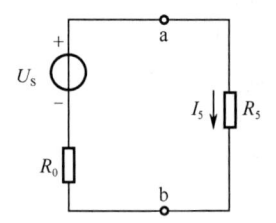

图 1-59 戴维南等效电路

等效电压源的电压（U_S）可由图 1-60（a）求得

$$I_1' = \frac{U_{S1}}{R_1 + R_2} = \frac{12}{5+5} = 1.2(A)$$

$$I_2' = \frac{U_{S1}}{R_3 + R_4} = \frac{12}{10+5} = 0.8(A)$$

于是 $$U_S = U_{OC} = I_1' R_2 - I_2' R_4 = 1.2 \times 5 - 0.8 \times 5 = 2(V)$$

或 $$U_S = U_{OC} = -I_1' R_1 + I_2' R_3 = 0.8 \times 10 - 1.2 \times 5 = 2(V)$$

等效电压源的内阻 R_0 可由图 1-60（b）求得

$$R_0 = \frac{R_1 R_2}{R_1 + R_2} + \frac{R_3 R_4}{R_3 + R_4} = \frac{5 \times 5}{5+5} + \frac{10 \times 5}{10+5} = 5.8(\Omega)$$

最后由图 1-59 求出

$$I_5 = \frac{U_S}{R_0 + R_5} = \frac{2}{5.8 + 10} = 0.126(A)$$

(a) 有源二端网络　　　(b) 无源二端网络

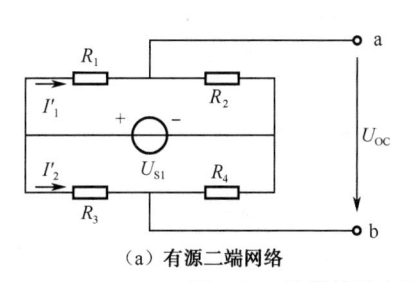

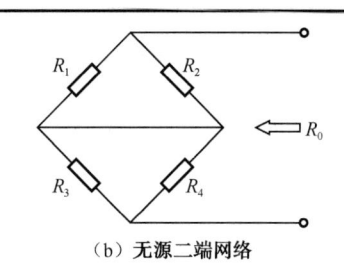

图 1-60　计算等效电压源 U_S 和 R_0 的电路

显然，此方法比其他方法要简单。

开口电压除了可以计算外，还可以用实验的方法测量 a、b 端口之间开路电压 U_{OC}，从而得到等效电压源的电压 U_S。

对等效电压源的内阻，除了利用计算方法外，也可以通过下面的方法得到。

（1）在测得 U_{OC} 的基础上，再将 a、b 端口短路，测得短路电流 I_{SC}，则

$$R_0 = U_{OC}/I_{SC} \tag{1-62}$$

（2）在对除源后的无源二端网络 a、b 端口处加电源 U，测端口处的电流 I，则

$$R_0 = U/I \tag{1-63}$$

7. 诺顿定理

诺顿定理同样是用来解决含源二端网络的对外等效电路的，此定理可陈述为：任一线性含源二端网络都可以用一个实际的电流源模型来代替；此电流源的电流等于二端网络端口处短路时的短路电流，其内电阻等于二端网络除源后，从端口处得到的等效电阻。

对有源二端网络的除源方法，与戴维南定理方法相同，即电压源被短路，电流源开路。

可见，对于线性有源二端网络，其戴维南等效电路与诺顿等效电路之间，满足电源变换的要求。

戴维南定理和诺顿定理又称为等效电源定理。

【例题 1-17】在如图 1-61 所示电路中，$U_{S1}=14V$，$U_{S2}=9V$，$R_1=20\Omega$，$R_2=5\Omega$，$R=4\Omega$，试用诺顿定理求流过 R 的电流 I。

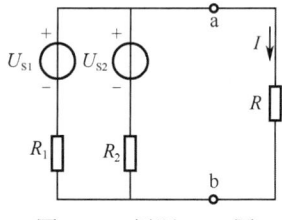

图 1-61　例题 1-17 图

【解】（1）将待求支路 R 从原电路中移出，得到有源二端网络。

（2）短路有源网络的 a、b 端口，如图 1-62（a）所示。求此短路电流 I_{SC}

$$I_{SC} = \frac{U_{S1}}{R_1} + \frac{U_{S2}}{R_2} = \frac{14}{20} + \frac{9}{5} = 2.5 \text{ (A)}$$

（3）对有源网络除源，得到无源二端网络，如图 1-62（b）所示。求等效电流源的内电阻

$$R_0 = R_{ab} = \frac{R_1 R_2}{R_1 + R_2} = \frac{20 \times 5}{20 + 5} = 4(\Omega)$$

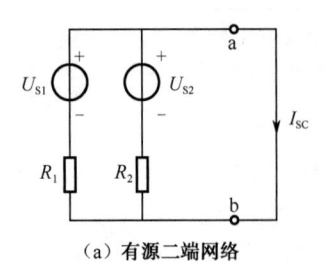

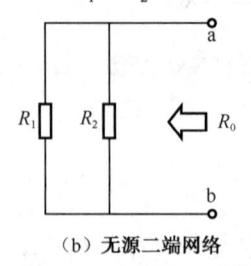

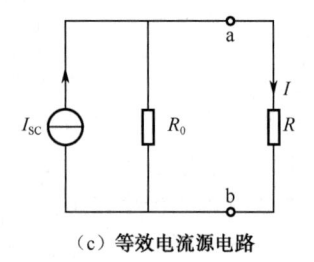

（a）有源二端网络　（b）无源二端网络　（c）等效电流源电路

图 1-62　例题 1-17 图解

（4）画出诺顿等效电路，将外电阻 R 接在 a、b 端口，如图 1-62（c）所示。由分流公式得

$$I = 2.5 \times \frac{4}{4+4} = 1.25(\text{A})$$

8. 最大功率传输定理

一个含源线性一端口电路，当所接负载不同时，一端口电路传输给负载的功率就不同，讨论负载为何值时能从电路获取最大功率，及最大功率的值是多少的问题是有工程意义的。

下面从图 1-63 所示电路来讨论最大功率传输问题。图 1-63 中 U_S 为电压源的电压，R_S 为电源的内阻，R_L 为负载。

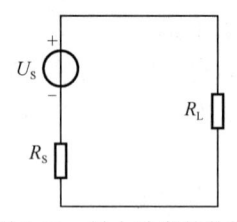

图 1-63　最大功率的传输

负载 R_L 所获得的功率 P_L 为

$$P_L = I_L^2 R_L = \left(\frac{U_S}{R_S + R_L}\right)^2 R_L = \frac{U_S^2}{R_S + R_L} \cdot \frac{R_L}{R_S + R_L} = P_S \cdot \eta \quad (1\text{-}64)$$

式（1-62）中，$P_S = \dfrac{U_S^2}{R_S + R_L}$ 为电源发出的功率，$\eta = \dfrac{R_L}{R_S + R_L}$ 为功率的传输效率。

将 R_L 看作变量，P_L 将随 R_L 而变，当获得最大功率时，$\dfrac{dP_L}{dR_L} = 0$，即

$$\frac{dP_L}{dR_L} = U_S^2 \left[\frac{(R_S + R_L)^2 - R_L \times 2(R_S + R_L)}{(R_S + R_L)^4}\right] = 0$$

求解得

$$R_L = R_S \quad (1\text{-}65)$$

R_L 获得的最大功率为

$$P_L = \frac{U_S^2 R_S}{(2R_S)^2} = \frac{U_S^2}{4R_S} \tag{1-66}$$

即当负载 $R_L = R_S$ 时，负载可以获得最大功率，这种情况称为 R_L 与 R_S 匹配。

【例题 1-18】在图 1-64 所示的电路中，问 R_L 为何值时，可以获得最大功率 P_{Lmax}，并求此功率。

【解】先求图 1-64（a）的戴维南等效电路。

$$U_{OC} = 20 \times \frac{5}{5+5} = 10(V) \qquad R_S = \frac{5 \times 5}{5+5} = 2.5(\Omega)$$

其等效电路为图 1-64（b）。显然，当 $R_L = R_S = 2.5\Omega$ 时，可获得最大功率。

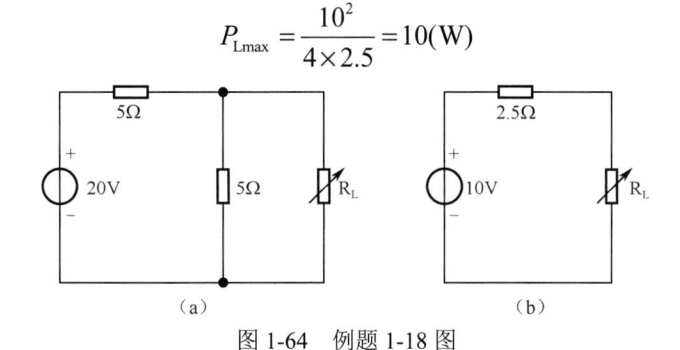

$$P_{Lmax} = \frac{10^2}{4 \times 2.5} = 10(W)$$

图 1-64　例题 1-18 图

9. 含受控源的等效电路

互联约束和元件的电压电流关系是分析计算电路的基本依据。前面介绍的各种方法和定理都可以用于计算含有受控源的电路；把受控源先按独立源对待，但又必须掌握受控源是非独立源的特点。

（1）分析计算含受控源的电路时，受控源按独立源一样对待和处理。但在网络方程中，要将受控源的控制量用电路变量来表示。

【例题 1-19】含 VCVS 受控源的电路如图 1-65 所示，求 I、U 及各元件的功率。

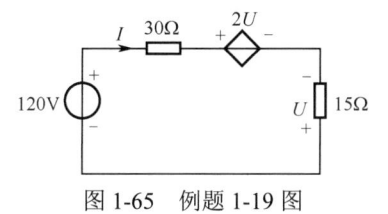

图 1-65　例题 1-19 图

【解】由 KVL 得

$$30I+2U-U-120=0$$

对于 15Ω 电阻，由欧姆定律 $U=-15I$
故得

$$30I+2(-15I)-(-15I)-120=0$$

得
$$I=8A$$
$$U=-15I=-120V$$

电压源功率=-120×8=-960(W) （发出功率）
受控源功率=2U×I=2×(-120)×8=-1920(W) （发出功率）
电阻功率=(30+15)×I² =45×64=2880(W) （吸收功率）

（2）受控电压源和电阻串联组合与受控电流源和电阻并联组合之间，像独立源一样可以进行等效变换。

如图 1-66（a）所示 VCVS 受控源可变换为图 1-66（b）所示的 VCCS 电路。

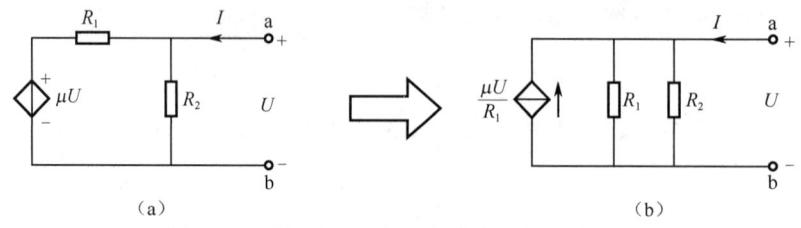

图 1-66 受控电压源与受控电流源的等效变换

（3）求解含受控源电路时，如需对电路进行化简，需注意在化简过程中不要把受控源的控制量消除掉，否则无法计算结果。

【例题 1-20】 在图 1-67 所示的电路中，已知 R_1、R_2、I_S，求电压 U。

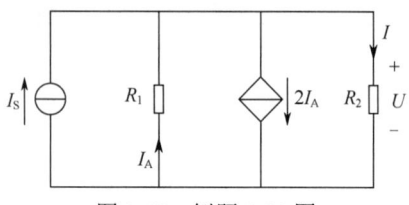

图 1-67 例题 1-20 图

解： 由 KCL 得

$$I+2I_A-I_A-I_S=0$$

又

$$I=\frac{U}{R_2}, \quad I_A=-\frac{U}{R_1}$$

$$\frac{U}{R_2}-2\frac{U}{R_1}+\frac{U}{R_1}-I_S=0$$

得：

$$U=\frac{I_S}{-\frac{1}{R_1}+\frac{1}{R_2}}$$

本题不能合并电阻或作电源的等效变换，否则，受控源的控制量 I_A 消失，无法计算结果。

※ 内容回顾 ※

1. 电路的组成与作用

（1）电路是指电流通过的途径，由电源、负载、中间环节等组成。电路的作用是：实现能量的传输、转换及信号的传递和处理。

(2) 由理想电路元件构成的电路称为实际电路的电路模型，简称电路。

2. 电路的基本物理量

(1) 电流。导体中的自由电子在电场力的作用下，做有规则的定向运动，就形成了电流。其大小用电流强度 i 表示，即

$$i = \frac{dq}{dt}$$

规定：正电荷定向移动的方向为电流的实际方向。

任意假定一个方向作为电流的参考方向，若与实际方向一致，其值为正，反之为负。

(2) 电压。电压是电场力把单位正电荷从 a 点移到 b 点所做的功，电压也是两点之间的电位差。其表达式为

$$u_{ab} = \frac{dw}{dq} = v_a - v_b$$

规定：电压降的方向为电压的实际方向。

任意假定一个方向作为电压的参考方向，若与实际方向一致，其值为正，反之为负。

(3) 电路有开路（断路）、短路（短接）和通路（负载）三种工作状态。

(4) 电位在数值上等于单位正电荷沿任意路径从该点移至无限远处的过程中电场力所做的功。

电位是相对的物理量。在电路只有选定了参考点，并规定参考点的电位为零，则某点电位才有唯一确定的数值。

(5) 关联参考方向。在一个元件或一段电路上，电流与电压的参考方向一致时称为关联参考方向，反之为非关联参考方向。

(6) 电能和电功率。单位时间内消耗的电能，称为电功率。用符号 P 表示，即

$$P = \frac{W}{t} = UI = I^2 R = \frac{U^2}{R}$$

规定：元件吸收功率为正，发出功率为负。

在此规定下，在电压、电流取关联和非关联参考方向时，元件的功率计算具有不同形式：

关联参考方向时

$$P = U \cdot I$$

非关联参考方向时

$$P = -U \cdot I$$

电功率的单位是瓦特（W）。

在 t_0 到 t 的一段时间内，电路消耗的电能为

$$w = \int_{t_0}^{t} p dt = \int_{t_0}^{t} u i dt$$

对直流而言

$$W = IUt = I^2 Rt = \frac{U^2}{R} t$$

单位为焦耳（J），常用单位是千瓦·时（kW·h），俗称"度"。

3. 欧姆定律与电阻

在不同参考方向情况下，线性电阻元件的元件约束关系为：
当电压和电流采用关联参考方向时
$$U=RI$$
当电压和电流采用非关联参考方向时
$$U=-RI$$

4. 电容与电感

（1）电容元件
① 电容元件的电量与电压的比值称为电容元件的容量，单位为法拉（F）。
$$C=\frac{q}{u}$$
② 在关联参考方向下，电容元件的电压与电流的关系为
$$i=C\frac{\mathrm{d}u}{\mathrm{d}t}$$
③ 在任一时刻 t，电容元件储存的电场能量为
$$w_C=\frac{1}{2}Cu^2(t)$$

（2）电容的连接
① 电容并联时，各电容的电压为同一电压，等效电容为各并联电容之和。
$$C=C_1+C_2+C_3 \qquad （以三个电容并联为例）$$
并联电容的耐压值等于并联电容中的最低额定电压。
② 电容串联时，各电容所带电量相等，等效电容的倒数等于各串联电容的倒数之和。
$$\frac{1}{C}=\frac{1}{C_1}+\frac{1}{C_2}+\frac{1}{C_3} \qquad （以三个电容串联为例）$$
串联电容的耐压值应根据电量的限额来确定。各电容与其相应耐压值的乘积的最小值为串联电容的电量限额，等效电容的耐压即为电量的限额与等效电容的比值。

（3）电感元件
① 电感元件是代表实际线圈基本电磁性能的理想二端元件。电感元件的自感磁链与通过其电流的比称为电感元件的自感系数或电感系数，简称电感。
$$L=\frac{\psi}{i_L}$$
② 在关联参考方向下，电感元件的电压与电流的关系为
$$u=L\frac{\mathrm{d}i}{\mathrm{d}t}$$
③ 在任一时刻 t，电感元件储存的磁场能量为

$$w_L = \frac{1}{2}Li^2(t)$$

5. 电压源、电流源及受控源

（1）理想电压源。电压是确定的时间函数，电流由其外电路决定。其吸收或发出功率的大小也由外电路确定。

（2）理想电流源。电流是确定的时间函数，电压由其外电路决定。其吸收或发出功率的大小也由外电路确定。

（3）受控源的电压或电流，是受电路中其他部分的电流或电压控制的，当控制量消失或为零时，受控电源的电压或电流也为零。受控源有 VCVS、CCVS、VCCS 和 CCCS 4 种类型。

6. 理想电压源、理想电流源的串联与并联

（1）理想电压源与任何元件相并联，等效为理想电压源。
（2）理想电压源相串联，等效电压源为各电压源的代数和。
（3）理想电流源和任何元件相串联，等效为理想电流源。
（4）理想电流源相并联，等效为理想电流源的代数和。

7. 实际电源的两种模型及其等效变换

（1）实际电压源模型为理想电压源串联电阻，输出电压为
$$U = U_S - IR_0$$

（2）实际电流源模型为理想电流源并联电阻，输出电流为
$$I = I_S - \frac{U}{R_S}$$

两种电源模型的等效互换条件为

$$I_S = \frac{U_S}{R} \quad 或 \quad U_S = I_S R \quad\quad R_S = R_0$$

8. 基尔霍夫定律

（1）基尔霍夫电流定律（KCL）
任一时刻，流入任一结点的电流之和等于流出该结点的电流之和。
（2）基尔霍夫电压定律（KVL）
任一时刻，对任一闭合回路，沿任一方向绕行一周，各段电压的代数和为零。
（3）复杂电路的求解方法
① 支路电流法。支路电流法以 b 个支路的电流为未知数，列 $n-1$ 个节点电流方程，列 $m=b-(n-1)$ 个网孔回

路电压方程，共列 b 个方程联立求解。
② 回路电流法。回路电流法以回路电流为未知量，找出回路电流与支路电流的关系，根据 KVL 列写回路电压方程，联立求解。
③ 节点电压法。对于只有两个节点的电路，应用节点电位法可直接求出节点电位，进而求得结果。

$$V_A = \frac{\sum \frac{U_S}{R} + \sum I_S}{\sum \frac{1}{R}}$$

④ 叠加定理。线性电路中，每一支路的响应等于各独立源单独作用下在此支路所产生响应的代数和。

⑤ 戴维南定理。含独立源的二端线性电阻网络，对其外部而言，都可以用电压源和电阻串联来等效。电压源的电压等于网络的开路电压 U_{oc}，电阻 R_i 等于网络除源后的等效电阻。

对戴维南等效电路而言，当外电阻等于戴维南等效电阻时，外电阻获得最大功率。

※ 典型例题解析 ※

【典例 1-1】在图 1-68（a）中，已知 $I_1=1A$，$I_4=2A$，$I_5=5A$，试求电流 I_2、I_3、I_6。

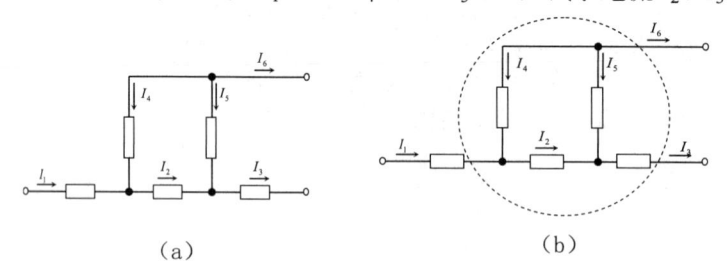

图 1-68　典例 1-1 图

【解】根据 KCL，得

$I_2 = I_1 + I_4 = 1 + 2 = 3$（A）

$I_3 = I_2 + I_5 = 3 + 5 = 8$（A）

$I_6 = -(I_4 + I_5) = -(2+5) = -7$（A）

根据图 1-68（b）虚线闭合面构成广义节点所示，或者由广义 KCL 得

$I_1 = I_3 + I_6$

从而　　　　　　　　$I_6 = I_1 - I_3 = 1 - 8 = -7$（A）

【典例 1-2】电路如图 1-69 所示，分析各图支路吸收和发出功率的情况。

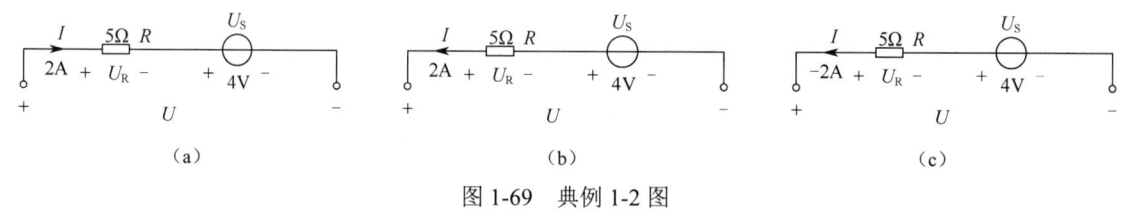

图 1-69　典例 1-2 图

分析：首先根据欧姆定律计算电阻元件两端的电压 U_R（其参考方向如图所示）；再计算总电压 $U = U_R + U_S$；最后根据 U 与 I 是关联参考方向时用公式 $P=UI$，而 U 与 I 是非关联参考方向时用公式 $P=-UI$ 进行计算。当计算结果为 $P>0$ 时，表明支路吸收功率，而 $P<0$ 时，该支路发出功率。

【解】对图 1-69（a）

$U_R=IR=2\times 5=10$（V）　　　　$U=U_R+U_S=10+4=14$(V)

由于 U、I 为关联参考方向，$P=UI=14\times 2=28$（W）>0，表明该支路实际吸收 28W 的功率。对图 1-69（b）

$U_R=-IR=-2\times 5=-10$（V）　　　　$U=U_R+U_S=-10+4=-6$(V)

由于 U、I 为非关联参考方向，$P=-UI=-(-6)\times 2=12$（W）>0，表明该支路实际吸收 12W 的功率。对图 1-69（c）

$U_R=-IR=-(-2)\times 5=10$（V）　　　　$U=U_R+U_S=10+4=14$(V)

由于 U、I 为非关联参考方向，$P=-UI=-14\times(-2)=28$（W）>0，表明该支路实际吸收 28W 的功率。

【典例 1-3】电路如图 1-70 所示，电路参数 R_1、R_2、R_3、U_S、α 已知，求解 R_3 两端的电压 U 以及独立电压源 U_S 发出的功率？

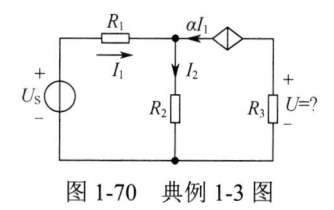

图 1-70　典例 1-3 图

分析：本题考查对 KCL、KVL 的熟练运用，元件的吸收功率以及受控源。

【解】由图 1-70 可知，R_3 的电压与电流是非关联参考方向，所以有

$$U=-\alpha I_1 R_3$$

电压源的功率表达式为

$$P_{电压源}=-U_S I_1$$

写节点 KCL 方程：

$$I_1+\alpha I_1=I_2$$

对左网孔写出 KVL 方程：

$$I_1 R_1+I_2 R_2-U_S=0$$

得

$$I_1=\frac{U_S}{R_1+(1+\alpha)R_2}$$

$$U=-\alpha I_1 R_3=-\frac{\alpha R_3 U_S}{R_1+(1+\alpha)R_2}$$

$$P_{电压源}=-U_S I_1=-\frac{U_S^2}{R_1+(1+\alpha)R_2}<0 \quad （表明该电压源发出功率）$$

【典例 1-4】试用回路电流法求解图 1-71 电路中的各支路电流。

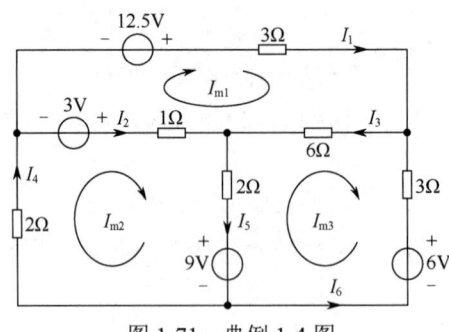

图 1-71 典例 1-4 图

分析：本题含有三个网孔，三个独立的电压源。网孔 1 与网孔 2 的互电阻为-1Ω，网孔 1 与网孔 3 的互电阻为-6Ω，网孔 2 与网孔 3 的互电阻为-2Ω，即可按网孔电流法求解。

【解】网孔序号及网孔绕行方向如图 1-71 所示，列写网孔方程

$$(3+6+1) I_{m1} - 1 I_{m2} - 6 I_{m3} = 12.5 - 3$$
$$-1 I_{m1} + (2+1+2) I_{m2} - 2 I_{m3} = 3 - 9$$
$$-6 I_{m1} - 2 I_{m2} + (2+6+3) I_{m3} = 9 - 6$$

整理得：
$$10 I_{m1} - I_{m2} - 6 I_{m3} = 9.5$$
$$-I_{m1} + 5 I_{m2} - 2 I_{m3} = -6$$
$$-6 I_{m1} - 2 I_{m2} + 11 I_{m3} = 3$$

解得

$$I_{m1} = 1.5 \text{ A}$$
$$I_{m2} = -0.5 \text{ A}$$
$$I_{m3} = 1 \text{ A}$$

从而求得各支路电流为

$$I_1 = I_{m1} = 1.5 \text{A}$$
$$I_2 = I_{m2} - I_{m1} = -0.5 - 1.5 = -2 \text{(A)}$$
$$I_3 = I_{m1} - I_{m3} = 1.5 - 1 = 0.5 \text{(A)}$$
$$I_4 = I_{m2} = -0.5 \text{A}$$
$$I_5 = I_{m2} - I_{m3} = -0.5 - 1 = -1.5 \text{(A)}$$
$$I_6 = -I_{m3} = -1 \text{A}$$

【典例 1-5】试用回路电流法求解图 1-72 电路中的各支路电流。

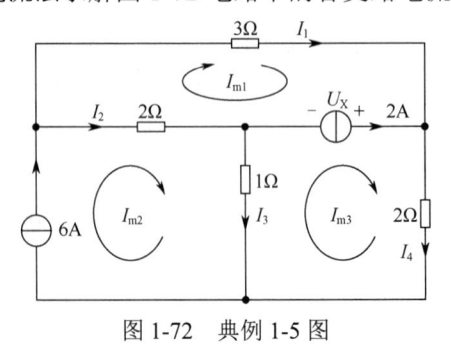

图 1-72 典例 1-5 图

分析：本题含有两个独立电流源，可将 6A 电流源电流作为网孔 2 的网孔电流，这样就不必

写网孔 2 的 KVL 方程。而为了写网孔 1 和网孔 3 的 KVL 方程，要设 2A 电流源的电压为 U_x。

【解】网孔序号、网孔电流及各支路电流参考方向如图 1-72 所示。设 2A 电流源的电压为 U_x。

列写方程如下

$$(2+3)I_{m1} - 2I_{m2} = -U_x$$

$$I_{m2} = 6$$

$$-1 I_{m2} + (1+2)I_{m3} = U_x$$

补充方程

$$I_{m3} - I_{m1} = 2$$

联立求解以上四式，得

$$I_{m1} = 1.5\text{A}$$

$$I_{m3} = 3.5\text{A}$$

各支路电流可利用与网孔电流的关系求得：

$$I_1 = I_{m1} = 1.5\text{A}$$

$$I_2 = I_{m2} - I_{m1} = 6 - 1.5 = 4.5(\text{A})$$

$$I_3 = I_{m2} - I_{m3} = 6 - 3.5 = 2.5(\text{A})$$

$$I_4 = I_{m3} = 3.5\text{A}$$

【典例 1-6】在图 1-73（a）中，已知 $R_1=3\text{k}\Omega$，$R_2=7\text{k}\Omega$，$R_3=14\text{k}\Omega$，试求在开关 S 断开和闭合两种情况下 A 点的电位。

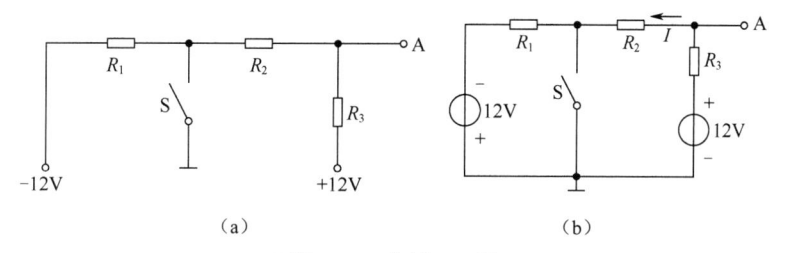

图 1-73 典例 1-6 图

分析： 本题中含有两个电压源。电路图可以还原为图 1-73（b）。这是一个简单电路问题。

【解】当开关 S 断开时，有

$$I = \frac{12+12}{R_1+R_2+R_3} = \frac{24}{3+7+14} = 1 \text{ (mA)}$$

$$V_A = I \times (R_1+R_2) - 12 = 1 \times 10 - 12 = -2 \text{ (V)}$$

当开关 S 闭合时，有

$$I = \frac{12}{R_2+R_3} = \frac{12}{7+14} = \frac{12}{21} \text{ (mA)}$$

$$V_A = I \times R_2 = 4 \text{ (V)}$$

【典例 1-7】在如图 1-74 所示电路中，已知 $U_{S1}=25\text{V}$，$U_{S2}=25\text{V}$，$U_{S3}=70\text{V}$，$R_1=R_2=R_3=50\Omega$。试用节点电位法求各支路电流。

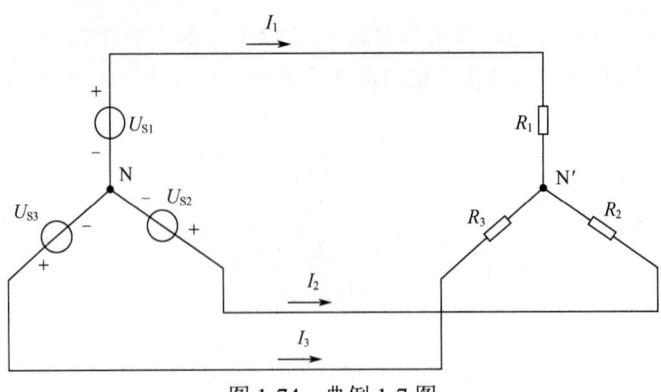

图 1-74 典例 1-7 图

分析：本题中含有三个电压源。将 N 点设为参考点，用节点电位法可以方便求出 N' 的电位 $U_{N'N}$。再应用开口形式的 KVL 可以求出各支路电流。

【**解**】采用节点电位法

$$U_{N'N} = \frac{\dfrac{U_{S1}}{R_1}+\dfrac{U_{S2}}{R_2}+\dfrac{U_{S3}}{R_3}}{\dfrac{1}{R_1}+\dfrac{1}{R_2}+\dfrac{1}{R_3}} = \frac{\dfrac{25}{50}+\dfrac{25}{50}+\dfrac{70}{50}}{\dfrac{1}{50}+\dfrac{1}{50}+\dfrac{1}{50}} = 40(V)$$

由开口形式 KVL

$$-U_{S1}+I_1R_1+U_{N'N}=0$$
$$-U_{S2}+I_2R_2+U_{N'N}=0$$
$$-U_{S3}+I_3R_3+U_{N'N}=0$$

求得各支路电流分别为

$$I_1=\frac{U_{S1}-U_{NN}}{R_1}=\frac{25-40}{50}=-0.3 \ (A)$$
$$I_2=\frac{U_{S2}-U_{NN}}{R_2}=\frac{25-40}{50}=-0.3 \ (A)$$
$$I_3=\frac{U_{S3}-U_{NN}}{R_3}=\frac{70-40}{50}=0.6 \ (A)$$

【**典例 1-8**】电路如图 1-75 所示，已知 U_S=6V，R_1=1Ω，R_2=3Ω，I_S=4A，α=2/3。试用节点电位法求电路的 U 和 I_1。

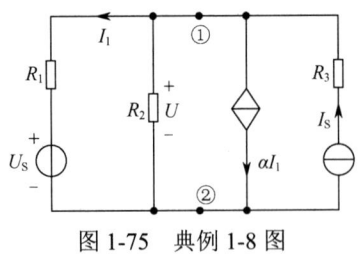

图 1-75 典例 1-8 图

【**解**】此电路共有两个节点，设节点②为参考节点，将受控源看作独立电流源，列写节点①的节点方程，节点①的电位也是电路中 R_2 的电压。

$$U = \frac{\dfrac{U_S}{R_1}+I_S-\alpha I_1}{\dfrac{1}{R_1}+\dfrac{1}{R_2}} = \frac{\dfrac{6}{1}+4-\dfrac{2}{3}I}{1+\dfrac{1}{3}} = \frac{30-2I}{4}$$

而 $\qquad\qquad\qquad\qquad U = I_1R_1 + U_S$

带入数据，以上两式联立求解，可得

$$I_1 = 1 \text{（A）}$$
$$U = 7 \text{（V）}$$

【典例 1-9】求图 1-76（a）电路的戴维南等效电路。

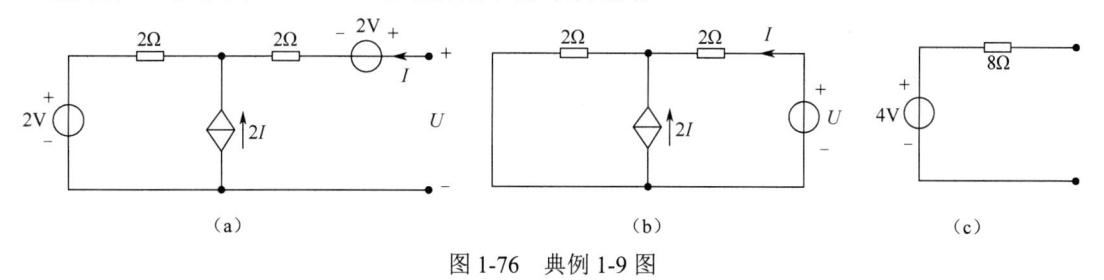

图 1-76　典例 1-9 图

【解】$U_{oc} = 2 + 2 = 4$（V）

求解 R_0 时，先将独立源除源，即将电压源用短路线代替。在电路两端施加一电源 U，电路如图 1-76（b）所示。

由 KVL $\qquad\qquad\qquad 2I + 2\times(2I+I) = U$
即 $\qquad\qquad\qquad\qquad 8I = U$
得 $\qquad\qquad\qquad\qquad R_0 = 8\Omega$

所以所求电路的戴维南等效电路如图 1-76（c）所示。

【典例 1-10】求图 1-77 所示电路中的电流 I。

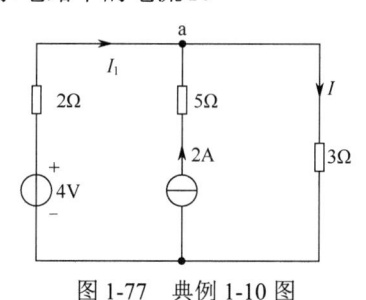

图 1-77　典例 1-10 图

分析：本题比较简单，下面分别用支路电流法、节点电位法、电源等效变换法、网孔电流法、叠加定理，以及戴维南定理进行求解。

【解】（1）支路电流法

由 KCL $\qquad\qquad\qquad I_1 + 2 = I$
由 KVL $\qquad\qquad\qquad -4 + 2I_1 + 3I = 0$
解得 $\qquad\qquad\qquad\qquad I = 1.6 \text{ A}$

注意： 在选择独立回路列 KVL 方程时，尽量避开电流源支路。否则，还须设出电流源的电压。

(2) 节点电位法

$$V_a = \frac{\frac{4}{2}+2}{\frac{1}{2}+\frac{1}{3}} = 4.8(\text{V})$$

$$I = \frac{V_a}{R} = \frac{4.8}{3} = 1.6(\text{A})$$

(3) 电源等效变换法

电路可等效为图 1-78。

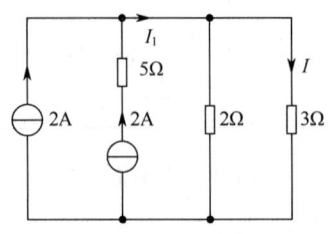

图 1-78　电源等效变换法

由分流公式

$$I = \frac{2}{2+3} \times 4 = 1.6(\text{A})$$

(4) 网孔电流法

假设网孔电流分别为 I_{m1}、I_{m2}，方向如图 1-79 所示。并设电流源的端电压为 U。

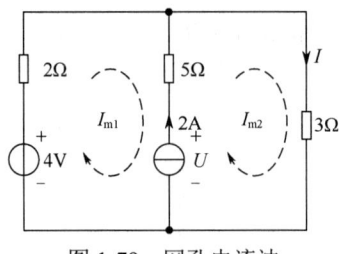

图 1-79　网孔电流法

网孔电流方程分别为

网孔 1　　　　　$(5+2)I_{m1} - 5I_{m2} = -U + 4$

网孔 2　　　　　$-5I_{m1} + (3+5)I_{m2} = U$

辅助方程　　　　$I_{m2} - I_{m1} = 2$

解得　　　　　　$I_{m1} = -0.4\text{A}$、$I_{m2} = 1.6\text{A}$

由支路电流与网孔电流的关系，有

$$I = I_{m2} = 1.6\text{A}$$

(5) 叠加定理

根据叠加定理，分别求电压源和电流源产生的响应 I' 和 I''，如图 1-80 所示。

模块 1　直流电路的测量与学习

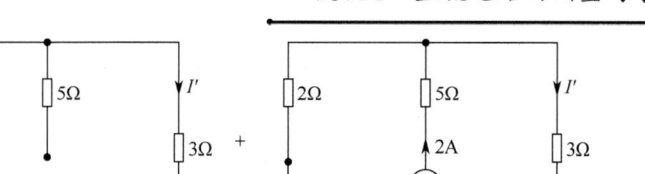

图 1-80　叠加定理

$$I' = \frac{4}{2+3} = 0.8A$$

$$I'' = \frac{2}{2+3} \times 2 = 0.8(A)$$

由叠加定理　　　$I = I' + I'' = 0.8 + 0.8 = 1.6(A)$

（6）戴维南定理

首先由图 1-81 求解有源二端网络的开口电压 U_{ab}

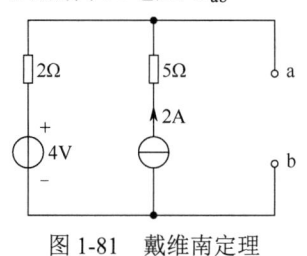

图 1-81　戴维南定理

$$U_{ab} = 2 \times 2 + 4 = 8(V)$$

其次，求除源后无源二端网络的等效电阻 R_{ab}（注意除源的方法，是对电压源短路，电流源开路），如图 1-82（a）所示。

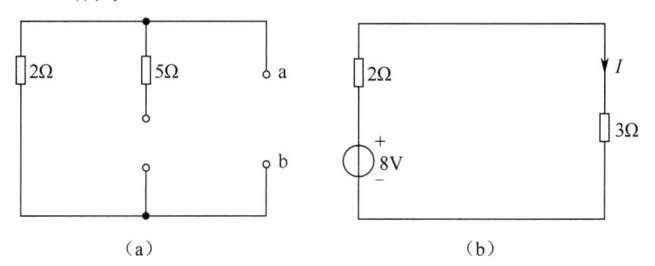

(a)　　　　　(b)

图 1-82　等效电路

$$R_{ab} = 2\Omega$$

最后，画出总的戴维南等效电路图 1-82（b）。

由全欧姆定律　　　$I = \frac{8}{2+3} = 1.6(A)$

【典例 1-11】在图 1-83 的电路中，求 R 为何值时，电阻 R 获得的功率最大？该最大功率是多少？功率的传递效率是多少？

图 1-83　典例 1-11 图

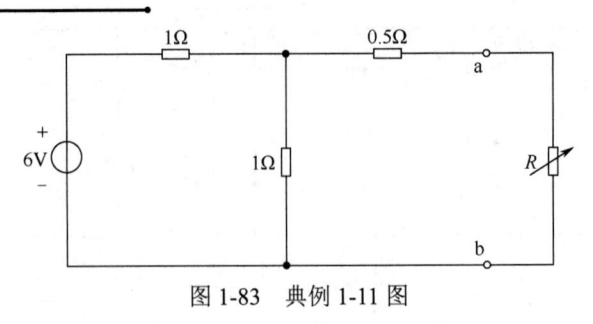

【解】应用戴维南定理将二端网络 1-84（a）等效为一条含源支路，如图 1-84（b）所示。

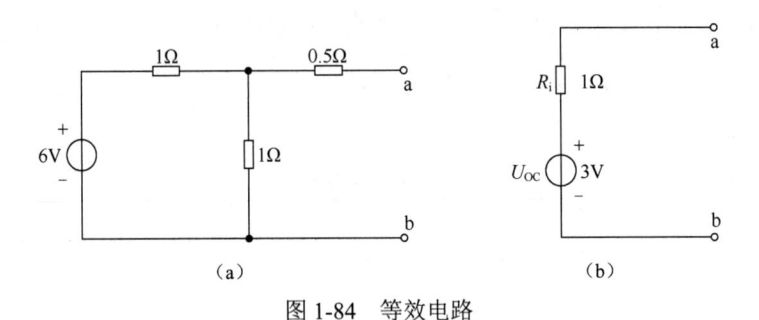

(a)　　(b)

图 1-84　等效电路

当 $R=R_i$ 时，即 $R=1\Omega$ 时，R 获得最大功率

$$P = \frac{U_{OC}^2}{4R_i} = \frac{9}{4} = 2.25 \text{ (W)}$$

对于 3V 等效电源而言，功率传输效率为 50%。但是，对 6V 原电源而言，功率的传输效率则不同。

为了求解各元件的功率，设各支路电流如图 1-85 所示。

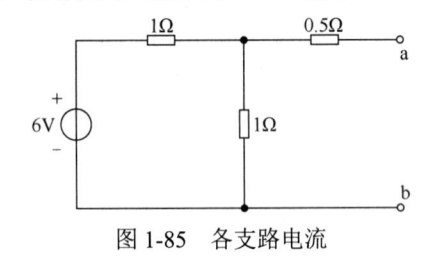

图 1-85　各支路电流

由节点电位法，

$$V_A = \frac{\frac{6}{1}}{\frac{1}{1}+\frac{1}{1}+\frac{1}{1.5}} = 2.25 \text{(V)}$$

则

$$I_1 = \frac{6-2.25}{1} = 3.75 \text{(A)}$$

$$I_2 = \frac{2.25}{1} = 2.25 \text{(A)}$$

$$I_3 = I_1 - I_2 = 3.75 - 2.25 = 1.5 \text{(A)}$$

6V 电源的功率为
$$P_V = -6 \times 3.75 = -22.5(\text{W}) < 0 \text{（表明发出功率）}$$
而 R 吸收的功率为
$$P_R = I_3^2 R = 1.5^2 \times 1 = 2.25(\text{W})$$
显然
$$\eta = \frac{2.25}{22.5} = 10\%$$
而不是 50%。

※ 练习题 ※

1. 试写出图 1-86 所示电路 U_{ab} 和 I 的关系式。

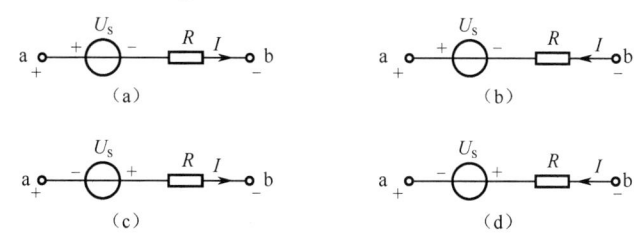

图 1-86 练习题 1 图

2. 各元件如图 1-87 所示。（1）图 1-87（a）若元件吸收功率为 10W，求 U；（2）图 1-87（b）若元件吸收功率 10W，求 I；（3）图 1-87（c）求元件产生的功率；（4）图 1-87（d）若元件为电阻，求电阻值 R 及其吸收的功率。

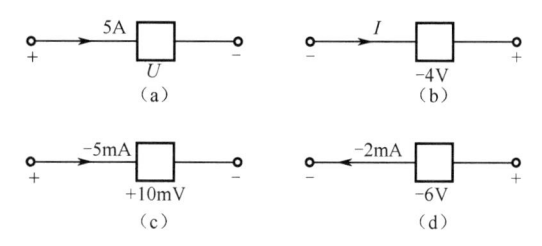

图 1-87 练习题 2 图

3. 如图 1-88 所示，求图 1-88（a）中的电流 I 以及图 1-88（b）中电流源两端的电压 U。

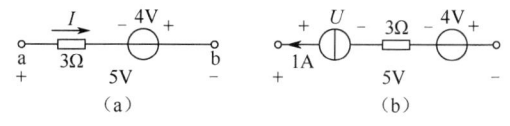

图 1-88 练习题 3 图

4. 求图 1-89 所示电路中电阻上的电压，说明电路中各元件的功率关系。

5. 一个标明 220V、25W 的灯泡，如果把它接在 110V 的电源上，求它消耗的功率（假定灯泡的电阻是线性的）。

6. 某楼内有 100W、220V 的灯泡 100 只，平均每天使用 3h，计算每月消耗多少度电（一个月按 30 天计算）？

7. 电路如图 1-90 所示，求 I_2、I_4、I_5。

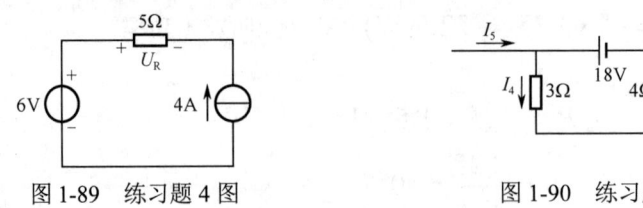

图 1-89　练习题 4 图　　　　图 1-90　练习题 7 图

8. 计算如图 1-91 所示电路中的电压 U_{ac}、U_{bc}、U_{ab}。

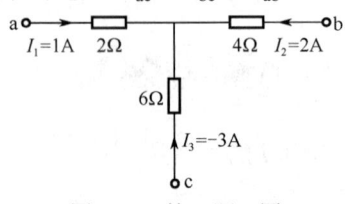

图 1-91　练习题 8 图

9. 求图 1-92 所示电路的开路电压 U_{ab}。

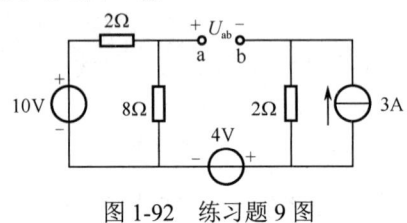

图 1-92　练习题 9 图

10. 如图 1-93 所示，$I=6A$。试求 I_1、I_2。

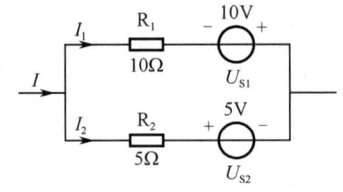

图 1-93　练习题 10 图

11. 如图 1-94 所示电路，求图 1-94（a）、图 1-94（b）、图 1-94（c）电路的等效电源模型。

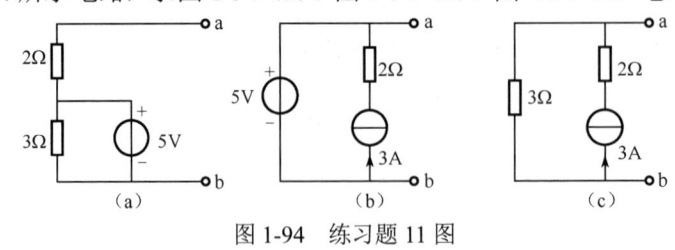

(a)　　(b)　　(c)

图 1-94　练习题 11 图

12. 利用支路电流法求解图 1-95 所示电路的电流 I_1、I_2、I_3 以及电压 U。

13. 利用 KCL 与 KVL 求解如图 1-96 所示电路中的 I。

图 1-95　练习题 12 图

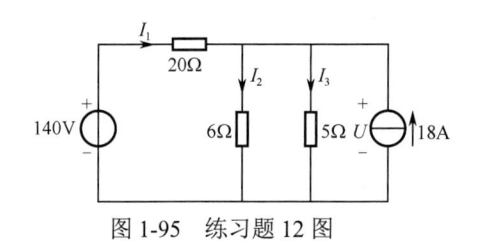

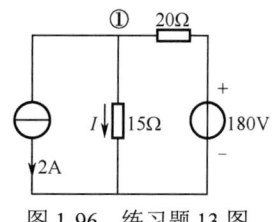

图 1-96　练习题 13 图

14. 用回路电流法求解如图 1-97 所示电路中各电阻支路的电流。

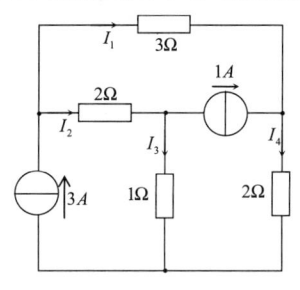

图 1-97　练习题 14 图

15. 如图 1-98 所示电路中，求各元件发出或吸收的功率。
16. 如图 1-99 所示电路中，求 R 获得最大功率时的电阻值，并计算功率的传递效率。

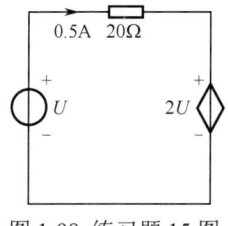

图 1-98　练习题 15 图

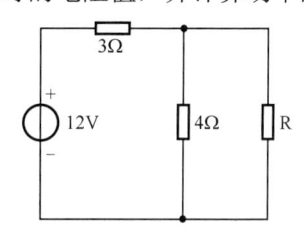

图 1-99　练习题 16 图

17. 试用叠加原理求图 1-100 所示电路中的电流 I。

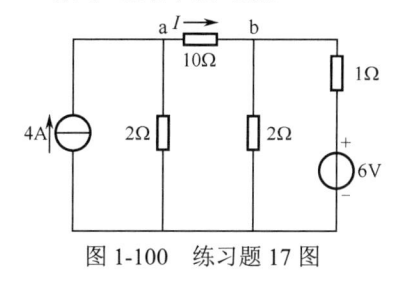

图 1-100　练习题 17 图

18. 已知电路参数如图 1-101 所示。分别用支路电流法和叠加原理求流过电阻 R_1、R_2 的电流 I_1、I_2。
19. 利用戴维南定理求图 1-102 所示电路二端网络的等效电路。
20. 如图 1-103 所示电路中，试用戴维南定理求 R_x 中的电流 I。

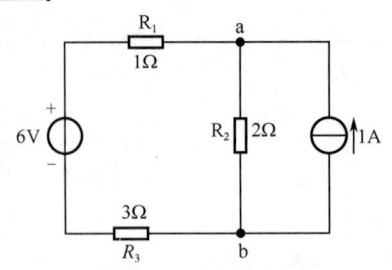

图 1-101　练习题 18 图

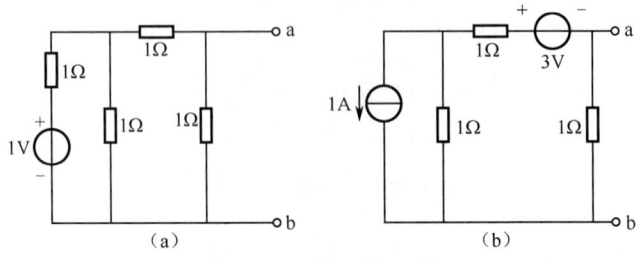

图 1-102　练习题 19 图

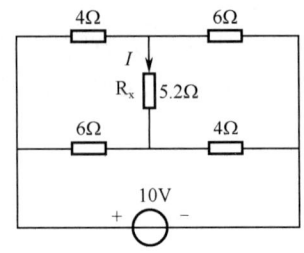

图 1-103　练习题 20 图

练习题　参考答案

1. （a）$U_{ab}=U_S+IR$　（b）$U_{ab}=U_S-IR$　（c）$U_{ab}=-U_S+IR$　（d）$U_{ab}=-U_S-IR$
2. （1）2V　（2）2.5A　（3）发出 50μW　（4）3kΩ　12mW
3. $I=3A$　$U=12V$
4. $U_R=-20V$　电阻接受 80W 功率　电压源接受 24W 功率　电流源发出 104W 功率
5. 25/4W
6. 900 度
7. $I_2=-3A$　$I_4=2A$　$I_5=3A$
8. $U_{ac}=20V$　$U_{bc}=26V$　$U_{ab}=-6V$
9. -2V
10. $I_1=I_2=3A$
11. （a）$U_{oc}=5V$　$R_S=2Ω$　（b）$U_{oc}=5V$　（c）$U_{oc}=9V$　$R_S=3Ω$
12. $I_1=4A$　$I_2=10A$　$I_3=12A$　$U=60V$
13. 4A
14. $I_1=0.75A$　$I_2=2.25A$　$I_3=-1.25A$　$I_4=1.75A$
15. 电压源接受 5W　受控源发出 10W　电阻接受 5W

16. $\dfrac{12}{7}\Omega$ 50%

17. $I = \dfrac{6}{19}$ A

18. R_1 支路电流，I_1=-2/3 A，R_2 支路电流，I_2= 5/3 A。

19. （a）U_{oc}=0.2V R_0=0.6Ω （b）U_{oc}=U_{ab}=-1.33V R_0=0.667Ω。

20. I=0.2A

※ 复习·提高·检测 ※

一、填空题

1．电路是各种电气设备按一定方式连接起来的_____路径。电路的作用有_____、_____。

2．电路的组成部分有_____、_____和_____。

3．为了分析电路方便，常把元件上的电流和电压的参考方向取为一致，称为_____；不一致时称为_____。

4．电路的三种工作状态为_____、_____和_____。

5．每一种电气设备或元件在工作时都有一定的使用限额，这种限额称为_____。

6．功率是电路中一个非常重要的物理量。在关联参考方向下，直流电路功率的计算公式为_____，在非关联参考方向下，直流电路功率的计算公式为_____。无论关联与否，若 P>0，说明电路_____功率；若 P<0，说明电路_____功率。

7．线性电阻元件的伏安方程就是欧姆定律，在关联参考方向下，为_____；在非关联参考方向下，为_____。

8．简单的电阻电路可以用串、并联方法求解。几个电阻串联，其总电阻为_____；几个电阻并联，其总电导为_____。

9．在关联参考方向下，电容元件的伏安关系式为_____，其储能为_____。对直流而言，电容相当于_____。

10．在关联参考方向下，电感元件的伏安关系式为_____，其储能为_____。对直流而言，电感相当于_____。

11．_____能向负载提供一个恒定的电压 U_S 或按某一特定的规律随时间变化的电压 u_S。它有两个特征：端电压为一个恒定值或是一个与电流无关的变量；其电流由_____和_____共同决定。实际电压源是理想电压源与电阻_____的模型。

12．_____能向负载提供一个恒定的电流 I_S 或按某一特定的规律随时间变化的电流 i_S。其特点是电流为一个恒定值或是一个与电压无关的变量；其电压由_____和_____共同决定。实际电流源是理想电流源与电阻_____的模型。

13．根据控制量是电压还是电流，受控制量是电压源还是电流源，受控源有以下四种类型：_____、_____、_____和_____。

14．理想电压源与电阻的串联可以用一个理想电流源与电阻的并联来等效。其等效电流源的大小为_____，电流源并联电阻_____。

15. 任意时刻，流出（或流入）一个节点的所有支路电流的代数和_____，这就是基尔霍夫电流定律，简称 KCL，即_____。

16. 任何时刻，沿着任何一个回路绕行一周，所有元件电压的代数和_____，这就是基尔霍夫电压定律，简称 KVL，即_____。

17. _____、_____、_____、_____、_____和诺顿定理是分析电路常用的方法。

18. 当电阻匹配，即_____时，外电阻可获得最大功率。

19. 某实验装置如图 1-104 所示，电压表读数为 10V，电流表读数为 50A，由此可知二端网络 N 的等效电源电压 U_S=_____，内阻 R_i=_____。

20. 以 D 为参考点，当开关 S 打开时，图 1-105 所示电路中 A、B、C、D 各点的电位分别为_____、_____、_____和_____；当开关 S 闭合时，A、B、C、D 各点的电位分别为_____、_____、_____和_____。

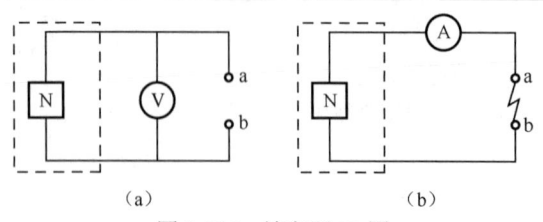

图 1-104　填空题 19 图

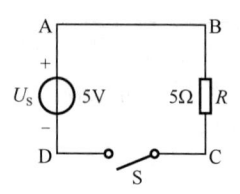

图 1-105　填空题 20 图

二、选择题

1. 在图 1-106 所示电路中，电阻 R=3Ω，则 U_{ab} 的表达式为（　　）。
   A．U_{ab}=3I　　　　　　　　B．U_{ab}=−3I

2. 如图 1-107 所示，I=（　　）。
   A．2A　　　　B．−2A　　　　C．8A　　　　D．−8A

图 1-106　选择题 1 图

图 1-107　选择题 2 图

3. 在图 1-108 所示电路中，已知 U_S=10V，I_S=2A，外电路电阻 R=10Ω，图 1-108（a）中电压源及图 1-108（b）中电压源均是（　　）功率。

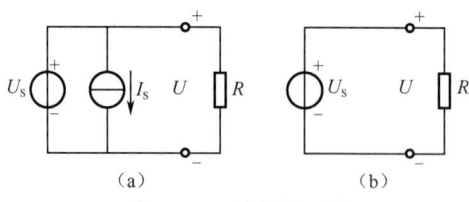

图 1-108　选择题 3 图

   A．发出　　　　　　B．接受　　　　　　C．无法确定

4. 一个 10W、110V 的灯泡与一个 30W、110V 的灯泡能否串联接入 220V 的线路中（　　）。
   A．可以　　B．不可以　　C．无法确定

5. 3个电阻相串联,且 $R_1 > R_2 > R_3$,接入电路后消耗功率最大的是(　　)。
   A．R_1　　　　　　B．R_2　　　　　　C．R_3
6. 电容元件的电压电流关系满足(　　)。
   A．$u = C\dfrac{\mathrm{d}i}{\mathrm{d}t}$　　B．$i = C\dfrac{\mathrm{d}u}{\mathrm{d}t}$　　C．$i = \dfrac{u}{C}$
7. 电感元件的电压电流关系满足(　　)。
   A．$u = L\dfrac{\mathrm{d}i}{\mathrm{d}t}$　　B．$i = L\dfrac{\mathrm{d}u}{\mathrm{d}t}$　　C．$i = \dfrac{u}{L}$
8. 将两个电容 C_1、C_2 串联接入电路,若总电压为 U,则电容 C_1 两端的电压是(　　)。
   A．$\dfrac{C_1}{C_1 + C_2}U$　　　　　　B．$\dfrac{C_2}{C_1 + C_2}U$
9. 将两个电容 C_1、C_2 串联,其等效电容为(　　)。
   A．$C_1 + C_2$　　B．$\dfrac{C_1 C_2}{C_1 + C_2}$　　C．$\dfrac{C_1 + C_2}{C_1 C_2}$
10. 电路中某点的电位,在参考点给定后,与选取的路径(　　)。
    A．有关　　　　　B．无关　　　　　C．不确定
11. 戴维南定理表明,任何一个有源二端网络,都可以用一个(　　)和一个电阻串联来表示。
    A．电压源　　　　B．电流源　　　　C．电阻　　　　D．开关
12. 诺顿定理表明,任何一个有源二端网络,都可以用一个电流源和一个(　　)并联来表示。
    A．电压源　　　　B．电流源　　　　C．电阻　　　　D．开关
13. 理想电压源的串联可等效为(　　)。
    A．最大电压源　　B．最小电压源　　C．电压值之和　　D．各电压源的代数和
14. 理想电流源的并联可等效为(　　)。
    A．各电流源的代数和　　　　　B．最大电流源
    C．最小电流源　　　　　　　　D．无法确定
15. 理想电压源与理想电流源的并联可等效为(　　)。
    A．理想电压源　　　　　　　　B．理想电流源
    C．理想电压源并电阻　　　　　D．理想电流源并电阻
16. 理想电压源与理想电流源的串联可等效为(　　)。
    A．理想电压源　　　　　　　　B．理想电流源
    C．理想电流源串电阻　　　　　D．理想电流源并电阻
17. 理想电压源与电阻并联可等效为(　　)。
    A．理想电压源　　　　　　　　B．理想电流源
    C．理想电流源串电阻　　　　　D．理想电流源并电阻
18. 理想电压源与电阻串联可等效为(　　)。
    A．理想电压源　　　　　　　　B．理想电流源
    C．理想电流源串电阻　　　　　D．理想电流源并电阻
19. 理想电流源与电阻串联可等效为(　　)。

A．理想电压源　　　　　　　　　B．理想电流源
C．理想电压源串电阻　　　　　　D．理想电压源并电阻

20．理想电流源与电阻并联可等效为（　　）。
A．理想电压源　　　　　　　　　B．理想电流源
C．理想电压源串联电阻　　　　　D．理想电压源并电阻

21．电压与电流的参考方向一致时，称为（　　）。
A．关联参考方向　　　　　　　　B．非关联参考方向

22．电路中有 N 个节点，根据 KCL 可列写出（　　）。
A．N 个独立的节点方程　　　　　B．N-1 个独立的节点方程
C．N+1 个独立的节点方程　　　　D．2N

23．理想电压源输出的电流（　　）。
A．恒定不变　　　　　　　　　　B．取决于外电路
C．取决于内电阻与负载电阻之比　D．无法确定

24．理想电流源的输出电流（　　）。
A．恒定不变　　　　　　　　　　B．取决于外电路
C．取决于内电阻与负载电阻之比　D．无法确定

25．当内电阻（　　）时，实际电压源伏安特性与理想电压源相同。
A．$R_S=0$　　B．$R_S\to\infty$　　C．R_S 较小　　D．R_S 较大

26．当内电阻（　　）时，实际电压源外特性曲线斜率较大。
A．$R_S=0$　　B．$R_S\to\infty$　　C．R_S 较小　　D．R_S 较大

27．当内电阻（　　）时，实际电流源伏安特性与理想电流源相同。
A．$R_S=0$　　B．$R_S\to\infty$　　C．R_S 较小　　D．R_S 较大

28．当内电阻（　　）时，实际电流源伏安特性随输出电压增大而减小较快。
A．$R_S=0$　　B．$R_S\to\infty$　　C．R_S 较小　　D．R_S 较大

29．根据支路电流法，对于具有 M 条支路，N 个节点的电路，只能列写出（　　）个独立的 KVL 方程。
A．$M-N$　　B．$M+N$　　C．$M-N+1$　　D．$M+N-1$

30．下列有关发出功率和吸收功率说法正确的是（　　）。
A．电压源总是发出功率的
B．电阻总是吸收功率的
C．元件电压电流参考方向相同时发出功率
D．元件电压电流参考方向相反时发出功率

31．下列有关发出功率和吸收功率说法错误的是（　　）。
A．电压源总是发出功率的　　　　B．电阻总是吸收功率的
C．关联参考方向时，$P>0$ 吸收功率　D．关联参考方向时，$P<0$ 输出功率

32．下列有关发出功率和吸收功率说法错误的是（　　）。
A．电压源一般是发出功率的
B．电阻总是吸收功率的
C．元件的电压与电流为关联参考方向时，吸收功率

33．下列有关发出功率和吸收功率说法错误的是（　　）。
   A．电压源一般是发出功率的
   B．电阻总是吸收功率的
   C．$P=UI$ 关联参考方向时，$P>0$ 吸收功率
   D．$P=-UI$ 非关联参考方向时，$P>0$ 发出功率

34．下列有关电位与电压的说法，错误的是（　　）。
   A．某点电位是该点到零电位参考点之间的电压
   B．两点间电压即两点之间的电位差，与零电位参考点无关
   C．电位就是电压
   D．电位与电压的单位相同

35．下列有关电位与电压的说法，正确的是（　　）。
   A．某点电位是该点到零电位参考点之间的电压
   B．两点间电压是相对的物理量
   C．电位是绝对的物理量
   D．电位与电压的单位不相同

36．电路中的任一闭合路径，称为（　　）。
   A．节点　　　　B．网孔　　　　C．回路　　　　D．电路

37．三条或三条以上支路的连接点，称为（　　）。
   A．节点　　　　B．支路　　　　C．回路　　　　D．电路

38．日常生活中，电能的单位是（　　）。
   A．焦耳　　　　B．卡路里　　　C．瓦特　　　　D．千瓦·时

39．电路的三种状态是（　　）。
   A．通路、负载、短路　　　　　　B．通路、开路、断路
   C．开路、短路、断路　　　　　　D．负载、开路、短路

40．在非关联参考方向下，电阻元件的电压与电流的约束关系是（　　）。
   A．$i=uG$　　　B．$u=iR$　　　C．$i=u/R$　　　D．$u=-iR$

41．在关联参考方向下，电阻元件的电压与电流的约束关系是（　　）。
   A．$i=-u/R$　　B．$u=-R/i$　　C．$i=uG$　　　D．$u=-iR$

42．电路如图 1-109 所示 $U_{AB}=$（　　）。
   A．$U_{AB}=U_S$　　B．$U_{AB}=-U_S$　　C．$U_{AB}=IR+U_S$　　D．$U_{AB}=IR-U_S$

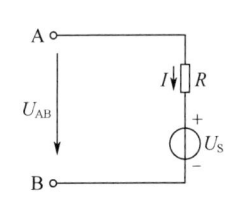

图 1-09　选择题 42 图 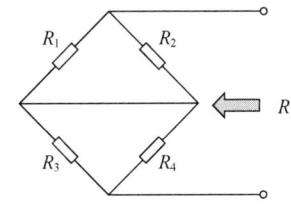　　图 1-110　选择题 43 图 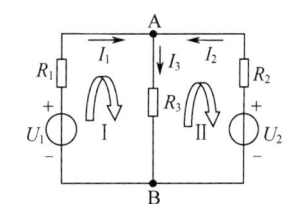　　图 1-111　选择题 44、45 图

43．电路如图 1-110 所示 $R_0=$（　　）。
   A．R_1 与 R_3 串联并上 R_2 与 R_4 串联　　B．R_1 与 R_2 串联并上 R_3 与 R_4 串联

C．R_1 与 R_2 并联串上 R_3 与 R_4 并联　　D．R_1 与 R_4 并联串上 R_2 与 R_3 并联

44．电路如图 1-111 所示，回路 I 的方程是（　　）。
  A．$I_1R_1-I_3R_3+U_1=0$　　B．$I_1R_1+I_3R_3+U_1=0$
  C．$I_1R_1+I_3R_3-U_1=0$　　D．$-I_1R_1+I_3R_3+U_1=0$

45．电路如图 1-111 所示，回路 II 的方程是（　　）。
  A．$I_2R_2-I_3R_3+U_2=0$　　B．$-I_2R_2-I_3R_3+U_2=0$
  C．$I_2R_2+I_3R_3+U_1=0$　　D．$-I_2R_2+I_3R_3+U_2=0$

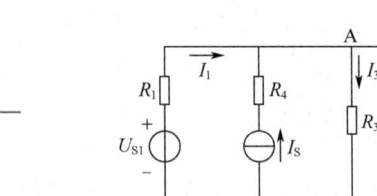

图 1-112　选择题 46 图　　　　图 1-113　选择题 47、48 图

46．电路如图 1-112 所示，节点 A 的方程是（　　）。
  A．$I_1+I_2+I_3+I_4=0$　B．$I_1-I_2-I_3+I_4=0$　C．$I_1-I_2+I_3+I_4=0$　D．$I_1-I_2+I_3-I_4=0$

47．电路如图 1-113 所示，根据 KCL 节点 A 的方程是（　　）。
  A．$I_1-I_2+I_3=0$　　B．$I_1-I_S-I_2+I_3=0$　　C．$I_1-I_2-I_3+I_S=0$　　D．$I_1-I_2+I_3-I_S=0$

48．电路如图 1-113 所示，根据节点电位法，节点 A 的电位方程是（　　）。

A．$V_A = \dfrac{\dfrac{U_{S1}}{R_1}+\dfrac{U_{S2}}{R_2}}{\dfrac{1}{R_1}+\dfrac{1}{R_2}+\dfrac{1}{R_3}+\dfrac{1}{R_4}}$　　B．$V_A = \dfrac{\dfrac{U_{S1}}{R_1}+\dfrac{U_{S2}}{R_2}+I_S}{\dfrac{1}{R_1}+\dfrac{1}{R_2}+\dfrac{1}{R_3}+\dfrac{1}{R_4}}$

C．$V_A = \dfrac{\dfrac{U_{S1}}{R_1}+\dfrac{U_{S2}}{R_2}+I_S}{\dfrac{1}{R_1}+\dfrac{1}{R_2}+\dfrac{1}{R_3}}$　　D．$V_A = \dfrac{\dfrac{U_{S1}}{R_1}-\dfrac{U_{S2}}{R_2}+I_S}{\dfrac{1}{R_1}+\dfrac{1}{R_2}+\dfrac{1}{R_3}}$

49．有源二端网络电源取零值的方法是（　　）。
  A．电压源被短路，电流源被短路　　B．电压源被短路，电流源被断路
  C．电压源被断路，电流源被短路　　D．电压源被断路，电流源被断路

50．有源二端网络所有电源取零值后得到的是（　　）。
  A．还是有源二端网络　　B．实际电压源
  C．实际电流源　　D．无源二端网络

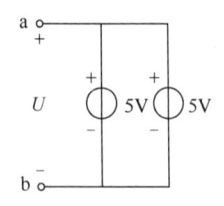

图 1-114　选择题 51 图　　　　图 1-115　选择题 52 图

51．电路如图 1-114 所示，$U=$（　　）。

A．5V　　　　B．5A　　　　C．10V　　　　D．10A

52．电路如图 1-115 所示，U=（　　）。

A．5V　　　　B．5A　　　　C．5V+5A　　　　D．不确定

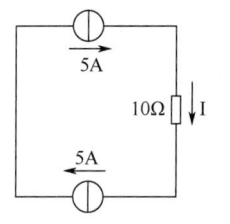

图 1-116　选择题 53 图　　　　图 1-117　选择题 54 图

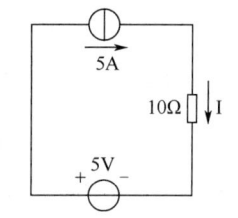

53．电路如图 1-116 所示，I=（　　）。

A．10A　　　　B．5A　　　　C．不确定

54．电路如图 1-117 所示，I=（　　）。

A．10A　　　　B．5A　　　　C．5V+5A　　　　D．不确定

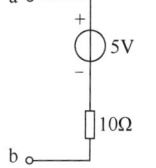

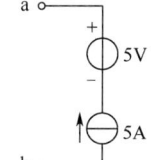

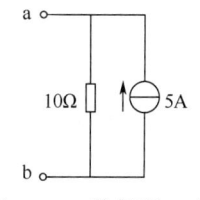

图 1-118　选择题 55 图　　　图 1-119　选择题 56 图　　　图 1-120　选择题 57 图

55．电路如图 1-118 所示，此电路的等效电路是（　　）。

A．5V 的电压源　　　　　　　　B．0.5A 的电流源
C．0.5A 的电流源与 10Ω 电阻的串联　　D．0.5A 的电流源与 10Ω 电阻的并联

56．电路如图 1-119 所示，此电路的等效电路是（　　）。

A．5V 的电压源　　B．5A 的电流源　　C．不确定

57．电路如图 1-120 所示，此电路的等效电路是（　　）。

A．50V 的电压源　　　　　　　　B．5A 的电流源
C．5A 的电流源与 10Ω 电阻的串联　　D．50V 的电压源与 10Ω 电阻的串联

58．电路如图 1-121 所示，此电路的等效电路是（　　）。

A．5V 的电压源　　B．5A 的电流源　　C．不确定

59．电路如图 1-122 所示，以 C 为参考点，当开关 S 打开时，电路中 A 点的电位是（　　）。

A．5V　　　　B．0V　　　　C．-5V　　　　D．不确定

60．电路如图 1-122 所示，以 C 为参考点，当开关 S 打开时，电路中 B 点的电位是（　　）。

A．5V　　　　B．0V　　　　C．-5V　　　　D．不确定

61．电路如图 1-122 所示，以 C 为参考点，当开关 S 打开时，电路中 D 点的电位是（　　）。

A．5V　　　　B．0V　　　　C．-5V　　　　D．不确定

62．电路如图 1-123 所示，以 C 为参考点，当开关 S 闭合时，电路中 A 点的电位是（　　）。

A．5V　　　　B．0V　　　　C．-5V　　　　D．不确定

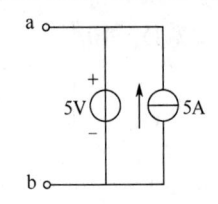

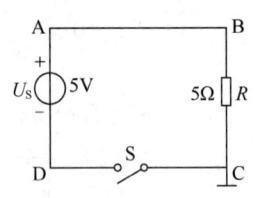

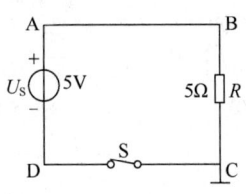

图 1-121　选择题 58 图　　图 1-122　选择题 59～61 题　　图 1-123　选择题 62 题

63．电路如图 1-124 所示，I_1 与 I_2 分别是（　　）。
　　A．4A、-6A　　　B．4A、-3A　　　C．-4A、3A　　　D．-4A、-3A

64．电路如图 1-125 所示，I 是（　　）。
　　A．5.5A　　　　B．-5.5A　　　　C．0.5A　　　　　D．4.5

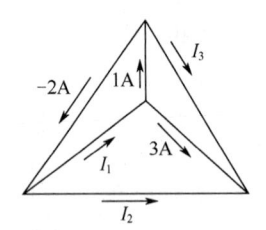

图 1-124　选择题 63 图　　　　图 1-125　选择题 64 图

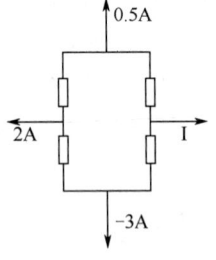

65．电路如图 1-126 所示，V_A=（　　）。
　　A．30V　　　　B．20V　　　　　C．10V　　　　　D．-10V

66．电路如图 1-127 所示，V_A=（　　）。
　　A．14V　　　　B．2V　　　　　C．-2V　　　　　D．-14V

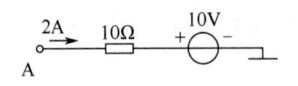

图 1-126　选择题 65 图　　　　图 1-127　选择题 66 图

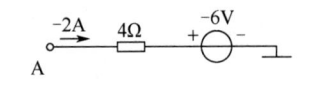

67．电路如图 1-128 所示，I 是（　　）。
　　A．5A　　　　　B．-5A　　　　　C．15A　　　　　D．-15A

68．电路如图 1-129 所示，I 是（　　）。
　　A．5A　　　　　B．-5A　　　　　C．15A　　　　　D．-15A

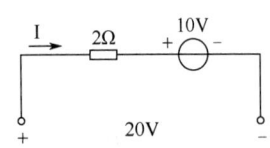

图 1-128　选择题 67 图　　　　图 1-129　选择题 68 图

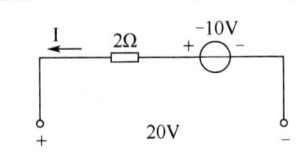

69．电路如图 1-130 所示，I 是（　　）。
　　A．2A　　　　　B．-2A　　　　　C．15A　　　　　D．-15A

70．电路如图 1-131 所示，I 是（　　）。
　　A．3.3A　　　　B．-3.3A　　　　C．10A　　　　　D．-10A

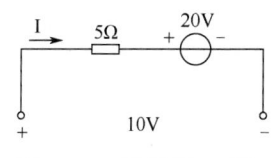

图 1-130　选择题 69 图

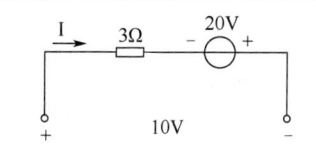

图 1-131　选择题 70 图

71. 电压源与电流源等效互换时电压参考方向与电流参考方向的关系是（　　）。
   A．电压源的正极性端即电流源电流参考方向电流流出端
   B．电压源的正极性端即电流源电流参考方向电流流入端
   C．任何画法都行

72. 电路如图 1-132 所示，此电路有（　　）支路。
   A．3 条　　　　B．4 条　　　　C．5 条　　　　D．6 条

73. 电路如图 1-132 所示，此电路有（　　）个节点。
   A．2 个　　　　B．3 个　　　　C．4 个　　　　D．5 个

74. 电路如图 1-132 所示，此电路有（　　）个网孔。
   A．2 个　　　　B．3 个　　　　C．4 个　　　　D．5 个

75. 电路如图 1-133 所示，1～4 上的四个元件的电压、电流均已知，其中属于供能元件的是（　　）。

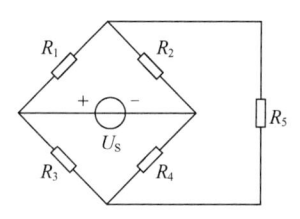

图 1-132　选择题 72～74 图

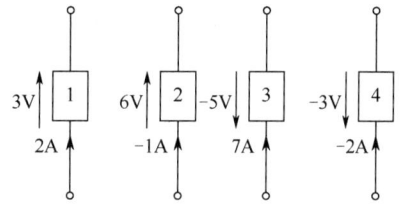

图 1-133　选择题 75 图

   A．1 与 2　　　　B．2 与 3　　　　C．3 与 4　　　　D．2 与 4

76. 电路如图 1-134 所示，部件 M 上的电流 I_S 恒为 1A，则 4V 恒压源的功率为（　　）。
   A．0W　　　　B．4W　　　　C．-4W　　　　D．-8W

77. 电路如图 1-135 所示，根据叠加定理，12V 恒压源单独作用时的电压 U_{mn}'＝（　　），6A 恒流源单独作用时的电压 U_{mn}''＝（　　）。该电路的总电压 U_{mn}＝（　　）。
   A．8V，8V，0V　B．8V，-8V，0V　C．-8V，8V，0V　D．8V，8V，16V

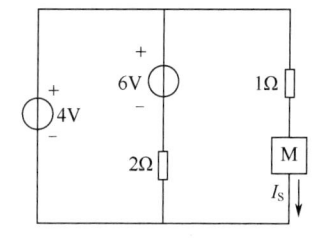

图 1-134　选择题 76 图

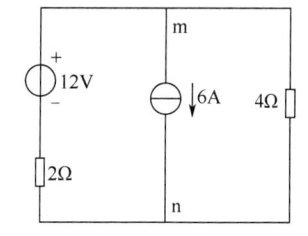

图 1-135　选择题 77 图

78. 一个 6 条支路、3 个节点、4 个网孔、7 个回路的电路，用支路电流法求解时的解变量有（　　）。
   A．3 个　　　　B．4 个　　　　C．7 个　　　　D．6 个

79. 一个6条支路、3个节点、4个网孔、7个回路的电路，用支路电流法求解时，根据KCL可列（   ）独立方程。

    A．2个   B．3个   C．4个   D．6个

80. 一个6条支路、3个节点、4个网孔、7个回路的电路，用支路电流法求解时，根据KVL可列（   ）独立方程。

    A．3个   B．4个   C．7个   D．6个

81. 下列设备中（   ）一定是电源。

    A．发电机   B．蓄电池   C．电视机   D．电炉

82. 下述器件中（   ）一定是耗能元件。

    A．发电机   B．蓄电池   C．干电池   D．电炉

83. 下述器件中不属于电路组成部分的是（   ）。

    A．发电机   B．导线   C．工具箱   D．电炉

84. 有一个包括电源和负载电阻的简单闭合电路，当负载阻值加倍时，通过负载的电流为原来的2/3，则外电路电阻与电源内阻之比为（   ）。

    A．1∶2   B．1∶3   C．1∶4   D．1∶1

85. R_1与R_2并联后接到10V电源上，电源的输出功率为25W，若$R_1=4R_2$，则R_2为（   ）。

    A．5Ω   B．10Ω   C．2Ω   D．15Ω

86. "15W，220V"的灯泡A与"60W，220V"的灯泡B串联后接到220V电源上，这两只灯泡将会是（   ）。

    A．A灯泡亮，B灯泡暗   B．B灯泡亮，A灯泡暗

    C．一样亮   D．不确定

87. 三只电阻R_1、R_2、R_3，它们的阻值之比$R_1∶R_2∶R_3=1∶2∶3$，则它们并联后接到电源上时的电压之比$U_1∶U_2∶U_3=$（   ）。

    A．1∶2∶3   B．3∶2∶1   C．6∶3∶2   D．1∶1∶1

88. 三只电阻R_1、R_2、R_3，它们的阻值之比$R_1∶R_2∶R_3=1∶2∶3$，则它们并联后接到电源上时的电流之比$I_1∶I_2∶I_3=$（   ）。

    A．1∶2∶3   B．3∶2∶1   C．6∶3∶2   D．1∶1∶1

89. 三只电阻R_1、R_2、R_3，它们的阻值之比$R_1∶R_2∶R_3=1∶2∶3$，则它们并联后接到电源上时的功率之比$P_1∶P_2∶P_3=$（   ）。

    A．1∶2∶3   B．3∶2∶1   C．6∶3∶2   D．1∶1∶1

90. 150V的恒压源为额定值为"50W，50V"的负载供电，欲使负载额定工作，则需串联的分压电阻为（   ）。

    A．50Ω   B．100Ω   C．150Ω   D．200Ω

91. 扩大直流电流表量程的方法是（   ）。

    A．串联分流电阻   B．并联分流电阻

    C．串联分压电阻   D．并联分压电阻

92. 叠加定理可用于计算线性电路中的（   ）。

    A．电压   B．电功率   C．电能   D．并联电路

93. 基尔霍夫定律有（   ）。

A．节点电流定律、回路电压定律　　B．回路电压定律、支路电流定律
C．回路电流定律、支路电流定律　　D．节点电流定律、回路电流定律

94．基尔霍夫电压定律可以列出（　　）。
A．电流方程　　　　　　　　　　B．电位方程
C．独立回路电压方程　　　　　　D．回路电位方程

95．基尔霍夫电流定律可以列出（　　）。
A．电压方程　　　　　　　　　　B．支路电压方程
C．独立的节点电流方程　　　　　D．回路电压方程

96．应用戴维南定理可以把一个有源二端网络简化为一个等效（　　）。
A．电流源　　B．实际电压源　　C．理想电压源　　D．理想电流源

97．基尔霍夫电流定律的表达式是（　　）。
A．$\sum I=0$　　B．$\sum U=0$　　C．$\sum E=0$　　D．$\sum U=\sum E$

98．电压源与电流源进行等效变换时，实际电压源的内阻与实际电流源的内阻（　　）。
A．成正比　　B．相等　　C．不等　　D．相差很大

99．可以用串、并联规则进行化简的直流电路称为（　　）。
A．复杂电路　　B．串联电路　　C．并联电路　　D．简单电路

100．实际电压源与实际电流源的等效互换，对内电路而言是（　　）。
A．可以等效　　　　　　　　　　B．当电路为线性时等效
C．不等效　　　　　　　　　　　D．当电路为非线性时等效

101．利用戴维南定理计算（　　）问题最方便。
A．某支路电流　　B．某点电位　　C．电源电动势

102．回路电流法是按网孔的独立回路设（　　）为未知数。
A．网孔中各支路电流　　　　　　B．支路电流
C．独立的回路电流　　　　　　　D．独立的电源电流

103．利用基尔霍夫定律列节点电流方程时，各支路电流方向应（　　）。
A．按电动势正方向　　　　　　　B．按电压正方向
C．按电位正方向　　　　　　　　D．任意假定

104．某节点有四条支路，其中 $I_1=5A$，$I_2=8A$，$I_3=-10A$，则 $I_4=$（　　）A。
A．-5　　B．8　　C．-10　　D．-3

105．理想电流源的内阻（　　）。
A．无穷大　　B．0　　C．任意大　　D．很小

106．已知电路中 $V_a=13V$，$V_b=-7V$，$U_{ab}=$（　　）V。
A．6　　B．-20　　C．20　　D．-6

107．焦耳是（　　）的单位。
A．电功率　　B．电功　　C．电热　　D．电量

108．设某节点有三条支路，$I_1>0$，$I_2<0$，$I_3>0$，则该节点电流方程为（　　）。
A．$I_1-I_3=I_2$　　B．$I_1-I_2=I_3$　　C．$I_1+I_2=I_3$　　D．$I_1+I_3+I_2=0$

109．计算复杂电路不选用的方法是（　　）。
A．支路电流法　　　　　　　　　B．回路电流法

  C．节点电位法   D．混合电路法
  110．解决复杂电路问题用到的两个基本定律是（ ）。
    A．欧姆定律、戴维南定理   B．基尔霍夫电流定律、基尔霍夫电压定律
    C．弥尔曼定理、欧姆定理   D．欧姆定律、基尔霍夫定律

三、判断题

  1．蓄电池在电路中必是电源，总是把化学能转换成电能。   （ ）
  2．电流的参考方向可能是电流的实际方向，也可能与实际方向相反。 （ ）
  3．电路中某一点的电位具有相对性，只有当参考点确定后，该点的电位值才能确定。
                                      （ ）
  4．金属导体的电阻 $R=U/I$，说明电阻与通过电阻的电流成反比。   （ ）
  5．电路中 a、b 两点电位相等，则用导线将这两点连接起来并不影响电路的工作。
                                      （ ）
  6．恒压源和恒流源可以等效互换。   （ ）
  7．在并联电路中，电阻的阻值越小，消耗的功率越小。   （ ）
  8．如果电路中某两点的电位都很高，则该两点间的电压也很大。   （ ）
  9．电阻两端的电压为 10V 时，电阻值为 10Ω；当其两端电压升至 20V 时，电阻值将为 20Ω。   （ ）
  10．随着参考点选择的改变，电路中两点间的电压也将发生改变。   （ ）
  11．两个电阻串联后接在适当电压的电源下，则额定功率较大的电阻发热速度快。
                                      （ ）
  12．叠加原理只能用于计算线性电路的电压、电流，不能用来计算电路的功率。
                                      （ ）
  13．含有非线性电阻元件的电路称为非线性电路，这种电路的分析是不能用叠加定理的。
                                      （ ）
  14．数个电流源并联时，其总电流不能用基尔霍夫电流定律求解。   （ ）
  15．用电压表测量电路时，需将电压表并联在电路中；用电流表测电流时，需将电流表串联在电路中。   （ ）
  16．一个实际电源，当它输出最大功率时，电能的利用率最高。   （ ）
  17．某电源的开路电压为 12V，短路电流为 3A，则其内阻为 4Ω。   （ ）
  18．电压源与电流源等效变换前后的内阻相等，也就是说，这种变换相对于内阻而言是等效的。   （ ）
  19．电压源的内阻越小，其输出电压受负载的影响越小，带负载的能力越强。
                                      （ ）
  20．欧姆定律是一条关于元件性质的理论，仅适用于线性电阻元件；基尔霍夫定律则是关于电路结构的理论，适用于各种电路。   （ ）
  21．实际电压源可等效为理想电流源与电阻的串联。   （ ）
  22．实际电压源可等效为理想电流源与电阻的并联。   （ ）
  23．实际电流源可等效为理想电压源与电阻的串联。   （ ）

24. 实际电流源可等效为理想电压源与电阻的并联。（　）
25. 电流流过电阻后，电阻两端的电压一定降低。（　）
26. 线性电阻的伏安特性是一条直线，非线性电阻的伏安特性是一条曲线。（　）
27. 线性电阻的伏安特性是一条直线，非线性电阻的伏安特性也是一条直线。（　）
28. 选择关联参考方向时，电阻是吸收功率的，选择非关联参考方向时，电阻是发出功率的。（　）
29. 无论是关联参考方向，还是非关联参考方向，电阻均是吸收功率的。（　）
30. 两点之间的电压是定值，与计算的路径无关。（　）
31. 当电阻匹配，外电阻在获得最大功率的同时，效率也是最高的。（　）
32. 叠加定理适用于任何电路。（　）
33. 叠加定理适用于线性电路中电流的计算，也适用于功率的计算。（　）
34. 叠加定理适用于线性电路中电流的计算，不适用于功率的计算。（　）
35. 在直流电路中，电阻并联电路的等效电阻小于其中任一电阻值。（　）
36. 电气设备运行时，不必考虑热效应对它的影响。（　）
37. 无论选择何种类型的电路，KCL 与 KVL 总是适用的。（　）
38. 白炽灯泡的灯丝烧断后，搭接上再使用时，其亮度将变大。（　）
39. 无论线性电路还是非线性电路，都可使用叠加定理将复杂电路的分析变为简单电路的分析。（　）
40. 某电源的开路电压为 10V，短路电流为 2A，则其内阻为 5Ω。（　）
41. 无论是电压源还是电流源，其内阻越小，带负载能力越强。（　）
42. 当电源外接负载阻值增加时，电源的输出电流减小，相应的电源输出功率也减小。（　）
43. 同一插座上可引接多个并联电气设备，移动电气设备时，可不切断电源线进行。（　）
44. 触电急救应遵循迅速、准确、就地、坚持的原则。（　）
45. 照明控制电路中，开关的作用是控制电路的接通或断开，所以开关既可以接于相线上也可以接于零线上。（　）
46. 电气设备由于运行时会发热，必须具有良好的通风条件及防火功能。（　）
47. 在测量电流及电压时，若不能对被测电流或电压做出估计，所选量程应由大到小直到合适的量程。（　）
48. 万用表使用完毕，应将转换开关置于空挡或交流电压最大量程挡。（　）
49. 导体的电阻率由材料种类决定，与外加电压、通过的电流以及环境无关。（　）
50. 对于金属导体来说，它的电阻由导体的长短、粗细、材料种类决定的。（　）
51. 用支路电流法解题时，对于 n 个节点的电路，由 KCL 可列写出 n 个独立的节点方程。（　）
52. 电源电动势的大小由电源本身决定，与外电路无关。（　）
53. 电流的参考方向可能是电流的实际方向，也可能与实际方向相反。（　）
54. 电压的参考方向可能是电压的实际方向，也可能与实际方向相反。（　）
55. 电路中两点的电压具有相对性，当参考点变化时，两点间的电压也将随之发生变化。

56．在稳定的直流电路中，电感元件相当于短路，电容元件相当于断路。（　）
57．电路元件两端短路时，其电压必定为零，电流不一定为零；电路元件开路时，其电流必为零，电压不一定为零。（　）
58．当电容两端电压为零，其电流必定为零。（　）
59．电感元件两端的电压与电流的变化率成正比，而与电流的大小无关。（　）
60．根据 $P=U^2/R$ 可知，当输电电压一定时，若输电线电阻越大，则输电线功率损耗越小。（　）
61．电阻元件在电路中总是消耗电能的，与电流的参考方向无关。（　）
62．现将一只 100W、220V 的灯泡和另一只 60W、220V 的灯泡串联接在 220V 电压下，100W、220V 的灯泡消耗的功率大。（　）
63．现将一只 100W、220V 的灯泡和另一只 60W、220V 的灯泡串联接在 220V 电压下，60W、220V 的灯泡消耗的功率大。（　）
64．可以将一只 40W、110V 的灯泡和另一只 60W、110V 的灯泡串联接在 220V 电压下，作应急照明用。（　）
65．电容器不能通过直流，但可以通过交流。（　）
66．公式 $C=q/U$，当 $q=0$ 时，说明电容 C 也为零。（　）
67．三个相同的电容器，每个电容器为 C，耐压为 U，并联后的电容量是 $C/3$，耐压为 U。（　）
68．三个相同的电容器，每个电容器为 C，耐压为 U，并联后的电容量是 $3C$，耐压为 U。（　）
69．三个相同的电容器，每个电容器为 C，耐压为 U，串联后的电容量是 $C/3$，耐压为 U。（　）
70．三个相同的电容器，每个电容器为 C，耐压为 U，串联后的电容量是 $C/3$，耐压为 $3U$。（　）
71．在检修高压整流设备时，在切断电源后需将滤波电容器短接一下。（　）
72．两个电容器，一个电容量大，另一个较小，充电到同样电压时，带的电量一样多。（　）
73．两个电容器，一个电容量大，另一个较小，充电到同样电压时，容量大的电容器带的电量多。（　）
74．两个电容器，一个电容量大，另一个较小，如果带的电量一样多，电容量小的电容器电压高。（　）
75．两个电容器，一个电容量大，另一个较小，如果带的电量一样多，电容量大的电容器电压高。（　）
76．在列写 KVL 方程时，每一次一定要包含一条新支路才能保证方程的独立性。（　）
77．在直流电路中，串联电路的总电压一定大于、等于串联电路中任意元件的电压。（　）
78．在直流电路中，并联电路的总电流大于、等于并联电路中任意支路的电流。（　）

复习·提高·检测 参考答案

一、填空题

1. 电流流通　实现电能的传输和转换　实现信息的传递和处理
2. 电源、负载、中间环节
3. 关联参考方向　非关联参考方向
4. 通路　短路　开路
5. 额定值
6. $P=UI$　$P=-UI$　吸收　发出
7. $U=IR$　$U=-IR$
8. 各串联电阻之和　各电导之和
9. $i=C\dfrac{\mathrm{d}u}{\mathrm{d}t}$　$W_C=\dfrac{1}{2}Cu^2$　开路
10. $u=L\dfrac{\mathrm{d}i}{\mathrm{d}t}$　$W_L=\dfrac{1}{2}Li^2$　短路
11. 理想电压源　电压源　外电路　串联
12. 理想电流源　电流源　外电路　并联
13. 电压控制的电压源（记作 VCVS）；电流控制的电压源（记作 CCVS）；电压控制的电流源（记作 VCCS）；电流控制的电流源（记作 CCCS）；
14. $I_\mathrm{S}=\dfrac{U_\mathrm{S}}{R_\mathrm{S}}$　等于与电压源串联的电阻（$R_0=R_\mathrm{S}$）
15. 恒等于零　$\Sigma I=0$
16. 恒等于零　$\Sigma U=0$
17. 支路电流法、回路电流法、节点电压法、电阻的 Y-△ 变换、叠加定理、戴维南定理
18. 负载电阻等于电源内阻时（$R_\mathrm{L}=R_\mathrm{S}$）
19. 10V　0.2Ω
20. 5V　5V　5V　0V　5V　5V　0V　0V

二、选择题

1. B　2. D　3. A　4. B　5. A　6. B　7. A　8. B　9. B　10. B　11. A　12. C
13. D　14. A　15. A　16. B　17. A　18. D　19. B　20. C　21. A　22. B　23. A
24. E　25. A　26. D　27. B　28. C　29. C　30. B　31. A　32. C　33. D　34. C
35. A　36. C　37. A　38. D　39. D　40. D　41. C　42. C　43. C　44. C　45. B
46. C　47. C　48. D　49. B　50. C　51. A　52. C　53. C　54. C　55. D　56. C
57. D　58. A　59. B　60. B　61. C　62. A　63. C　64. C　65. A　66. D　67. A
68. D　69. B　70. C　71. C　72. D　73. C　74. C　75. D　76. A　77. B　78. C
79. A　80. B　81. A　82. D　83. C　84. D　85. A　86. A　87. D　88. C　89. C
90. B　91. B　92. A　93. A　94. C　95. C　96. B　97. A　98. D　99. D　100. C
101. A　102. C　103. D　104. D　105. A　106. C　107. B　108. D　109. D　110. D

三、判断题

1. × 2. √ 3. √ 4. × 5. √ 6. × 7. × 8. × 9. × 10. ×
11. × 12. √ 13. √ 14. × 15. √ 16. × 17. √ 18. × 19. √ 20. √
21. × 22. √ 23. √ 24. × 25. × 26. √ 27. × 28. √ 29. √ 30. √
31. × 32. × 33. × 34. √ 35. √ 36. × 37. √ 38. √ 39. × 40. √
41. × 42. × 43. × 44. √ 45. × 46. √ 47. √ 48. √ 49. × 50. √
51. × 52. √ 53. √ 54. √ 55. × 56. √ 57. √ 58. × 59. √ 60. ×
61. √ 62. × 63. √ 64. × 65. × 66. × 67. × 68. √ 69. × 70. √
71. √ 72. × 73. √ 74. √ 75. × 76. √ 77. √ 78. √

模块 2　单相正弦交流电路的测量与学习

任务 2.1　单相正弦交流电的概念

演示器件	日光灯管、镇流器、启辉器、导线、开关、交流电压表		演示电路
操作人	教师演示、学生练习		
演示结果	电路总电压	223.4V	
	镇流器电压	174V	
	日光灯管电压	110V	
问题 1：交流电路与直流电路的不同之处？			
问题 2：正弦交流电路的描述？			
问题 3：单一元件交流电路的特征？			

图 2-1　日光灯电路

日光灯实际电路中的镇流器与日光灯管串联连接，根据测量结果得出结论：电路的总电压 223.4V，不等于镇流器电压 174V 与日光灯管电压 110V 之和，说明交流电路的研究方式与直流电路不同。

2.1.1　正弦交流电的基本物理量（三要素）

大小和方向都随时间按正弦规律做周期性变化的电动势、电压和电流统称为正弦交流电（简称交流电）。以正弦电流为例，其数学表达式为

$$i(t) = I_m \sin(\omega t + \varphi_i) \tag{2-1}$$

正弦电流的波形如图 2-2 所示。

（1）瞬时值：交流电在变化过程中，表示正弦量在每一瞬时的数值，用 $i(t)$ 或 i、$u(t)$ 或 u 表示。

（2）最大值：正弦量瞬时值中的最大值，称为振幅值，也称为峰值，用大写字母带下标 m 表示，如 U_m、I_m 等。

（3）周期：正弦量完整变化一周所需要的时间，用 T 表示，单位是秒。

（4）频率：正弦量在每秒钟内变化的次数，用 f 表示，单位是赫兹，简称赫（用字母 Hz 表示）。周期与频率的关系

图 2-2 正弦电流的波形图

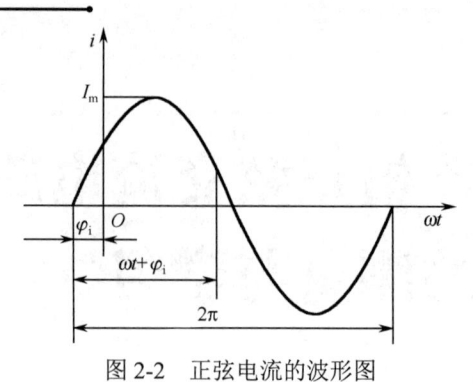

$$f = \frac{1}{T}$$

（5）角频率ω：正弦量单位时间内变化的弧度数（电角度），它反映正弦量变化的快慢。其单位为弧度/秒（rad/s）。

交流电变化一周（时间为 T），就相当于变化了 2π 弧度（360°）。它和周期、频率的关系为

$$\omega = \frac{2\pi}{T} = 2\pi f \tag{2-2}$$

（6）相位：($\omega t + \varphi_i$)表示是正弦量随时间变化的弧度或角度，称为瞬时相位（简称相位）。它反映出正弦量随时间变化的进程，对于每一给定的时刻，都有相应的相位。

（7）初相角：φ_i 表示 t=0 时的相位，称为初相位（初相角）。

（8）三要素：一个正弦量若已知 I_m、ω、φ_i，则可写出正弦量的解析式或画出其波形，即正弦量才能被确定。所以通常把最大值（振幅）I_m、角频率 ω（f、T）和初相 φ_i 称为正弦量的三要素。

2.1.2 正弦交流电的相位差

两个同频率正弦量的相位之差（或初相位之差），称为相位角差或相位差，用 φ 表示。例如：

$$u = U_m \sin(\omega t + \varphi_u), \qquad i = I_m \sin(\omega t + \varphi_i)$$

则

$$\varphi = (\omega t + \varphi_u) - (\omega t + \varphi_i)$$
$$= \varphi_u - \varphi_i \tag{2-3}$$

相位差如图 2-3 所示。可以看出两个同频率正弦量的相位差是初相位角的差值。初相角的取值范围为 $-180° \leq \varphi < +180°$，电路中常采用"超前"和"滞后"来说明两个同频率正弦量相位比较的结果。

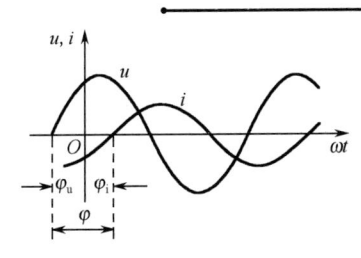

图 2-3 相位差

（1）如果 $\varphi = \varphi_u - \varphi_i > 0$，如图 2-4（a）所示，则称电压（$u$）超前电流（$i$）$\varphi$ 的相位角，也可以说电流滞后电压 φ 的相位角。

（2）如果 $\varphi = \varphi_u - \varphi_i < 0$，则结论刚好与上述情况相反，即电压 u 滞后电流 i 一个角度 $|\varphi|$（或电流 i 超前电压 u 一个角度 $|\varphi|$）。

（3）如果 $\varphi = \varphi_u - \varphi_i = 0$，则称电压 u 与电流 i 同相，其特点是两正弦量同时达到正最大值或同时过零点，如图 2-4（b）所示。

（4）如果 $\varphi = \varphi_u - \varphi_i = \pm\pi$，称 u 与 i 反相，其特点是当一正弦量的值达到最大时，另一正弦量的值刚好是负最大值，如图 2-4（c）所示。

（5）如果 $\varphi = \varphi_u - \varphi_i = \pm\dfrac{\pi}{2}$，称 u 与 i 正交，其特点是当一正弦量的值达到最大时，另一正弦量的值刚好是零。

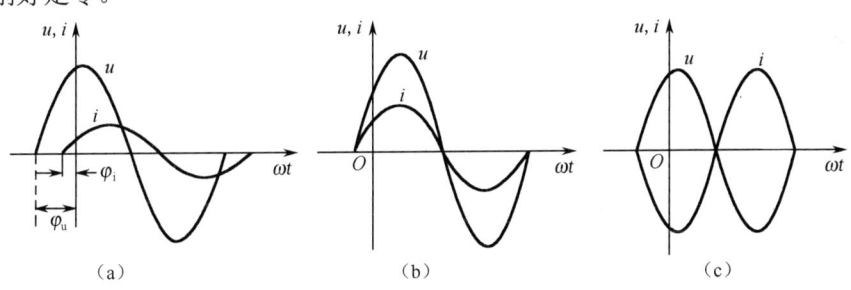

图 2-4 相位差讨论

2.1.3 正弦交流电的有效值

交流电的大小是时刻变化的，在电工技术中，需要一个能够表达其大小的特定值——有效值，来表示交流量的大小。

有效值定义：设某一交流电流 $i(t)$ 和一直流电流 I 分别通过同一电阻 R，在相同时间内所做功（产生的热量）相等时，则称此直流电流 I 的数值是该交流电流 i 的有效值，如图 2-5 所示。

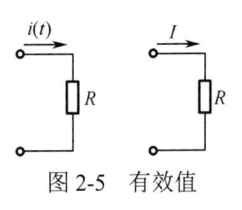

图 2-5 有效值

根据有效值的定义，在一个周期 T 内，则有

$$\int_0^T i^2 R \, dt = I^2 RT$$

则周期电流的有效值为

$$I = \sqrt{\dfrac{1}{T} \int_0^T i^2 \, dt}$$

设正弦电流 $i = I_\mathrm{m} \sin(\omega t + \varphi_\mathrm{i})$ 则求得

$$I = \frac{I_\mathrm{m}}{\sqrt{2}} = 0.707 I_\mathrm{m} \tag{2-4}$$

同理

$$U = \frac{U_\mathrm{m}}{\sqrt{2}} = 0.707 U_\mathrm{m} \tag{2-5}$$

$$E = \frac{E_\mathrm{m}}{\sqrt{2}} = 0.707 E_\mathrm{m} \tag{2-6}$$

在工程上和日常生活中所说的交流电压或电流的大小，均指有效值。例如，交流测量仪表中的读数、交流电气设备铭牌上的额定值都是有效值。我国所使用的单相正弦电源电压的有效值是 220V，最大值是 311V。我国工业交流电的频率为 50Hz，简称工频。

2.1.4 正弦交流电的相量表示

前面介绍过正弦量的三角函数式和波形图表示法。前者方便于求出正弦量的瞬时值，而后者形象直观。用这两种表示法进行几个同频率正弦量的运算时，比较复杂。

下面引入正弦量的相量表示法，就是利用复数来表示正弦交流量的一种方法。它是交流电路分析计算中最为方便的一种。用复数来表示相对应的正弦量称为相量表示法，由于相量本身就是复数，下面将对复数及其运算进行简要的复习。

1. 复数

复数可以用复平面上所对应的点表示。作一直角坐标系，横轴为实轴，纵轴为虚轴，此直角坐标所确定的平面称为复平面。设 A 是一个复数，a 和 b 分别为它的实部和虚部，则有

$$A = a + \mathrm{j}b$$

式中，$\mathrm{j} = \sqrt{-1}$ 是虚单位。

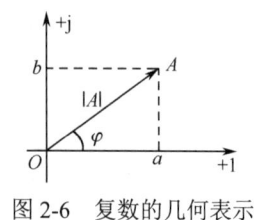

复数 A 还可以用矢量来表示，如图 2-6 所示。该矢量的长度称复数 A 的模，记作 $|A|$。

$$|A| = \sqrt{a^2 + b^2} \tag{2-7}$$

复数 A 的矢量与实轴正向间的夹角 φ 称为 A 的辐角，记作

图 2-6 复数的几何表示

$$\varphi = \arctan \frac{b}{a} \tag{2-8}$$

$A = a + \mathrm{j}b = |A|(\cos\varphi + \mathrm{j}\sin\varphi)$ 为复数的三角形式。

根据欧拉公式

$$\mathrm{e}^{\mathrm{j}\varphi} = \cos\varphi + \mathrm{j}\sin\varphi \tag{2-9}$$

又得 $A = |A|\mathrm{e}^{\mathrm{j}\varphi}$ 称为复数的指数形式。在工程上简写为 $A = |A| \underline{/\varphi}$。

2. 复数的 4 种表示形式

一个复数 A 可用下面 4 种形式来表示。

（1）代数形式

$$A = a + \mathrm{j}b \tag{2-10}$$

（2）三角函数形式
$$A = |A|(\cos\varphi + j\sin\varphi) \tag{2-11}$$

（3）指数形式
$$A = |A|e^{j\varphi} \tag{2-12}$$

（4）极坐标形式
$$A = |A| \angle \varphi_i \tag{2-13}$$

极坐标形式是复数指数式的简写，复数的4种表示形式，可以相互转换。

3. 复数运算

设有两个复数：
$$A_1 = a_1 + jb_1 = |A_1|e^{j\varphi_1} = |A_1|\angle\varphi_1$$
$$A_2 = a_2 + jb_2 = |A_2|e^{j\varphi_2} = |A_2|\angle\varphi_2$$

（1）复数的加减
$$A_1 \pm A_2 = (a_1 + jb_1) \pm (a_2 + jb_2) = (a_1 \pm a_2) + j(b_1 \pm b_2)$$

（2）复数的乘除
$$A_1 \cdot A_2 = |A_1|e^{j\varphi_1} \cdot |A_2|e^{j\varphi_2} = |A_1| \cdot |A_2|e^{j(\varphi_1+\varphi_2)}$$
$$A_1 \cdot A_2 = |A_1| \cdot |A_2| \angle \varphi_1+\varphi_2$$
$$\frac{A_1}{A_2} = \frac{|A_1|e^{j\varphi_1}}{|A_2|e^{j\varphi_2}} = \frac{|A_1|}{|A_2|}e^{j(\varphi_1-\varphi_2)} = \frac{|A_1|}{|A_2|} \angle \varphi_1+\varphi_2$$

4. 正弦量的相量表示

在正弦交流电路中，所有的电压、电流都是同频率的正弦量，相量法就是用复数表示的正弦量，是正弦交流电路的稳态分析与计算转换为复数运算的一种方法。下面介绍如何用复数表示正弦量。

一个正弦量由三要素来确定，分别是频率、幅值和初相。因为在同一个正弦交流电路中，电压和电流均为同频率的正弦量，即频率是已知或特定的，可以不必考虑。只需确定正弦量的幅值(或有效值)和初相位就可表示正弦量。而一个复数也需要用模和辐角两个量来描述。

如图2-7所示，将复数 $I_m e^{j\varphi_i}$ 乘上因子 $1e^{j\omega t}$，其模不变，辐角随时间均匀增加。即在复平面上以角速度 ω 逆时针旋转，其在虚轴上的投影等于 $i = I_m \sin(\omega t + \varphi_i)$，正好是用正弦函数表示的正弦电流 i。将正弦电流 $i = I_m \sin(\omega t + \varphi_i)$ 用复数表示，复数的模 $|A|$ 代表正弦量的幅值 I_m（或有效值），用幅角 φ_i 代表正弦量的初相，于是得到一个表示正弦量的复数，这就是正弦量的相量表示法。

可见复数 $I_m e^{j\varphi_i}$ 与正弦电流 $i = I_m \sin(\omega t + \varphi_i)$ 是相互对应的关系，可用复数 $I_m e^{j\varphi_i} = I_m \angle \varphi_i$ 来表示正弦电流 i，记为

$$\dot{I}_m = I_m e^{j\varphi_i} = I_m \angle \varphi_i \tag{2-14}$$
$$\dot{I} = I e^{j\varphi_i} = I \angle \varphi_i \tag{2-15}$$

分别称为最大值相量和有效值相量。

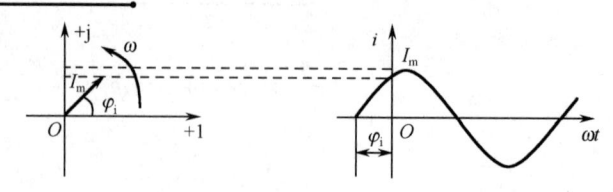

（a）以角速度ω旋转的复数　　　（b）旋转复数在虚轴上的投影

图 2-7　正弦量的相量表示法

相量是用复数表示的正弦量。相量不等于正弦量，相量与正弦量是一一对应关系。为了将相量与复数相区别，相量用大写字母上端加一个点，相量的运算与复数运算的方法相同。

相量也可以用在复平面上一条有向线段表示。图 2-8 所示为正弦电流 $i = I_m \sin(\omega t + \varphi_i)$ 的相量，其中 $\varphi_i > 0$。取相量的长度是正弦电流的有效值 I，相量与正实轴的夹角是正弦电流的初相，得到有效值相量图，如图 2-8（a）所示；也可以画成图 2-8（b）所示的简化形式。

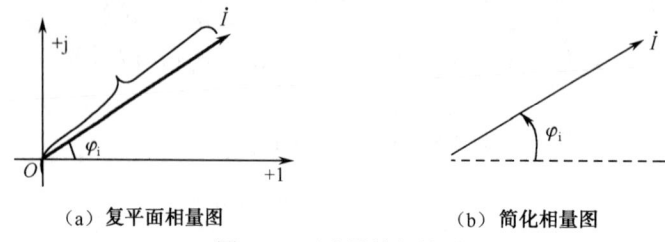

（a）复平面相量图　　　（b）简化相量图

图 2-8　正弦量的相量图

【例题 2-1】已知 $u_1 = 100\sqrt{2}\sin(314t + 60°)$V，$u_2 = 50\sqrt{2}\sin(314t - 60°)$V。写出表示 u_1 和 u_2 的相量。

【解】$\dot{U}_1 = 100\underline{/60°}$ V

$\dot{U}_2 = 50\underline{/-60°}$ V

【例题 2-2】已知 $i_1 = 5\sqrt{2}\sin(\omega t - 36.9°)$A，$i_2 = 10\sqrt{2}\sin(\omega t + 53.1°)$A，试用相量法求 $i = i_1 + i_2$。

【解】根据正弦量可以写出相应的相量

$$\dot{I}_1 = 5\underline{/-36.9°}, \quad \dot{I}_2 = 10\underline{/53.1°}$$

$$\dot{I} = \dot{I}_1 + \dot{I}_2 = 5\underline{/-36.9°} + 10\underline{/53.1°}$$

$$= (4 - j3) + (6 + j8) = 10 + j5 = 11.18\underline{/26.6°}$$

根据相量写出对应的正弦量是

$$i = 11.18\sqrt{2}\sin(\omega t + 26.6°)\text{A}$$

【例题 2-3】已知 $\dot{U} = 220\underline{/-45°}$ V，$\dot{I} = 10\underline{/30°}$ A，试求电压、电流的解析式。

【解】
$$u = 220\sqrt{2}(\sin\omega t - 45°)\text{V}$$

$$i = 10\sqrt{2}(\sin\omega t + 30°)\text{V}$$

任务 2.2　单一参数元件的电路

电阻 R、电感 L、电容 C 是交流电路中的基本电路元件。下面分别讨论 3 种元件上的电压与电流关系、能量的转换及功率。

2.2.1 电阻元件电路

1. 电压与电流的关系

图 2-9（a）所示为电阻元件电路，设加在电阻两端的正弦交流电压为：
$$u_R = U_{Rm}\sin(\omega t + \varphi_u)$$

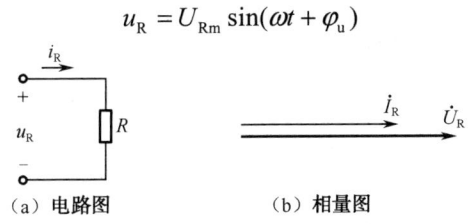

（a）电路图　　　　（b）相量图

图 2-9　电阻电路及相量图

根据欧姆定律　　　　　　　　　　$u=iR$

则电路中的电流为

$$i_R = \frac{u_R}{R} = \frac{U_{Rm}\sin(\omega t + \varphi_u)}{R} = I_{Rm}\sin(\omega t + \varphi_i) \tag{2-16}$$

$$I_{Rm} = \frac{U_{Rm}}{R} \qquad \varphi_u = \varphi_i \tag{2-17}$$

写成有效值关系为

$$I_R = \frac{U_R}{R} \quad \text{或} \quad U_R = RI_R \tag{2-18}$$

从以上分析可知，电阻两端的电压与电流同频率、同相位，电阻两端的电压的有效值 U 等于电流有效值 I 乘以电阻 R。

电阻元件电压与电流的相量关系：根据电流、电压的三角函数表达式，分别得到其有效值相量为

$$\dot{I}_R = I_R \angle \varphi_i \tag{2-19}$$
$$\dot{U}_R = U_R \angle \varphi_i \tag{2-20}$$
$$\dot{U}_R = RI_R \angle \varphi_i$$

根据式（2-19）与式（2-20）可得

$$\dot{U}_R = R\dot{I}_R \tag{2-21}$$

式（2-21）就是电阻元件上电压与电流的相量关系，也就是欧姆定律的相量形式。

相量关系式既能表示电压与电流有效值之间的关系，又能表示其相位关系。

电压、电流的相量如图 2-9（b）所示，波形曲线（$\varphi_u = 0$）如图 2-10 所示。

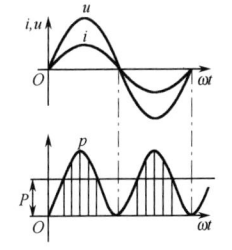

图 2-10　电阻电路电压、电流、功率曲线

2. 电阻元件的功率

在交流电路中，任意电路元件上电压瞬时值与电流瞬时值的乘积称为该元件的瞬时功率，用小写字母 p 表示。

当 u_R、i_R 为关联参考方向时　　　　$p = u_R i_R$

假设电阻两端的电压、电流分别为

$$u_R = U_{Rm} \sin \omega t$$
$$i_R = I_{Rm} \sin \omega t$$

则正弦交流电路中电阻元件上的瞬时功率为

$$\begin{aligned} p &= u_R i_R = U_{Rm} \sin \omega t \times I_{Rm} \sin \omega t \\ &= U_{Rm} I_{Rm} \sin^2 \omega t \\ &= U_R I_R (1 - \cos 2\omega t) \end{aligned} \quad (2\text{-}22)$$

可以看出，电阻元件吸收的功率是随时间变化的，但 p 始终大于零，表明了电阻的耗能特性。式（2-22）还表明了电阻元件瞬时功率的频率是电流的频率的 2 倍。瞬时功率的波形图如图 2-10 所示。

瞬时功率是随时间变化的，不便于描述功率的大小，因而用平均功率来描述功率的大小。

瞬时功率在一周期内的平均值称为平均功率（有功功率），记为 P，即

$$P_R = \frac{1}{T} \int_0^T p \, dt = \frac{1}{T} \int_0^T U_R I_R (1 - \cos 2\omega t) dt$$
$$= U_R I_R$$

又因　　　　　　　　　　　　　$U_R = R I_R$

所以　　　　　　　　　　$P_R = U_R I_R = I_R^2 R = U_R^2 / R \quad (2\text{-}23)$

在正弦稳态电路中，通常所说的功率都是指平均功率，平均功率又称为有功功率，单位为 W。

【例题 2-4】有一电阻 $R=100\Omega$，通过的电流 $i(t)=1.41\sin(\omega t - 30°)$ A。试求：
（1）R 两端电压 U 和 u；　（2）R 消耗的功率 P。

【解】（1）电流的有效值

$$I = \frac{I_m}{\sqrt{2}} = \frac{1.414}{\sqrt{2}} = 1(A)$$

$$U = RI = 100 \times 1 = 100(V)$$

$$u(t) = Ri = 100 \times 1.41 \sin(\omega t - 30°) = 141 \sin(\omega t - 30°)(V)$$

用相量关系求解

$$\dot{I} = \frac{1.41}{\sqrt{2}} \underline{/-30°} = 1\underline{/-30°} (A)$$

$$\dot{U} = R\dot{I} = 100 \times 1\underline{/-30°} = 100\underline{/-30°} (V)$$

对应的正弦量　　$u(t) = 100\sqrt{2} \sin(\omega t - 30°) = 141 \sin(\omega t - 30°)(V)$

（2）R 消耗的功率

$$P = UI = 1 \times 100 = 100(W)$$

2.2.2 电感元件电路

1. 电压与电流关系

设电感 L 中通入正弦电流，其参考方向如图 2-11（a）所示。

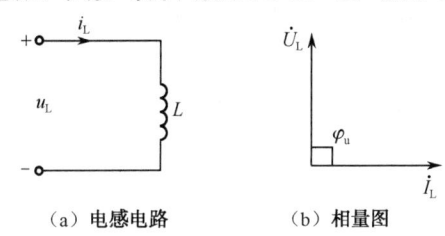

（a）电感电路　　（b）相量图

图 2-11　电感元件

设
$$i_L = I_{Lm}\sin(\omega t + \varphi_i)$$

当电压和电流为关联参考方向时，电感 L 伏安关系为

$$\begin{aligned}u_L &= L\frac{di_L}{dt} \\ &= L\frac{dI_{Lm}\sin(\omega t + \varphi_i)}{dt} \\ &= I_{Lm}\omega L\cos(\omega t + \varphi_i) \\ &= U_{Lm}\sin\left(\omega t + \varphi_i + \frac{\pi}{2}\right) \\ &= U_{Lm}\sin(\omega t + \varphi_u) \end{aligned} \tag{2-24}$$

其中，最大值为
$$U_{Lm} = \omega L I_{Lm} \tag{2-25}$$

相位关系
$$\varphi_u = \varphi_i + \frac{\pi}{2} \tag{2-26}$$

有效值为
$$U_L = \omega L I_L \quad 或 \quad I_L = \frac{U_L}{X_L} \tag{2-27}$$

由以上分析可知，电感两端的电压与电流同频率，在关联参考方向下，电压超前电流 90°的相位角，电压与电流有效值（或最大值）之比为 ωL。

令
$$X_L = \frac{U_L}{I_L} = \omega L = 2\pi f L \tag{2-28}$$

X_L 称为感抗，表示电感元件对电流阻碍作用的一个物理量，单位为欧姆（Ω）。

电感的电压与电流有效值之间的关系不仅与 L 有关，还与频率 f 有关。当 L 值不变，U_L 一定时，f 越高则电流 I_L 越小；f 越低则电流 I_L 越大。当 $f=0$（相当于直流激励）时，X_L 等于零，电感相当于短路。

电压与电流的相量关系：

设流过电感 L 的电流为

$$i_L = \sqrt{2}I_L\sin(\omega t + \varphi_i)$$

电流相量
$$\dot{I}_L = I_L\angle\varphi_i$$

电感两端电压
$$u_L = \sqrt{2}\omega L I_L \sin\left(\omega t + \varphi_i + \frac{\pi}{2}\right)$$

电压相量
$$\dot{U}_L = \omega L I_L \angle{\varphi_i+90°} = j\omega L \dot{I}_L = jX_L \dot{I}_L$$

或
$$\dot{I}_L = \frac{\dot{U}_L}{jX_L} \tag{2-29}$$

式（2-29）两层含义：数值上电感的电压有效值等于电流有效值乘以感抗；相位上电压超前电流 90°的相位角。

线性电感中正弦电压和电流的相量如图 2-11（b）所示，波形图（$\varphi_i = 0$）如图 2-12 所示。

2. 电感元件的功率

在电压与电流参考方向一致的情况下电感元件的瞬时功率
$$p = u_L i_L$$

若电感两端的电流、电压为（设 $\varphi_i=0$）
$$i_L = I_{Lm} \sin\omega t$$
$$u_L = U_{Lm} \sin\left(\omega t + \frac{\pi}{2}\right)$$

则正弦交流电路中电感元件上的瞬时功率为
$$p = u_L i_L = U_{Lm} \sin\left(\omega t + \frac{\pi}{2}\right) \times I_{Lm} \sin\omega t$$
$$= U_{Lm} I_{Lm} \sin\omega t \cos\omega t$$
$$= U_L I_L \sin 2\omega t \tag{2-30}$$

其电压、电流（$\varphi_i = 0$）、功率的波形图如图 2-12 所示。由式（2-30）或波形图可以看出，瞬时功率的频率是电流（或电压）频率的 2 倍。瞬时功率有大于零与小于零两种状态，并且这两种状态是可逆的能量转换状态。

正弦交流电路中电感元件上有功功率（平均功率）为
$$P_L = \frac{1}{T}\int_0^T p_L(t)dt = \frac{1}{T}\int_0^T U_L I_L \sin 2\omega t \, dt = 0 \tag{2-31}$$

即有功功率等于零，说明电感元件不消耗功率，只是与外界进行交换能量。

从图 2-12 看出，在第一个和第三个 1/4 周期内，u 和 i 同为正值或负值时，故 p 为正值，说明此时电感吸收电能，以磁场能量储存起来；在第二个和第四个 1/4 周期内，u 和 i 一正一负，故 p 为负值，电感元件释放能量，将磁场能转换为电能。说明电感元件与外电路不断地进行着能量的交换。

用无功功率 Q_L 表示电源与电感元件间能量交换的规模。
$$Q_L = U_L I_L = I_L^2 X_L = \frac{U_L^2}{X_L} \tag{2-32}$$

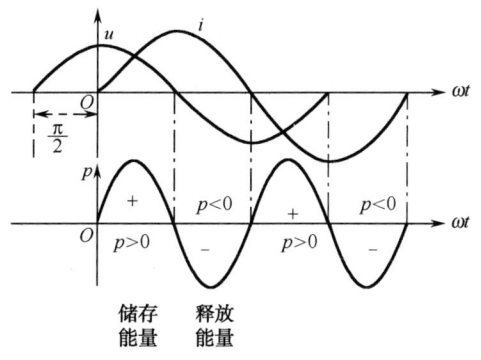

图 2-12 电感的电压、电流、功率曲线

无功功率的单位为乏（var）或千乏（kvar）。

【例题 2-5】已知一电感 L=80mH，外加电压 u_L=50$\sqrt{2}$ sin(314t + 65°)V。试求：
(1) 感抗 X_L；(2) 电感中的电流 I_L；(3) 电流瞬时值 i_L。

【解】(1) 电路中的感抗为

$$X_L = \omega L = 314 \times 0.08 \approx 25(\Omega)$$

(2) 电流

$$I_L = \frac{U_L}{X_L} = \frac{50}{25} = 2(A)$$

(3) 电感电流 i_L 比电压 u_L 滞后 90°，则

$$i_L = 2\sqrt{2} \sin(314t - 25°)(A)$$

2.2.3 电容元件电路

扫一扫，听听解读

1. 电压与电流关系

设电容 C 中通入正弦交流电，其参考方向如图 2-13（a）所示。设外接正弦交流电压为

$$u_C = U_{Cm} \sin(\omega t + \varphi_u)$$

(a) 电容电路　　(b) 相量图

图 2-13　电容元件

当电压和电流为关联参考方向时，则有

$$i_C = C\frac{du_C}{dt} = C\frac{dU_{Cm}\sin(\omega t + \varphi_u)}{dt}$$

$$= U_{Cm}\omega C \cos(\omega t + \varphi_u)$$

$$= I_{Cm} \sin\left(\omega t + \varphi_u + \frac{\pi}{2}\right)$$

$$= I_{Cm} \sin(\omega t + \varphi_i) \tag{2-33}$$

其中，最大值关系为

$$I_{Cm} = U_{Cm}\omega C \tag{2-34}$$

相位关系为：

$$\varphi_i = \varphi_u + \frac{\pi}{2} \tag{2-35}$$

有效值为

$$I_C = \omega C U_C = \frac{U_C}{X_C}$$

或

$$\frac{U_C}{I_C} = \frac{1}{\omega C} = X_C \tag{2-36}$$

从以上分析可知，电容两端的电压与电流同频率；电容两端的电压在相位上滞后电流90°；电容两端的电压与电流有效值之比为 $\frac{1}{\omega C}$。

令

$$X_C = \frac{1}{\omega C} = \frac{1}{2\pi f C} \tag{2-37}$$

X_C 称为容抗，表示电容元件对电流阻碍作用的一个物理量，它与电容和频率成反比，单位为欧姆（Ω）。

当电压一定时，电容 C 不变，频率 f 越高时，容抗 X_C 越小，则 I_C 越大；f 越低时，容抗 X_C 越大，则电流 I_C 越小。当 $f=0$（相当于直流激励）时，$X_C \to \infty$，$I_C=0$，电容相当于开路。由此可知，电容具有通交流隔直流的作用。

电压与电流的相量关系：
设电容两端的电压

$$u_C = \sqrt{2} U_C \sin(\omega t + \varphi_u)$$

其相量

$$\dot{U}_C = U_C \angle \varphi_u$$

则流过电容的电流

$$i_C = \sqrt{2}\omega C U_C \sin\left(\omega t + \varphi_u + \frac{\pi}{2}\right)$$

其相量形式为

$$\dot{I}_C = \omega C U_C \angle \varphi_u + 90° = j\omega C \dot{U}_C = j\frac{\dot{U}_C}{X_C} = \frac{\dot{U}_C}{-jX_C}$$

或

$$\dot{U}_C = -jX_C \dot{I}_C \tag{2-38}$$

电容元件正弦电压和电流的相量图、波形图（$\varphi_u = 0$）分别如图 2-13（b）和图 2-14 所示。

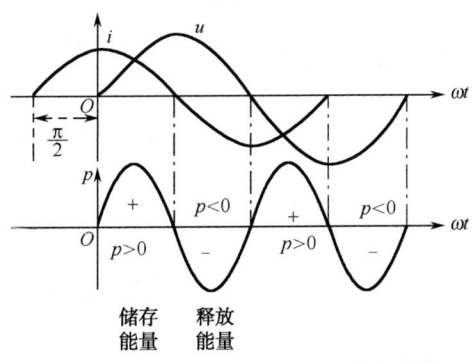

图 2-14 电容的电流、电压和功率曲线

2. 电容元件的功率

在电压与电流参考方向一致的情况下，设 $u_C=U_{Cm}\sin\omega t$，则电容元件的瞬时功率为

$$p = u_C i_C = U_{Cm}\sin\omega t \times I_{Cm}\sin\left(\omega t + \frac{\pi}{2}\right)$$

$$= U_{Cm} I_{Cm} \sin\omega t \cos\omega t$$

$$= U_C I_C \sin 2\omega t \qquad (2-39)$$

其电压、电流、功率的波形图如图 2-14 所示。由式（2-39）或波形图都可以看出，此功率是以 2 倍频率作正弦变化的。其瞬时功率也有大于零与小于零两种可逆的能量转换过程。

电容元件的平均功率为

$$P_C = \frac{1}{T}\int_0^T p(t)\mathrm{d}t = \frac{1}{T}\int_0^T U_C I_C \sin 2\omega t \mathrm{d}t = 0 \qquad (2-40)$$

式（2-40）说明了电容元件的平均功率（有功功率）为零，电容元件是不消耗能量的，和电感元件一样，它与外电路之间只发生能量的互换。而这个能量互换的规模也由无功功率来度量，它等于瞬时功率的幅值，用 Q_C 表示，即无功功率为

$$Q_C = -U_C I_C = -I_C^2 X_C = -\frac{U_C^2}{X_C} \qquad (2-41)$$

"−"负号的意义是区别于电感元件的无功功率。

无功功率的单位为乏（var）或千乏（kvar）。

【例题 2-6】已知一电容 $C=50\mu F$，接到 220V、50Hz 的正弦交流电源上，求（1）容抗 X_C；（2）电路中的电流 I_C 和无功功率 Q_C。

【解】（1） $X_C = \dfrac{1}{\omega C} = \dfrac{1}{2\pi fC} = \dfrac{1}{2\times 3.14\times 50\times 10^{-6}\times 50} = 63.7(\Omega)$

（2） $I_C = \dfrac{U_C}{X_C} = \dfrac{220}{63.7} = 3.45(A)$

$Q_C = -U_C I_C = -220\times 3.45 = -759$（var）

【例题 2-7】已知一电容 $C=100\mu F$，接于 $u = 220\sqrt{2}\sin(1000t - 45°)$(V) 的电源上。求：（1）流过电容的电流 I_C 和 i_C；（2）电容元件的有功功率 P_C 和无功功率 Q_C；（3）绘制电流和电压的相量图。

【解】（1） $\dot{U}_C = 220\underline{/-45°}$(V)

$$X_C = \frac{1}{\omega C} = \frac{1}{1000 \times 100 \times 10^{-6}} = 10(\Omega)$$

$$\dot{I}_C = \frac{\dot{U}_C}{-jX_C} = \frac{220\angle{-45°}}{10\angle{-90°}} = 22\angle{45°}\ (A)$$

$$i_C = 22\sqrt{2}\sin(1000t+45°)(A)$$

（2）
$$P_C = 0$$

$$Q_C = -U_C I_C = -220 \times 22 = -4840(\text{var})$$

（3）相量图如图 2-15 所示。

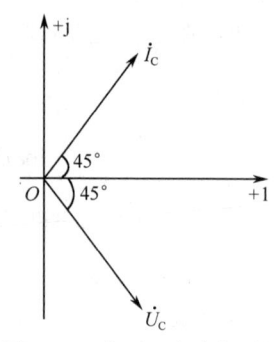

图 2-15　电压、电流相量图

任务 2.3　R、L、C 元件串、并联电路的分析

2.3.1　RLC 串联交流电路

1. 电压与电流的关系及阻抗

如图 2-16 所示，RLC 串联电路在正弦电压的作用下通过 i 的正弦电流，在 3 种元件上分别引起电压 u_R、u_L 和 u_C，其参考方向如图 2-16 所示。

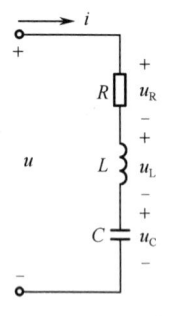

图 2-16　RLC 串联电路

设 $i(t) = \sqrt{2}I\sin\omega t$，则有

$$\dot{I} = \sqrt{2}I\underline{/0°}$$
$$\dot{U}_R = R\dot{I}$$
$$\dot{U}_L = jX_L\dot{I}$$
$$\dot{U}_C = -jX_C\dot{I}$$

根据基尔霍夫电压定律有
$$u = u_R + u_L + u_C \tag{2-42}$$

因为电压均是同频率的正弦电压，所以可以写成基尔霍夫电压定律的相量形式，即
$$\dot{U} = \dot{U}_R + \dot{U}_L + \dot{U}_C \tag{2-43}$$

根据电阻、电感和电容元件伏安关系的相量形式有
$$\dot{U} = [R + j(X_L - X_C)]\dot{I}$$
$$= (R + jX)\dot{I} = Z\dot{I}$$

或
$$\dot{I} = \frac{\dot{U}}{Z} \tag{2-44}$$

式中 $Z = R + j(X_L - X_C) = R + jX$，$X = X_L - X_C$

则有
$$Z = \frac{\dot{U}}{\dot{I}} = R + jX \tag{2-45}$$

可见，在 RLC 串联电路中，电压相量 $\dot{U}$ 与电流相量 $\dot{I}$ 之比为一复数 Z，它的实部为电路的电阻 R，虚部为电路中的感抗 X_L 与容抗 X_C 之差，X 称为电路的电抗，Z 称为电路的复阻抗。将复阻抗写成指数形式，则为
$$Z = \sqrt{R^2 + X^2}\,\underline{/\arctan\frac{X}{R}} = |Z|\underline{/\varphi} \tag{2-46}$$

其中，复阻抗的模
$$|Z| = \sqrt{R^2 + X^2} = \sqrt{R^2 + (X_L - X_C)^2} \tag{2-47}$$

阻抗角 φ（辐角）
$$\varphi = \arctan\frac{X}{R} = \arctan\frac{X_L - X_C}{R} \tag{2-48}$$

以式（2-47）与式（2-48）表明：复阻抗的模 $|Z|$ 及辐角 φ 的大小，只与参数及角频率有关，而与电压及电流无关。式（2-45）还说明，复阻抗的模 $|Z|$ 和 R 及 X 构成一个直角三角形。如图 2-17 所示，称为阻抗三角形，辐角 φ 又称为阻抗角。

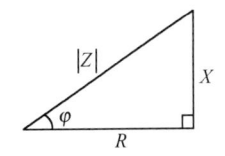

图 2-17　阻抗三角形 RLC 串联电路

阻抗三角形表明了 R、X、$|Z|$ 数值之间的关系。

复阻抗又可写为
$$Z = \frac{\dot{U}}{\dot{I}} = \frac{U\underline{/\varphi_u}}{I\underline{/\varphi_i}} = \frac{U}{I}\underline{/\varphi_u - \varphi_i} = |Z|\underline{/\varphi} \tag{2-49}$$

其中，
$$|Z| = \frac{U}{I} \qquad \varphi = \varphi_u - \varphi_i \tag{2-50}$$

由此可见，复阻抗的模 $|Z|$ 等于电压有效值与电流的有效值之比，辐角 φ 等于电压与电流

的相位差角。复阻抗 Z 决定了电压、电流的有效值大小和相位间的关系。所以复阻抗是正弦交流电路中一个十分重要的概念。复阻抗可简称阻抗。

RLC 串联电路中电压与电流的关系，也可采用相量作图的方法，相量图如图 2-18（a）所示。

先取电流相量 $\dot{I}$ 为参考相量，再根据电阻、电感和电容上的电压与电流间的相位关系分别做出电压相量。作 $\dot{U}_R$ 与 $\dot{I}$ 同相，作 $\dot{U}_L$ 超前 $\dot{I}$ 90°，作 $\dot{U}_C$ 滞后 $\dot{I}$ 90°，然后根据平行四边形法则或三角形法则，进行相量相加，就得到了端电压 $\dot{U}$ 相量，如图 2-18（a）所示。

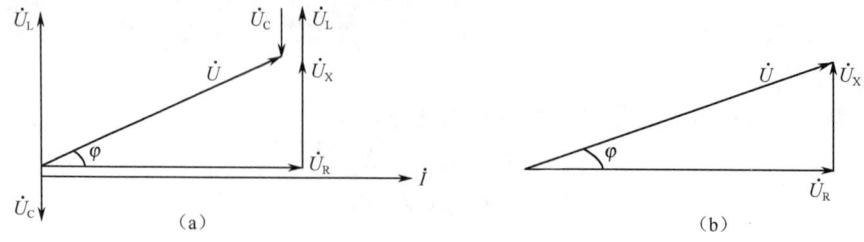

图 2-18 串联电路相量图和电压阻抗三角形

由图 2-18（a）可见，电压的有效值关系为

$$U = \sqrt{U_R^2 + (U_L - U_C)^2} = \sqrt{U^2 + (U_X)^2} \qquad (2\text{-}51)$$

$$\varphi = \arctan \frac{U_X}{U_R} = \arctan \frac{U_L - U_C}{U_R} \qquad (2\text{-}52)$$

由电压相量图可以看出，电压有效值相量 $\dot{U}$、$\dot{U}_R$ 及（$\dot{U}_L - \dot{U}_C$）恰好组成一个直角三角形，称为电压三角形，如图 2-18（b）所示。从电压三角形可看出总电压有效值与各分电压有效值的数量关系，如式（2-51），利用这个电压三角形可求电压的有效值。

2. 电路参数对电路性质的影响

由以上分析可知，当频率一定时，相位差角的大小决定了电路的参数及电路的性质。

（1）当 $X > 0$，$\omega L > \dfrac{1}{\omega C}$ 时，$\varphi > 0$，电压超前电流一个 φ，称为电感性电路。

（2）当 $X < 0$，$\omega L < \dfrac{1}{\omega C}$ 时，$\varphi < 0$，电压滞后电流一个 φ，称为电容性电路。

（3）当 $X = 0$，$\omega L = \dfrac{1}{\omega C}$ 时，$\varphi = 0$，电压 u 与电流 i 同相，电路呈电阻性，电路处于这种状态时，称为谐振状态(后续内容会介绍)。

3. 功率

设有一个二端网络（如 RLC 串联电路），取电压、电流参考方向如图 2-19 所示。

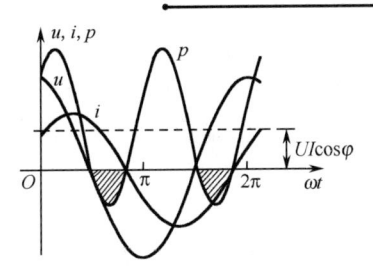

图 2-19 电压、电流和瞬时功率随时间变化的曲线

设
$$i(t) = \sqrt{2}I\sin(\omega t + \varphi_i)$$
$$u(t) = \sqrt{2}U\sin(\omega t + \varphi_u)$$

在任一瞬间的瞬时功率为

$$\begin{aligned}p &= u(t) \cdot i(t) \\ &= \sqrt{2}U\sin(\omega t + \varphi_u) \cdot \sqrt{2}I\sin(\omega t + \varphi_i) \\ &= UI\cos\varphi - UI\cos(2\omega t + \varphi)\end{aligned} \tag{2-53}$$

其中，φ 为电压与电流的相位差。

瞬时功率是随时间变化的，变化曲线如图 2-19 所示。可以看出瞬时功率有时为正值，有时为负值。正值表示负载从电源吸收功率，负值表示从负载中的储能元件（电感、电容）释放出能量送回电源。

(1) 有功功率（平均功率）

有功功率是指瞬时功率在一个周期内的平均值，简称功率。

$$\begin{aligned}P &= \frac{1}{T}\int_0^T [UI\cos\varphi - UI\cos(2\omega t + \varphi)]\mathrm{d}t \\ &= UI\cos\varphi\end{aligned} \tag{2-54}$$

有功功率 P 的单位是瓦（W），其中 $\varphi = \varphi_u - \varphi_i$。

$\cos\varphi$ 称为功率因数。其值取决于电路中总的电压和电流的相位差，由于一个交流负载，总可以用一个等效复阻抗来表示，因此它的阻抗角决定电路中的电压和电流的相位差，即 $\cos\varphi$ 中的 φ 也就是复阻抗的阻抗角。

由上述分析可知，在交流负载中只有电阻部分才消耗能量，在 RLC 串联电路中电阻 R 是耗能元件，则有 $P=U_R I=I^2 R$。

(2) 无功功率

由于电路中有储能元件电感和电容，它们虽不消耗功率，但与电源之间要进行能量交换。用无功功率 Q 表示这种能量交换的规模。

$$Q = (U_L - U_C)I = Q_L - Q_C = UI\sin\varphi \tag{2-55}$$

这里着重解释一下电路总的无功功率 Q 为什么等于 Q_L 与 Q_C 之差，而不是 Q_L 与 Q_C 之和。由于在 RLC 电路中电感和电容上流过的是同一电流 i，而电压 u_L 与 u_C 是反向的，因此感性无功功率 Q_L 与容性无功功率 Q_C 的作用也是相反的，一个"吞"的同时，另一个就"吐"。这样就减轻了电源的负担，使电源与电路总负载之间传输的无功功率等于 Q_L 与 Q_C 之差。

无功功率的单位为乏（var）。

（3）视在功率

在交流电路中，端电压与电流的有效值乘积称为视在功率，用 S 表示，即

$$S = UI \tag{2-56}$$

视在功率的单位为伏安（VA）或千伏安（kVA）。

虽然视在功率 S 具有功率的量纲，但它与有功功率和无功功率是有区别的。视在功率 S 通常用来表示电源设备的容量，如变压器容量、发电机容量等。

综上所述，有功功率 P、无功功率 Q、视在功率 S 之间存在如下关系

$$P = UI\cos\varphi = S\cos\varphi \tag{2-57}$$

$$Q = UI\sin\varphi = S\sin\varphi \tag{2-58}$$

显然，S、P、Q 构成一个直角三角形，如图 2-20 所示。此直角三角形称为功率三角形，它与电压三角形、阻抗三角形相似。P、Q 和 S 之间满足下列关系

$$S = \sqrt{P^2 + Q^2} = UI \tag{2-59}$$

$$\varphi = \arctan\frac{Q}{P} \tag{2-60}$$

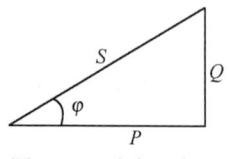

图 2-20 功率三角形

【例题 2-8】 在 RLC 串联电路中，交流电源电压 $U=220\text{V}$，频率 $f=50\text{Hz}$，$R=30\Omega$，$L=445\text{mH}$，$C=32\mu\text{F}$。试求：（1）电路中的电流大小 I；（2）总电压与电流的相位差 φ；（3）各元件上的电压 U_R、U_L、U_C。

【解】（1）$X_L = 2\pi fL \approx 140(\Omega)$，$X_C = \dfrac{1}{2\pi fC} \approx 100(\Omega)$，$|Z| = \sqrt{R^2 + (X_L - X_C)^2} = 50(\Omega)$，则：

$$I = \frac{U}{|Z|} = 4.4(\text{A})$$

（2）$\varphi = \arctan\dfrac{X_L - X_C}{R} = \arctan\dfrac{40}{30} = 53.1°$，即总电压比电流超前 $53.1°$，电路呈感性。

（3）$U_R = RI = 132(\text{V})$，$U_L = X_L I = 616(\text{V})$，$U_C = X_C I = 440(\text{V})$。

本例题中电感电压、电容电压都比电源电压大，在交流电路中各元件上的电压可以比总电压大，这是交流电路与直流电路不同之处。

【例题 2-9】 为了测量电感线圈的 R 和 L 值，如图 2-21 所示，在电感线圈两端加 $U=110\text{V}$、$f=50\text{Hz}$ 的正弦交流电压，测得流入线圈中的电流 $I=5\text{A}$，消耗的平均功率 $P=400\text{W}$，试计算线圈参数 R 和 L。

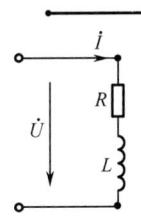

图 2-21 电感线圈

【解】 根据
$$P = I^2 R$$
得
$$R = P/I^2 = 16(\Omega)$$
$$\frac{U}{I} = |Z| = \sqrt{R^2 + (\omega L)^2}$$
$$\left(\frac{U}{I}\right)^2 = R^2 + \omega^2 L^2$$
$$484 = 16^2 + 314^2 L^2$$

解得 $L = 48.1\text{(mH)}$

【例题 2-10】 有一 RLC 串联电路，其中 $R=30\Omega$，$L=382\text{mH}$，$C=39.8\mu F$，外加电压 $u = 220\sqrt{2}\sin(314t + 60°)\text{V}$，试求：（1）复阻抗 Z，并确定电路的性质；（2）$\dot{I}$、$\dot{U}_R$、$\dot{U}_L$、$\dot{U}_C$；（3）绘出相量图。

【解】（1）由已知条件
$$Z = R + j(X_L - X_C) = R + j\left(\omega L - \frac{1}{\omega C}\right)$$
$$= 30 + j\left(314 \times 0.382 - \frac{10^6}{314 \times 39.8}\right)$$
$$= 30 + j(120 - 80) = 30 + j40 = 50\angle 53.1°\ (\Omega)$$

$\varphi = 53.1° > 0$，所以此电路为电感性电路。

（2）
$$\dot{I} = \frac{\dot{U}}{Z} = \frac{220\angle 60°}{50\angle 53.1°} = 4.4\angle 6.9°\text{(A)}$$
$$\dot{U}_R = \dot{I}R = 4.4\angle 6.9° \times 30 = 132\angle 6.9°\text{(V)}$$
$$\dot{U}_L = \dot{I}jX_L = 4.4\angle 6.9° \times 120\angle 90°$$
$$= 528\angle 96.9°\text{ (V)}$$
$$\dot{U}_C = -\dot{I}jX_C = 4.4\angle 6.9° \times 80\angle -90°$$
$$= 352\angle -83.1°\text{ (V)}$$

（3）相量图如图 2-22 所示。

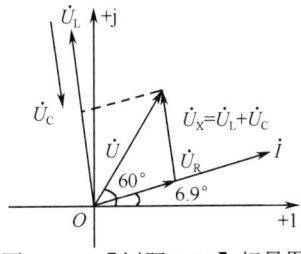

图 2-22 【例题 2-10】相量图

2.3.2 阻抗的串并联

1. 复阻抗

在 RLC 串联电路中引入了复阻抗概念，正弦稳态无源二端网络端钮处的电压相量 $\dot{U}$ 与电流相量 $\dot{I}$ 之比定义为该二端网络的复阻抗，记为 Z。

$$Z = \frac{\dot{U}}{\dot{I}} = |Z|\underline{/\varphi} = |Z|e^{j\varphi}$$
$$= |Z|\cos\varphi + j|Z|\sin\varphi = R + jX \qquad (2-61)$$

式中，阻抗 Z 的电阻分量 $R = |Z|\cos\varphi$；阻抗 Z 的电抗分量 $X = |Z|\sin\varphi$；阻抗的模 $|Z| = \frac{U}{I} = \sqrt{R^2 + X^2}$；阻抗角 $\varphi = \arctan\frac{X}{R} = \varphi_u - \varphi_i$。

$|Z|$、R、X 之间符合阻抗三角形，与串联 RLC 电路的相同。

正弦稳态无源二端网络如图 2-23 所示。

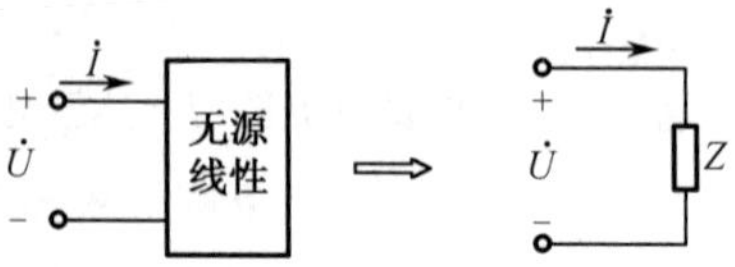

图 2-23 正弦稳态无源二端网络

2. 阻抗的串联

阻抗串联电路如图 2-24 所示，根据相量形式的 KVL 定律可得：

$$\dot{U} = \dot{U}_1 + \dot{U}_2 + \dot{U}_3$$
$$= (Z_1 + Z_2 + Z_3)\dot{I} = Z\dot{I} \qquad (2-62)$$

式中
$$Z = Z_1 + Z_2 + Z_3 \qquad (2-63)$$

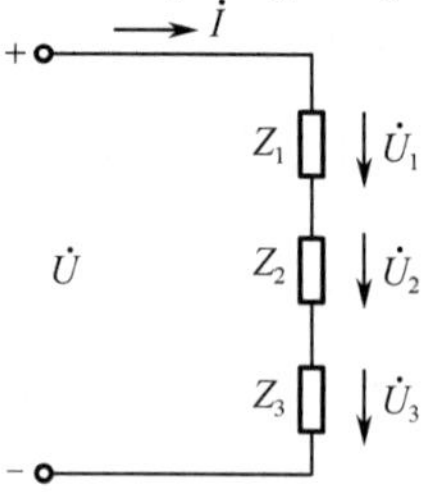

图 2-24 阻抗的串联

Z 为全电路的等效阻抗。

两阻抗串联的分压公式：

$$\dot{U}_1 = \frac{Z_1}{Z_1 + Z_2}\dot{U}; \quad \dot{U}_2 = \frac{Z_2}{Z_1 + Z_2}\dot{U} \qquad (2-64)$$

3. 阻抗的并联

阻抗并联电路如图 2-25 所示，根据相量形式的 KCL 定律可得：

$$\dot{I} = \dot{I}_1 + \dot{I}_2 + \dot{I}_3$$

$$= \left(\frac{1}{Z_1} + \frac{1}{Z_2} + \frac{1}{Z_3}\right)\dot{U} = \frac{\dot{U}}{Z} \quad (2\text{-}65)$$

式中

$$\frac{1}{Z} = \frac{1}{Z_1} + \frac{1}{Z_2} + \frac{1}{Z_3} \quad (2\text{-}66)$$

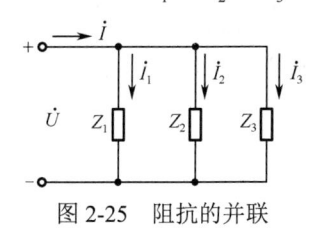

图 2-25 阻抗的并联

几个复阻抗并联时，电路的等效复阻抗的倒数等于各复阻抗的倒数之和。

两阻抗并联的分流公式：

$$\dot{I}_1 = \frac{Z_2}{Z_1 + Z_2}\dot{I}; \quad \dot{I}_2 = \frac{Z_1}{Z_1 + Z_2}\dot{I} \quad (2\text{-}67)$$

4. 阻抗的混联电路

在正弦交流电路中的电压与电流用相量表示及引用复阻抗的概念后，阻抗的串联与并联计算方法在形式上与直流电路中的相应公式相似，因此阻抗混联的电路的分析方法可按照直流电路的方法进行。

【例题 2-11】 如图 2-26 所示，已知 $Z_1=10+j6.28\Omega$，$Z_2=20-j31.9\Omega$，$Z_3=15+j15.7\Omega$，求等效复阻抗 Z_{ab}。

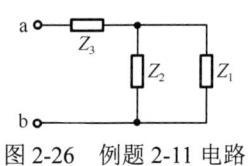

图 2-26 例题 2-11 电路

【解】 $Z_{ab} = Z_3 + \dfrac{Z_1 Z_2}{Z_1 + Z_2} = Z_3 + Z_{12}$

$$Z_{12} = \frac{(10+j6.28)(20-j31.9)}{10+j6.28+20-j31.9}$$

$$= \frac{11.81\angle 32.13° \times 37.65\angle -57.61°}{39.45\angle -40.5°}$$

$$= 10.89 + j2.86$$

所以 $Z_{ab} = Z_3 + Z_{12} = 15 + j15.7 + 10.89 + j2.86$

$$= 25.89 + j18.56 = 31.9\angle 35.6° \quad (\Omega)$$

【例题 2-12】 如图 2-27 所示的 RLC 并联电路中。已知 $R=5\Omega$，$L=5\,\mu H$，$C=0.4\,\mu F$，电压有效值 $U=10V$，$\omega=10^6$ rad/s，求总电流 i，并说明电路的性质。

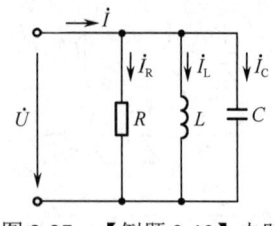

图 2-27 【例题 2-12】电路

【解】 $X_L = \omega L = 10^6 \times 5 \times 10^{-6} = 5(\Omega)$

$X_C = \dfrac{1}{\omega C} = \dfrac{1}{10^6 \times 0.4 \times 10^{-6}} = 2.5(\Omega)$ $\quad \dot{U} = 10\underline{/0°}\,V$

$\dot{I}_R = \dfrac{\dot{U}}{R} = \dfrac{10\underline{/0°}}{5} = 2(A)$

$\dot{I}_L = \dfrac{\dot{U}}{jX_L} = \dfrac{10\underline{/0°}}{j5} = -j2(A)$

$\dot{I}_C = \dfrac{\dot{U}}{-jX_C} = \dfrac{10\underline{/0°}}{-j2.5} = j4(A)$

$\dot{I} = \dot{I}_R + \dot{I}_L + \dot{I}_C = 2 - j2 + j4 = 2 + j2 = 2\sqrt{2}\underline{/45°}(A)$

$i = 4\sin(10^6 t + 45°)(A)$

因为电流的相位超前电压，所以电路呈容性。

2.3.3 功率因数的提高

在交流电路中，负载从电源获得的有功功率为：

$$P = UI\cos\varphi$$

它除了与负载的电压、电流有效值有关外，还与负载功率因数 $\cos\varphi$ 有关。若负载功率因数越低，电源输出有功功率将减小，无功功率即负载与电源之间能量交换部分所占比例增大，这显然是不利的。如何提高功率因数是电力工程上的一个重要问题。

1. 提高功率因数的意义

（1）充分提高电源设备容量的利用率。

电源设备的额定容量是额定电压和额定电流的乘积。而容量一定的电源设备输出的有功功率为：

$$P = S_N \cos\varphi$$

它除了决定于本身容量（即额定视在功率）外，还与负载功率因数有关。若负载功率因数 $\cos\varphi$ 越低，电源输出的有功功率 P 将减小，这显然是不利的。因此为了充分利用电源设备的容量，应设法提高负载网络的功率因数。

例如，容量为 1000kVA 的变压器，当负载的 $\cos\varphi = 1$ 时，则变压器可输出 1000kW 的有功功率，而 $\cos\varphi = 0.5$ 时，则只能传输 500kW 的有功功率。

（2）减小输电线路和供电设备的功率损耗

当负载的 P、U 一定时，$\cos\varphi$ 越低，其电流 I 就越大，则线路上的功率损耗 $\Delta P = I^2 r$ 就

越大。另一方面，还使得负载上的电压下降。因此提高功率因数有很大的经济意义。

电力系统供用电规则要求，高压供电企业的平均功率因数应不低于 0.95，其他单位的不低于 0.9，实际负载的功率因数都较低。如工厂中大量使用的异步电动机，满载时功率因数为 0.7~0.85，轻载时则更低，日光灯作为感性负载功率因数约为 0.5，这就有必要采取措施提高功率因数。

2. 提高功率因数的方法

提高功率因数的方法除了提高用电设备本身的功率因数，如正确选用异步电动机的容量，减少轻载和空载外，主要采用在感性负载两端并联电容器的方法对无功功率进行补偿。

由功率三角形可知，负载的功率因数

$$\cos\varphi = \frac{P}{S} = \frac{P}{\sqrt{P^2 + Q^2}}$$

式中，$Q = Q_L - Q_C$。可以利用 Q_L 和 Q_C 之间的相互补偿作用，让容性无功功率 Q_C 在负载网络内部补偿感性负载所需的无功功率 Q_L，使电源提供的无功功率 Q 接近或等于 0。由此可见，补偿无功功率就可以提高功率因数。

如图 2-28 所示的电路，原负载为感性负载，其功率因数为 $\cos\varphi_1$，电流为 $\dot{I}_1$。在其两端并联电容 C 以后，并不影响原负载的工作状态。由于增加了一个超前于电压 90°的电流 $\dot{I}_C$，所以线路上的电流变为 $\dot{I} = \dot{I}_1 + \dot{I}_C$。

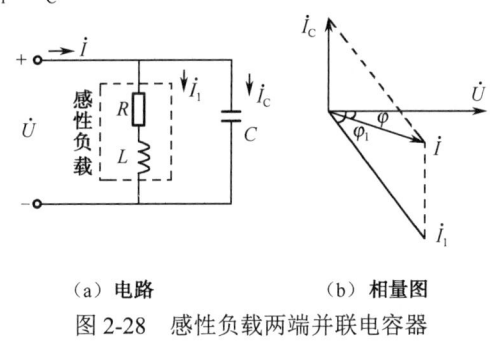

（a）电路　　　　　（b）相量图

图 2-28　感性负载两端并联电容器

从相量图可知，由于电容电流补偿了负载中的无功电流。使总电流减小，这时电路功率因数为 $\cos\varphi$，电路的功率因数提高了。只要电容 C 选得适当，即可达到补偿要求。

设有一感性负载的端电压为 U，功率为 P，功率因数 $\cos\varphi_1$，为了使功率因数提高到 $\cos\varphi$，可推导所需并联电容 C 的计算公式：

$$I_1 \cos\varphi_1 = I \cos\varphi = \frac{P}{U}$$

由相量图得到流过电容的电流：

$$I_C = I_1 \sin\varphi_1 - I \sin\varphi = \frac{P}{U}(\tan\varphi_1 - \tan\varphi)$$

又因

$$I_C = U\omega C$$

所以
$$C = \frac{P}{\omega U^2}(\tan\varphi_1 - \tan\varphi) \qquad (2\text{-}68)$$

在感性负载两端并联适当的电容后，电源向负载提供的有功功率未变，电源的功率因数提高，线路电流下降。电源与负载之间进行部分能量的交换，这时感性负载所需的无功功率不全由电源提供，能量的互换大部分在电感与电容之间进行，电源提供有功功率及少量的无功功率。

【例题 2-13】一日光灯等效电路（电阻、电感串联电路），已知 $P=40$W，$U=220$V，$I=0.4$A，$f=50$Hz，求：(1) 此日光灯的功率因数；(2) 若要把功率因数提高到 0.9，需并联电容量 C 为多少？

【解】(1) 因为 $P = UI\cos\varphi_1$

所以 $\cos\varphi_1 = \dfrac{P}{UI} = \dfrac{40}{220 \times 0.4} \approx 0.455$

(2) 由 $\cos\varphi_1 = 0.455$ 得 $\varphi_1 = 63°$，$\tan\varphi_1 = 1.96$。

由 $\cos\varphi = 0.9$ 得 $\varphi = 26°$，$\tan\varphi = 0.488$。利用式（2-68）可得

$$C = \frac{P}{\omega U^2}(\tan\varphi_1 - \tan\varphi) = \frac{40}{314 \times 220^2}(1.96 - 0.488)$$
$$= 3.88 \times 10^{-6} = 3.88\mu F$$

任务 2.4　交流电路中的谐振

演示器件	电阻 $R=200\Omega$、电感 $L=30$mH、电容 $C=0.01\mu$F、导线、交流电压表(mV)、信号发生器					演示电路
操作人	教师演示、学生练习					
演示结果	电源频率	V_1	V_2	V_3	V	
	8kHz	161	1085	1402	400	
	9kHz	268	2069	2117	400	
	9.1kHz	271	2107	2109	400	
	9.2kHz	270	2113	2070	400	
	9.3kHz	266	2094	2009	400	
	10kHz	195	1606	1337	400	
	11kHz	125	1101	755	400	
问题1：交流电路中的频率变化对交流是否有影响？						
问题2：正弦交流电路的总电压一定大于电路中任意元件的电压吗？						
问题3：观察元件的电压随频率的变化的特征。						

图 2-29　串联谐振电路

在含有 R、L、C 的电路中，在正弦电源作用下，改变电路的参数（即 L、C）或电源的频率，使电压和电流达到同相，电路呈电阻性，称为电路发生了谐振。谐振现象是正弦稳态电路中一种特定的工作状况，它一方面广泛地应用于电工技术和无线电技术，如收音机和电视

机中；但另一方面，谐振会在电路的某些元件中产生较大的电压或电流，使元件受损，有可能破坏电路系统的正常工作。因此，研究谐振现象有重要的实际意义。

谐振电路分为串联谐振和并联谐振。下面分别介绍两种谐振的产生条件及其特征。

2.4.1 串联谐振

1. 谐振条件与谐振频率

RLC 串联电路如图 2-29 所示，等效复阻抗为

$$Z = R + \mathrm{j}(X_L - X_C)$$

当 $X_L - X_C = 0$ 时，$Z = R$，$\varphi = 0$，此时称为谐振，因此串联谐振产生的条件为

$$X_L = X_C \tag{2-69}$$

当 $\omega L = \dfrac{1}{\omega C}$，谐振角频率为 $\omega = \omega_0$，得

$$\omega_0 L = \dfrac{1}{\omega_0 C} \tag{2-70}$$

$$\omega_0 = \dfrac{1}{\sqrt{LC}} \quad \text{或} \quad f_0 = \dfrac{1}{2\pi\sqrt{LC}} \tag{2-71}$$

式中，ω_0 为 RLC 串联电路的谐振角频率，f_0 为谐振频率。

由式（2-71）可知，谐振频率 f_0 反映了串联电路的一种固有性质，与电阻 R 无关。通过改变 ω_0、L、C 可调节电路是否发生谐振。谐振曲线如图 2-30 所示。

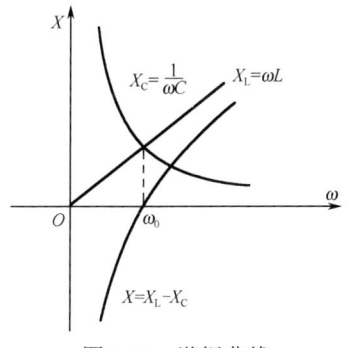

图 2-30 谐振曲线

2. 串联谐振特点

（1）电压、电流同相位，电路呈电阻性。

（2）复阻抗 Z 最小，$Z = Z_0 = R$。当 U 一定时，电路中电流最大，即

$$I = I_0 = \dfrac{U}{R}$$

电源电压与电阻上的电压相等，即 $U = U_R$

$$U_{L0} = U_{C0}$$

（3）特性阻抗

$$\rho = \omega_0 L = \frac{1}{\omega_0 C} = \sqrt{\frac{L}{C}} \qquad (2\text{-}72)$$

(4) 品质因数，定义为

$$Q = \frac{U_C}{U} = \frac{U_L}{U} = \frac{1}{\omega_0 CR} = \frac{\omega_0 L}{R} = \frac{\rho}{R} \qquad (2\text{-}73)$$

式中，Q 称为谐振电路的品质因数。

Q 是一个没有量纲的量，只与电路参数 R、L、C 有关。当 $Q \gg 1$ 时，电感和电容的电压等于电源电压的 Q 倍，串联谐振又称为电压谐振。

2.4.2 并联谐振

1. 谐振条件与谐振频率

由电容器与线圈并联的并联谐振电路如图 2-31 所示。R、L 串联与 C 并联的等效复阻抗为：

$$Z = \frac{\frac{1}{j\omega C}(R + j\omega L)}{\frac{1}{j\omega C} + (R + j\omega L)}$$

$$= \frac{R + j\omega L}{1 + j\omega RC - \omega^2 LC}$$

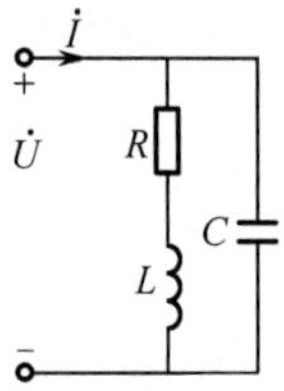

图 2-31 串联谐振电路

实际中线圈的电阻很小，因而有 $\omega_0 L \gg R$。

得

$$Z \approx \frac{j\omega L}{1 - \omega^2 LC + j\omega RC} = \frac{1}{RC/L + j(\omega C - 1/\omega L)} \qquad (2\text{-}74)$$

谐振时，复阻抗的虚部为零，得到

$$\omega_0 C - \frac{1}{\omega_0 L} \approx 0 \qquad (2\text{-}75)$$

谐振频率

$$\omega_0 \approx \frac{1}{\sqrt{LC}} \quad \text{或} \quad f_0 \approx \frac{1}{2\pi\sqrt{LC}} \qquad (2\text{-}76)$$

并联谐振相量图如图 2-32 所示。

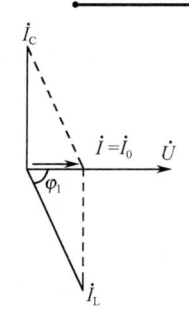

图 2-32 并联谐振相量图

2. 并联谐振特点

（1）电压、电流同相位，电路呈电阻性。

（2）电路的阻抗模为 $|Z_0| = \dfrac{1}{RC/L} = \dfrac{L}{RC}$。

（3）当 U 一定时，电路中电流 $I = I_0 = \dfrac{U}{|Z_0|}$ 最小。

（4）并联支路的电流近似于相等，$I_C \approx I_{LR} = QI_0$，而且比总电流大许多倍，因此并联谐振也称为电流谐振。

（5）品质因数，定义为

$$Q = \dfrac{I_L}{I_0} = \dfrac{2\pi f_0 L}{R} = \dfrac{\omega_0 L}{R} = \dfrac{1}{\omega_0 CR} \tag{2-77}$$

【例题 2-14】在串联谐振电路中，已知 U=25mV，R=5Ω，L=4mH，C=160pF，求电路的 f_0、I_0、ρ、Q 和 U_{C0}。

【解】谐振频率

$$f_0 = \dfrac{1}{2\pi\sqrt{LC}} = \dfrac{1}{2\pi\sqrt{4\times 10^{-3} \times 160 \times 10^{-12}}} \approx 200 \text{(kHz)}$$

$$I_0 = \dfrac{U}{R} = \dfrac{25}{5} = 5 \text{(mA)}$$

$$\rho = \omega_0 L = \dfrac{1}{\omega_0 C} = \sqrt{\dfrac{L}{C}} = \sqrt{\dfrac{4\times 10^{-3}}{160 \times 10^{-12}}} = 5000(\Omega)$$

$$Q = \dfrac{\rho}{R} = \dfrac{5000}{50} = 100$$

$$U_{L0} = U_{C0} = QU = 100 \times 25 = 2500\text{mV} = 2.5\text{(V)}$$

【例题 2-15】某收音机的输入回路（调谐回路），可简化为由 R、L、C 组成的串联电路，已知电感 L=250μH，R=20Ω，今欲收到频率范围为 525～1610kHz 的中波段信号，试求电容 C 的变化范围。

【解】由式（2-71）可知

$$C = \dfrac{1}{\omega^2 L} = \dfrac{1}{(2\pi f)^2 L}$$

当 f=525kHz 时，电路谐振，则

$$C_1 = \frac{1}{(2\pi \times 525 \times 10^3)^2 \times 250 \times 10^6} = 368(\text{pF})$$

当 f=1610kHz 时，电路谐振，则

$$C_1 = \frac{1}{(2\pi \times 1610 \times 10^3)^2 \times 250 \times 10^6} = 39.1(\text{pF})$$

所以电容 C 的变化范围为 39.1～368pF。

谐振广泛应用在无线电工程中，但在电力工程中，往往又要避免谐振给电气设备带来的危害。通过对电路发生谐振的分析，人们在生产实践中能更好地用其所长，避其所短。

任务 2.5 非正弦周期交流电路

在实际电路中，经常遇到一些电压和电流虽然是周期性的，但不按正弦规律变化的电压与电流，即非正弦周期电压和电流，因此对非正弦电路也要进行介绍。

1. 产生非正弦电压和电流的原因

（1）由于发电机结构及制造上的原因，产生的电动势为不严格的正弦波。

（2）电路存在非线性元件，如半导体二极管、可控硅等，尽管电源是正弦的也会产生非正弦的电压和电流。

（3）电路中有几个不同频率的电源共同作用就会产生非正弦电压和电流。

2. 如何分析非正弦周期电路

在电子技术、自动控制及计算机技术中，大量遇到按非正弦规律变化的电源和信号，如图 2-33 和图 2-34 所示的三角波和矩形波。

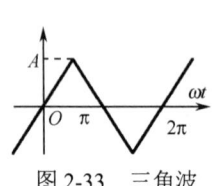

图 2-33 三角波 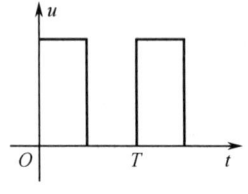   图 2-34 矩形波

由数学理论可知，一个非正弦的周期函数，只要满足狄里赫利条件，就可以分解为傅里叶级数，而电工技术上遇到的非正弦量通常都满足此条件。在正弦交流电路分析方法的基础上，利用傅里叶级数分解和叠加原理对非正弦周期电路分析就可迎刃而解。

设给定的周期函数为 $f(t)$，式中 $\omega = \dfrac{2\pi}{T}$，T 为 $f(t)$ 的周期，在满足狄里赫利条件下，则有

$$f(t) = A_0 + A_{1m}\sin(\omega t + \varphi_1) + A_{2m}\sin(2\omega t + \varphi_2) + \cdots$$
$$= A_0 + \sum_{k=1}^{\infty} A_{km}\sin(k\omega t + \varphi_k) \quad (2\text{-}78)$$

式中，第一项 A_0 称为恒定分量（或直流分量）；第二项 $A_{1m}\sin(\omega t+\varphi_1)$ 称为一次谐波（或基波分量）；第三项 $A_{2m}\sin(2\omega t+\varphi_2)$ 称为二次谐波，以后各项称为高次谐波。

常用的非正弦周期信号的傅里叶级数展开式如表 2-1 所示。

表 2-1 常用的非正弦周期信号的傅里叶级数展开式

名 称	波 形 图	傅 里 叶 级 数
矩形波		$f(\omega t)=\dfrac{4A}{\pi}(\sin\omega t+\dfrac{1}{3}\sin 3\omega t+\dfrac{1}{5}\sin 5\omega t+\cdots+\dfrac{1}{k}\sin k\omega t+\cdots)$（k 为奇数）
锯齿波		$f(\omega t)=\dfrac{A}{2}-\dfrac{A}{\pi}(\sin\omega t+\dfrac{1}{2}\sin 2\omega t+\dfrac{1}{3}\sin 3\omega t+\cdots+\dfrac{1}{k}\sin k\omega t+\cdots)$
三角波		$f(\omega t)=\dfrac{8A}{\pi^2}\left(\sin\omega t-\dfrac{1}{9}\sin 3\omega t+\dfrac{1}{25}\sin 5\omega t-\cdots+\dfrac{(-1)^{\frac{k-1}{2}}}{k^2}\sin k\omega t+\cdots\right)$（k 为奇数）
单相半波整流		$f(\omega t)=\dfrac{A}{\pi}\left(1+\dfrac{\pi}{2}\cos\omega t-\dfrac{2}{3}\cos 2\omega t-\dfrac{2}{15}\cos 4\omega t-\cdots-\dfrac{2}{(k-1)(k+1)}\cos k\omega t-\cdots\right)$（k 为偶数）

若某线性电路两端的电压为非正弦周期电压 $u(t)$，欲求解电路中各（电流）电压，其解题步骤如下。

（1）将非正弦周期电压分解为直流分量和各次谐波分量，高次谐波取到哪一次视要求精确程度而定。若将每个谐波分量都看成一个单独电源，则非正弦周期电压可看成由直流电源和不同谐波频率正弦电源的叠加。

（2）将各谐波分量单独作用于电路求解。当直流分量作用于电路时，可用求解直流电路的方法。

（3）各交流谐波分量单独作用于电路时，计算方法与正弦交流电路一样，可用相量法。

（4）利用叠加原理，把计算出属于同一支路的直流分量和各次谐波分量电流（或电压）进行叠加，便得到各支路电流（或电压）。

各次谐波的叠加情况如图 2-35 所示。

从图 2-35 中可以看出，各次谐波的幅值是不等的，频率越高，则幅值越小。叠加的项数越多，各分量合成的波形越接近原波形。

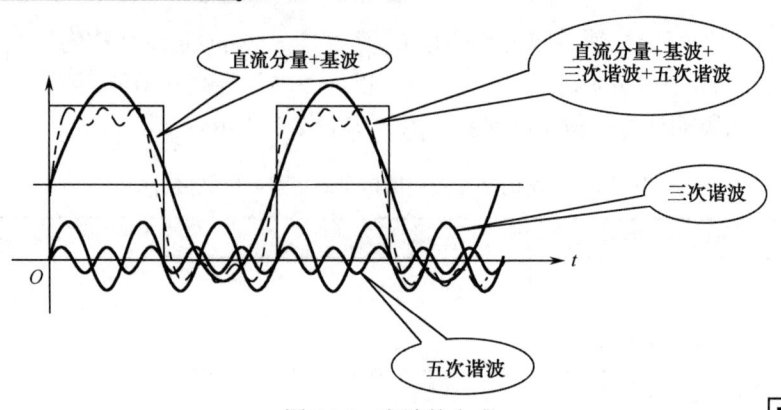

图 2-35 方波的合成

※ 内容回顾 ※

1. 正弦稳态电路分析的两个依据

基尔霍夫定律的相量形式：

$$\sum \dot{I}_k = 0 \quad \sum \dot{U}_k = 0$$

元件（支路）约束的相量形式：

$$\dot{U} = Z\dot{I}$$

2. 正弦交流电的主要参数

大小及方向均随时间按正弦规律做周期性变化的电流、电压、电动势称为正弦交流电。

（1）周期与频率

交流电完成一次循环变化所用的时间称为周期 $T = \dfrac{2\pi}{\omega}$；周期的倒数称为频率 $f = \dfrac{1}{T}$；角频率与频率之间的关系为 $\omega = 2\pi f$。

（2）有效值

正弦交流电的有效值等于振幅(最大值)的 0.707 倍，即

$$I = \frac{I_m}{\sqrt{2}} = 0.707 I_m$$

$$U = \frac{U_m}{\sqrt{2}} = 0.707 U_m$$

$$E = \frac{E_m}{\sqrt{2}} = 0.707 E_m$$

（3）正弦交流电的三要素

正弦交流电的振幅（最大值）、角频率、初相，这 3 个参数称为正弦交流电的三要素。也可以把正弦交流电的有效值、频率、初相，这 3 个参数称为正弦交流电的三要素。

（4）相位差

两个同频率正弦量的相位差为 $\varphi_{12} = \varphi_1 - \varphi_2$，存在超前、滞后、同相、反相、正交等关系。

3. 交流电的表示法

（1）解析式表示法

$$i(t) = I_m \sin(\omega t + \varphi_i)$$
$$u(t) = U_m \sin(\omega t + \varphi_u)$$
$$e(t) = E_m \sin(\omega t + \varphi_e)$$

（2）波形图表示法

波形图表示法即用正弦量解析式的函数图像表示正弦量的方法。

（3）相量表示法

正弦量可以用最大值相量或有效值相量表示，但通常用有效值相量表示。

最大值相量表示法是用正弦量的振幅值作为相量的模(大小)、用初相角作为相量的幅角；有效值相量表示法是用正弦量的有效值作为相量的模(大小)、仍用初相角作为相量的幅角。

4. 单一 R、L、C 元件的特性

电路参数	基本关系	复数阻抗	电压电流关系 瞬时值	电压电流关系 有效值	电压电流关系 相量图	电压电流关系 相量式	功率 有功功率	功率 无功功率
R	$u = iR$	R	设 $i = \sqrt{2}I\sin\omega t$ 则 $u = \sqrt{2}IR\sin\omega t$	$U = IR$	u、i 同相	$\dot{U} = \dot{I}R$	UI	0
L	$u = L\dfrac{di}{dt}$	jX_L	设 $i = \sqrt{2}I\sin\omega t$ 则 $u = \sqrt{2}I\omega L\sin(\omega t + 90°)$	$U = IX_L$ $X_L = \omega L$	u 领先 i 90°	$\dot{U} = \dot{I}(jX_L)$	0	$UI = I^2 X_L = \dfrac{U^2}{X_L}$
C	$i = C\dfrac{du}{dt}$	$-jX_C$	设 $i = \sqrt{2}I\sin\omega t$ 则 $u = \sqrt{2}I\dfrac{1}{\omega C}\sin(\omega t - 90°)$	$U = IX_C$ $X_C = 1/\omega C$	u 落后 i 90°	$\dot{U} = \dot{I}(-jX_C)$	0	$UI = I^2 X_C = \dfrac{U^2}{X_C}$

5. RLC 串联电路

内 容		RLC 串联电路
等效阻抗	阻抗大小	$\|Z\| = \sqrt{R^2 + X^2} = \sqrt{R^2 + (X_L - X_C)^2}$
	阻抗角	$\varphi = \arctan(X/R)$
电压或电流关系	大小关系	$U = \sqrt{U_R^2 + (U_L - U_C)^2}$
电路性质	感性电路	$X_L > X_C$，$U_L > U_C$，$\varphi > 0$
	容性电路	$X_L < X_C$，$U_L < U_C$，$\varphi < 0$
	谐振电路	$X_L = X_C$，$U_L = U_C$，$\varphi = 0$
功 率	有功功率	$P = I^2 R = UI\cos\varphi$ (W)
	无功功率	$Q = I^2 X = UI\sin\varphi$ (Var)
	视在功率	$S = \dfrac{U^2}{\|Z\|} = \sqrt{P^2 + Q^2}$ (VA)

6. RLC 串、并联谐振电路

	RLC 串联谐振电路	RLC 并联谐振电路
谐振条件	$X_L = X_C$	$X_L \approx X_C$
谐振频率	$f_0 = \dfrac{1}{2\pi\sqrt{LC}}$	$f_0 \approx \dfrac{1}{2\pi\sqrt{LC}}$
谐振阻抗	$\|Z_0\| = R$（最小）	$\|Z_0\| = Q^2 R = \dfrac{L}{CR}$（最大）
谐振电流	$I_0 = \dfrac{U}{R}$（最大）	$I_0 = \dfrac{U}{\|Z_0\|}$（最小）
品质因数	$Q = \dfrac{\omega_0 L}{R} = \dfrac{1}{\omega_0 CR}$	$Q = \dfrac{\omega_0 L}{R} = \dfrac{1}{\omega_0 CR}$
元件上电压或电流	$U_L = U_C = QU$，$U_R = U$	$I_L \approx I_C \approx QI_0$
通 频 带	$B = f_2 - f_1 = \dfrac{f_0}{Q}$	$B = f_2 - f_1 = \dfrac{f_0}{Q}$
失谐时阻抗性质	$f > f_0$ 时，呈感性 $f < f_0$ 时，呈容性	$f > f_0$ 时，呈容性 $f < f_0$ 时，呈感性
对电源的要求	适用于低内阻的信号源	适用于高内阻的信号源

7. 提高功率因数的方法

提高感性负载（RL 串联）功率因数的方法，感性负载并联适当的电容器。对于额定电压为 U、额定功率为 P、工作频率为 f 的感性负载来说，将功率因数从 $\lambda_1 = \cos\varphi_1$ 提高到 $\lambda = \cos\varphi$，所需并联的电容为

$$C = \frac{P}{2\pi f U^2}(\tan\varphi_1 - \tan\varphi)$$

其中 $\varphi_1 = \arccos\lambda_1$，$\varphi = \arccos\lambda$。

※ 典型例题解析 ※

【典例 2-1】 电压 $u(t)=10\sin(100t)-20\sin(100t+30°)$V 施加于 10Ω 电阻，求电阻的平均功率。

分析： 本题已知正弦电压的瞬时值表示式，需求其有效值。用最大值相量或有效值相量进行计算均可。

【解】
$$\dot{U}_m = (10\angle 0° - 20\angle 30°)\text{V} = (10 - 17.32 - j10)\text{V}$$
$$= (-7.32 - j10)\text{V} = 12.39\angle 126.2°\text{ V}$$
$$U = \frac{U_m}{\sqrt{2}} = \frac{12.39}{\sqrt{2}}\text{V} = 8.76\text{V}$$
$$P = \frac{U^2}{R} = \frac{76.78}{10}\text{W} = 7.68\text{W}$$

【典例 2-2】 在 RLC 串联电路中，已知 $R=30\Omega$，$L=127\text{mH}$，$C=40\mu\text{F}$，电源电压 $u = 220\sqrt{2}\sin(314t+20°)$ V，求：(1) 感抗、容抗和阻抗；(2) 电流的有效值 I 与瞬时值 i 的表达式；(3) 功率因数 $\cos\varphi$；(4) 各部分电压的有效值与瞬时值的表达式；(5) 功率 P、Q 和 S。

【解】 (1) $X_L = \omega L = 314 \times 127 \times 10^{-3} = 40(\Omega)$

$$X_C = \frac{1}{\omega C} = \frac{1}{314 \times 40 \times 10^{-6}} = 80(\Omega)$$

$$|Z| = \sqrt{R^2 + (X_L - X_C)^2} = \sqrt{30^2 + (40-80)^2} = 50(\Omega)$$

(2) $I = \dfrac{U}{|Z|} = \dfrac{220}{50} = 4.4(\text{A})$

$$\varphi = \arctan\frac{X_L - X_C}{R} = \arctan\frac{40-80}{30} = -53°$$

$$i = 4.4\sqrt{2}\sin(314t + 20° + 53°) = 4.4\sqrt{2}\sin(314t + 73°)(\text{A})$$

(3) $\cos\varphi = \cos(-53°) = 0.6$

(4) $U_R = IR = 4.4 \times 30 = 132(\text{V})$

$$u_R = 132\sqrt{2}\sin(314t + 73°)(\text{V})$$

$$U_L = IX_L = 4.4 \times 40 = 176(V)$$
$$u_L = 176\sqrt{2}\sin(314t + 73° + 90°) = 176\sqrt{2}\sin(314t + 163°)(V)$$
$$U_C = IX_C = 4.4 \times 80 = 352(V)$$
$$u_C = 352\sqrt{2}\sin(314t + 73° - 90°) = 352\sqrt{2}\sin(314t - 17°)(V)$$

显然
$$U \neq U_R + U_L + U_C。$$

（5） $P = UI\cos\varphi = 220 \times 4.4 \times 0.6 = 580.8(W)$
$$Q = UI\sin\varphi = 220 \times 4.4 \times (-0.8) = -774.4(var)$$
$$S = UI = 220 \times 4.4 = 968(VA)$$

【典例 2-3】 已知 RC 串联电路的电源频率为 $\dfrac{1}{2\pi RC}$，试问电阻电压相位超前电源电压多少度？

【解】 设: $\dot{I} = I\angle 0°$

$$Z = R - \frac{1}{\omega C}j, \quad \omega = 2\pi f = 1/RC \text{ 则}$$

$$\dot{U} = Z\dot{I} = \left(R - \frac{1}{\omega C}j\right)I\angle 0°$$

$$= \sqrt{R^2 + \left(\frac{1}{\omega C}\right)^2} I\angle\left(\arctan\left(-\frac{1}{\omega RC}\right)\right) = \sqrt{R^2 + \left(\frac{1}{\omega C}\right)^2} I\angle\arctan(-1)$$

$$= \sqrt{R^2 + \left(\frac{1}{\omega C}\right)^2} I\angle{-45°}$$

$$\dot{U}_R = R\dot{I} = RI\angle 0°$$

故电阻电压相超前电源电压 $45°$。

【典例 2-4】图 2-36 中，已知 $Z_1 = 20 + 100j\Omega$，$Z_2 = 50 + 150j\Omega$，当要求 $\dot{I}_2$ 滞后 $\dot{U}$ $90°$ 时，电阻 R 为多大？

【解】： $Z = Z_1 + Z_2 // R = Z_1 + \dfrac{Z_2 R}{Z_2 + R} = \dfrac{Z_1 Z_2 + (Z_1 + Z_2)R}{Z_2 + R}$

设 $\dot{U} = U\angle 0°$，

于是得 $\dot{I} = \dfrac{\dot{U}}{Z} = \dfrac{\dot{U}(Z_2 + R)}{Z_1 Z_2 + (Z_1 + Z_2)R}$

阻抗 Z_2 中的电流

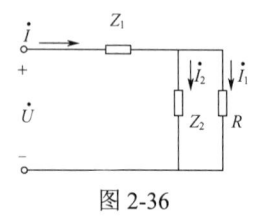

图 2-36

$$\dot{I}_2 = \frac{R}{Z_2 + R}\dot{I} = \frac{\dot{U}(Z_2 + R)}{Z_1 Z_2 + (Z_1 + Z_2)R} \frac{R}{Z_2 + R} = \frac{\dot{U}R}{Z_1 Z_2 + (Z_1 + Z_2)R}$$

将已知数代入

$$\dot{I}_2 = \frac{\dot{U}R}{(20 + j100)(50 + j150) + (70 + j250)R}$$

$$= \frac{\dot{U}R}{70R - 15000 + 1000 + j(5000 + 3000 + 250R)}$$

若 $\dot{I}_2$ 滞后 $\dot{U}$ 90°，则分母中实部应等于零，即

$$70R - 14000 = 0$$

得

$$R = 200\,\Omega$$

【典例 2-5】 并联谐振电路如图 2-37 所示，已知电流表 A_1、A_2 的读数分别为 13A 和 12A，试问电流表 A 的读数为多少？

【解】 并联电路谐振时，电流 i 与电压 u 同相，令

$$u = U_m \sin \omega t$$

则 $i = \sqrt{2} I \sin \omega t$，且电容支路电流超前电压 90°，即

$$i_C = \sqrt{2} I_2 \sin(\omega t + 90°)$$

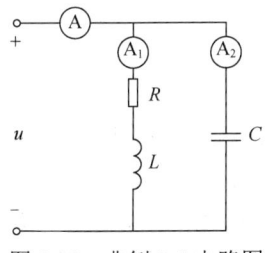

图 2-37 典例 2-5 电路图

由基尔霍夫定律：$\dot{I} = \dot{I}_1 + \dot{I}_2$

因为 $\dot{I}_2 = I_2 \angle 90°$，$\dot{I} = I \angle 0°$，相量图如图 2-38 所示。

所以 $\dot{I}_1$、$\dot{I}_2$、$\dot{I}$ 组成电流三角形

$$I = \sqrt{I_1^2 - I_2^2} = \sqrt{13^2 - 12^2} = \sqrt{25} = 5(\text{A})$$

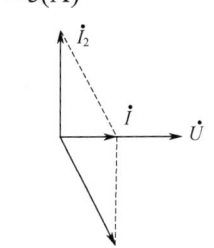

图 2-38 典例 2-5 相量图

【典例 2-6】 某单相 50Hz 的交流电源，其额定容量 $S_N = 40\text{kVA}$，额定电压 $U_N = 220\text{V}$，供给照明电路，各负载都是 40W 的日光灯，其功率因数为 0.5。试求：

（1）日光灯最多可点多少盏？
（2）用补偿电容将功率因数提高到1，这时电路的总电流是多少？需用多大的补偿电容？
（3）功率因数提高到1以后，除供给以上日光灯外，各电源保持在额定情况下工作，还可点40W白炽灯多少盏？

【解】（1）$I = \dfrac{S_N}{U_N} = \dfrac{40 \times 10^3}{220} = 181.8(A)$

设日光灯的盏数为 n，即得
$nP = S_N \cos\varphi$

所以 $n = \dfrac{S_N \cos\varphi_1}{P} = \dfrac{40 \times 10^3 \times 0.5}{40} = 500$（盏）

（2）功率因数提高到1，$\varphi_1 = 60°$ $\varphi = 0°$，这时电路中的电流为

$$I' = \dfrac{nP}{U} = \dfrac{40 \times 500}{220} = 90.9(A)$$

$$C = \dfrac{nP}{2\pi f U^2}(\tan\varphi_1 - \tan\varphi) = \dfrac{40 \times 500}{2 \times 3.14 \times 50 \times 220^2} \times 1.732 = 2.276 \times 10^3 (\mu F) = 2279(\mu F)$$

（3）由于功率因数提高到1以后，日光灯的有功功率不变，所在电路所需的电流减小，$I=181.8A$，则

$$I - I' = 90.9A = \dfrac{n'P'}{U}$$

所以 $n' = \dfrac{90.9 U}{P'} = \dfrac{90.9 \times 220}{40} = 500$（盏）

即还能多点500盏40W的白炽灯。

【典例2-7】 一台额定容量为10kW的单相变压器的 $\cos\varphi=0.707$，P_N=6kW的感性负载供电，该变压器还能为阻性负载提供多大功率。

分析：本题要考虑的是，电路总的视在功率由总的有功功率与总无功功率构成。

【解】由题意6kW的感性负载的 $\sin\varphi=0.707$，该负载的无功功率为6kvar

电路 $S = \sqrt{P^2 + Q^2} = \sqrt{(6+P')^2 + 6^2} = 10$

得 $P'=2(kW)$

该变压器还能为阻性负载提供2kW的有功功率。

※ 练习题 ※

1. 阻值为484Ω的电阻接在正弦电压 $u = 311\sin\omega t$ V 的电源上，试写出电流的有效值及瞬时值表达式，并计算电阻的有功功率。

2. 已知一电感 $L = 80$ mH，外加电压 $u_L = 50\sqrt{2}\sin(314t + 65°)$V。试求：（1）感抗 X_L；（2）电感中的电流 I_L；（3）电流瞬时值 i_L。

3. 已知一电容 C=127μF，外加正弦交流电压 $u_C = 20\sqrt{2}\sin(314t + 20°)$ V，试求：（1）容抗 X_C；（2）电流大小 I_C；（3）电流瞬时值 i_C。

4. 在RLC串联电路中，交流电源电压 U=220V，频率 f=50Hz，R=30Ω，L=445mH，C=32μF。

试求：（1）电路中的电流大小 I；（2）总电压与电流的相位差 φ；（3）各元件上的电压 U_R、U_L、U_C。

5. 在 RC 串联电路中，已知电阻 $R=60\Omega$，电容 $C=20\,\mu F$，外加电压为 $u=141.2\sin 628t$ V。试求：（1）电路中的电流 I；（2）各元件电压 U_R、U_C；（3）总电压与电流的相位差 φ。

6. 已知某单相电动机(感性负载)的额定参数，$P=120$W，电压 $U=220$V，电流 $I=0.91$A，$f=50$Hz。试求：把电路功率因数提高到 0.9 时，这台电动机需并联多大的电容。

7. 已知如图 2-39 所示的无源二端网络输入端的电压和电流为
$$u = 220\sqrt{2}\sin(314t + 20°)\text{V}$$
$$i = 4.4\sqrt{2}\sin(314t - 33°)\text{A}$$

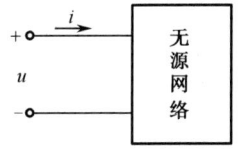

图 2-39 练习题 7 图

试求此二端网络的等效阻抗值，并求二端网络的功率因数及输入的有功功率和无功功率。

8. 两个复阻抗分别是 $Z_1=(10+j20)\Omega$，$Z_2=(10-j10)\Omega$，并联后接在 $u = 220\sqrt{2}\sin(\omega t)$ V 的交流电源上，试求：电路中的总电流 I 和它的瞬时值表达式 i。

练习题　参考答案

1. 0.45A，$i_1 = 0.45\sqrt{2}\sin\omega t$ A，100W。
2. （1）$X_L \approx 25\,\Omega$；（2）$I_L = 2$ A；（3）$i_L = 2\sqrt{2}\sin(314t - 25°)$ A。
3. （1）$X_C = 25\,\Omega$；（2）$I_C = 0.8$ A；（3）$i_C = 0.8\sqrt{2}\sin(314t + 110°)$ A。
4. （1）$I = \dfrac{U}{|Z|} = 4.4$ A；（2）$\varphi = 53.1°$；（3）$U_R = 132$ V，$U_L = 616$ V，$U_C = 440$ V。
5. （1）$I = 1$ A；（2）$U_R = 60$ V，$U_C = 80$ V；（3）$\varphi = -53.1°$。
6. $C = 6.74\,\mu F$
7. $Z = 50\underline{/53°}\,\Omega \approx 30.1 + j40\Omega$，$\cos\varphi = 0.6$，$P = UI\cos\varphi = 220 \times 4.4 \times 0.6 = 580$W，$Q = UI\sin\varphi = I^2 X_L = 4.4^2 \times 40 = 774$ var
8. $Z = 14.14\underline{/-8.2°}\,\Omega$，$\dot{I} = 15.6\underline{/8.2°}$A，$i = 15.6\sqrt{2}\sin(\omega t + 8.2°)$ A。

※ 复习·提高·检测 ※

一、填空题

1. _____和_____随时间 t 作周期性变化的电流称为交流电流，而按_____规律变化的交流电流称为正弦交流电流。

2. 正弦量的三要素为_____、_____、_____。

3．描述正弦量变化快慢的物理量有_____、_____、_____；它们的单位分别为_____、_____、_____；相互之间的关系分别是_____、_____。

4．两个_____频率正弦量之间的相位之差称为_____。

5．电流有效值是根据电流_____效应确定的，正弦交流电流，其幅值（最大值）与有效值之间的关系为_____。

6．已知 u=311sin(314t-135°)V，此正弦量的幅值等于_____，有效值等于_____，角频率等于_____，频率等于_____，初相位等于_____。

7．正弦量初相位的取值范围是_____，已知正弦电压 u_1=311sin(ωt-240°)V，根据初相位的取值范围，正弦电压的表达式应为_____。

8．已知 u =220sin(1000t-120°)V，i=10sin(1000t-30°)A，这两个正弦量的相位差等于_____，相位关系为_____。

9．如图 2-40 所示波形图，已知正弦电流的最大值等于 10A，角频率为 ω，下列各图正弦电流的解析式分别为_____、_____、_____、_____。

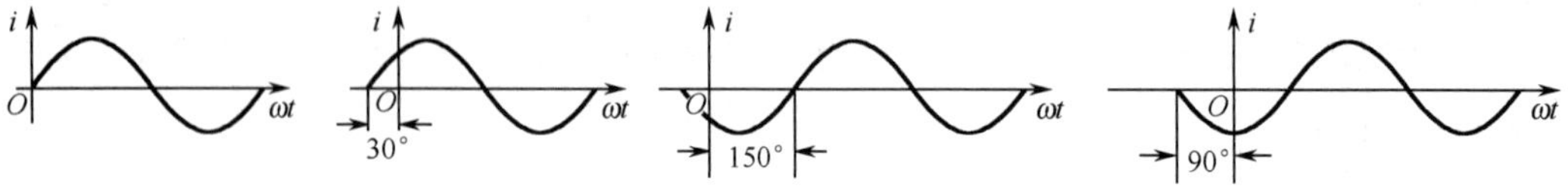

图 2-40　填空题 9 图

10．电容元件简称电容。实际上"C"表示双重含义，即代表_____，又表示电容元件的_____。电容的国际单位为_____，用字母_____表示；在交流电路中，取关联参考方向，电容元件电压与电流的约束关系是_____，相量关系是_____。

11．电感元件简称电感。实际上"L"表示双重含义，即代表_____，又表示电感元件的_____。电感的国际单位为_____，用字母_____表示；在交流电路中，取关联参考方向，电感元件电压与电流的约束关系是_____，相量关系是_____。

12．由单一元件组成的交流电路中，元件的相位关系：$\dot{U}_R$ 与 $\dot{I}_R$ _____；$\dot{U}_L$ 与 $\dot{I}_L$ _____；$\dot{U}_C$ 与 $\dot{I}_C$ _____。

13．感抗 X_L 是描述电感对交流阻碍作用的一个物理量，单位为_____，感抗与频率的关系式是_____，在直流电路中，感抗等于_____，对直流电路相当于_____，电感具有通_____，阻_____的特性。

14．容抗 X_C 为描述电容对交流阻碍作用的一个物理量，单位为_____，容抗与频率的关系式是_____，在直流电路中，容抗_____，对直流电路相当于_____，电容具有通_____，阻_____的特性。

15．瞬时功率是电压与电流瞬时值的乘积，在正弦交流电路中，选关联参考方向，电阻元件的瞬时功率大于等于零，说明电阻是_____元件，电感与电容元件的瞬时功率有时大于零，有时小于零，说明电感与电容是_____元件。

16. 有功功率也称为_____，是瞬时功率中的_____分量，单位为_____；无功功率描述的是_____，单位为_____；视在功率描述的是电源设备的_____，单位为_____，视在功率与有功功率、无功功率的关系是_____。

17. 功率三角形与_____三角形、_____三角形是相似三角形。

18. _____称为功率因数，其取值范围是_____，日光灯电路是感性电路，可以通过并联电容的方法提高_____，并联电容后，电路的有功功率_____（答：变或不变），无功功率_____（答：增大或减小），视在功率_____（答：增大或减小）。

19. RLC 串联电路发生谐振的条件是_____；谐振时电路的特点是阻抗最_____，电流最_____，电路的性质为_____，$\cos\varphi=$_____，电感电压 $\dot{U}_L$ 与电容电压 $\dot{U}_C$ 具有大小_____，相位_____，且为外施电源电压的_____倍，电阻电压与外施电源电压_____，电路的无功功率为_____，有功功率达到_____。

20. 电感线圈与电容并联的谐振电路又称为_____电路，此谐振电路的特点是谐振阻抗最_____，总电流最_____，功率因数等于_____，电路的性质呈_____。

21. 将下列复数改写成极坐标式：
(1) $Z_1=2$；(2) $Z_3=-j9$；(3) $Z_5=3+j4$；(4) $Z_7=-6+j8$。
(1) $Z_1=$_____；(2) $Z_3=$_____；(3) $Z_5=$_____；(4) $Z_7=$_____。

22. 将下列复数改写成代数式（直角坐标形式）：
(1) $Z_1=20\underline{/53.1°}$；(2) $Z_2=10\underline{/-36.9°}$；(3) $Z_3=50\underline{/120°}$；(4) $Z_4=8\underline{/-120°}$。
(1) $Z_1=$_____；(2) $Z_2=$_____；(3) $Z_3=$_____；(4) $Z_4=$_____。

23. 分别写出正弦量 $u=311\sin(314t+30°)$ V，$i=4.24\sin(314t-45°)$ A 的相量形式。
$\dot{U}=$_____，$\dot{I}=$_____。

24. 设角频率均为 ω，下列相量的瞬时值表达式分别为：
$\dot{U}=120\underline{/-37°}$ V；$\dot{I}=5\underline{/60°}$ A。
$u=$_____，$i=$_____。

二、选择题

1. 两个同频率的正弦量 i_1 与 i_2，其有效值分别为 $I_1=8$A，$I_2=6$A，(i_1+i_2)的有效值在（　　）情况下为10A，在（　　）情况下为2A，在（　　）情况下为14A。
　　A．同相　　　　B．反相　　　　C．正交　　　　D．无法判定

2. 在以下各组物理量中，构成正弦量三要素的是（　　）。
　　A．周期、频率与角频率　　　　B．有效值、角频率
　　C．最大值、频率与初相位　　　D．有效值、频率与相位差

3. 已知 $e_1=311\sin(314t+120°)$V，$e_2=311\sin(314t-120°)$V，则 e_1 与 e_2 的相位关系是（　　）。
　　A．e_1 超前 e_2 240° 的相位角　　　B．e_1 超前 e_2 120° 的相位角
　　C．e_1 滞后 e_2 120° 的相位角　　　D．无固定的相位关系可言

4. 在正弦交流电路中，取关联参考方向，纯电阻电路中的下列各式错误（多选）的是

( )。

  A．$P=I_m^2R$ B．$I=U/R$ C．$i=U/R$

  D．$u=IR$ E．$u=iR$ F．$\varphi_u=\varphi_i$

5．在正弦交流电路中，取关联参考方向，纯电感电路中的下列各式正确（多选）的是（ ）。

  A．$i=u/X_L$ B．$i=u/\omega L$ C．$I=U/\omega L$

  D．$\dfrac{U}{I}=j\omega L$ E．$\dfrac{\dot U}{\dot I}=j\omega L$

6．在正弦交流电路中，取关联参考方向，下列有关电容元件，电压与电流关系表达式正确（多选）的是（ ）。

  A．$i=u/X_C$ B．$\dfrac{\dot U}{\dot I}=-jX_C$ C．$I=U\omega C$

  D．$\dfrac{U}{I}=j\omega C$ E．$\dfrac{\dot U}{\dot I}=-j\omega C$

7．复阻抗 Z 属于（ ）。

  A．正弦量   B．相量   C．复数   D．实数

8．在下列关于元件复阻抗的表达式中，正确（多选）的是（ ）。

  A．$Z_R=R$ B．$Z_L=X_L$ C．$Z_C=-jX_C$ D．$Z_L=\omega L\underline{/90°}$

9．已知交流电压 $u=-220\sin(314t-30°)$V，则下列各式中正确的是（ ）。

  A．$\dot U=220\underline{/30°}$ V   B．$\dot U=110\sqrt{2}\underline{/150°}$ V

  C．$\dot U=110\sqrt{2}\underline{/30°}$ V   D．$\dot U=110\sqrt{2}\underline{/-30°}$ V

10．电容元件两端的电压滞后电流（ ）。

  A．30°   B．90°   C．180°   D．360°

11．感性负载的特点（多选）是（ ）。

  A．电流的变化滞后于电压的变化   B．电压的变化滞后于电流的变化

  C．电流的变化超前于电压的变化   D．电压的变化超前于电流的变化

12．正弦量的有效值与最大值之间的关系不正确（多选）的是（ ）。

  A．$E=\dfrac{2E_m}{\pi}$ B．$U=2\pi U_m$ C．$I=\dfrac{I_m}{\sqrt{2}}$ D．$I=\dfrac{2I_m}{\pi}$

13．交流电压 u_1 作用于 5kΩ 电阻，在一分钟内发出的热量为 Q_1，直流电压 U_2 作用于 2kΩ 电阻，在一刻钟内发出的热量为 Q_2。若 $Q_1:Q_2=1:3$，则 $U_1:U_2=$（ ）。

  A．5∶2   B．1.41∶5   C．2∶5   D．5∶1.41

14．一台额定容量为 10kVA 的单相变压器，所带负载为 $\cos\varphi=0.707$，$P_N=6$kW 的感性负载，该变压器还能为阻性负载提供（ ）功率。

  A．约为 1.5kW   B．2kW   C．6kW   D．4kW

15．在图 2-41 中，电流表 A_2、A_4、A_5 的读数均为 10A，电流表 A_1、A_3 的读数分别是（ ）。

  A．30A 20A   B．10A 0A   C．30A 14.1A   D．10A 10A

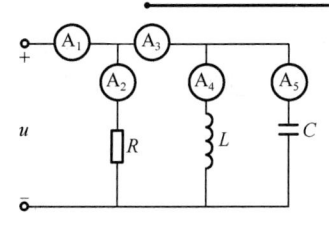

图 2-41 选择题 15、16 图

16. 图 2-41 中的电路原来呈容性，现仅调高电压源的频率，则读数变大的电流表有（　　）。

　　A．A_1、A_3、A_5　　B．A_1　　C．A_1、A_5　　D．A_4

17. 在图 2-42 中，电压表 V_1、V_2、V_3 的读数均为 100V，电压表 V 的读数是（　　）。

　　A．300V　　B．200V　　C．100V　　D．0V

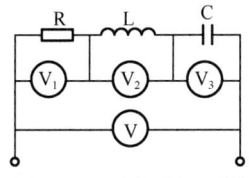

图 2-42 选择题 17 图

18. 已知 RLC 串联的正弦交流电路，下列关于电压的表达式中，正确（多选）的是（　　）。

　　A．$U=U_R+U_L+U_C$　　B．$U=\sqrt{U_R^2+U_L^2+U_C^2}$

　　C．$U=\sqrt{U_R^2+(U_L-U_C)^2}$　　D．$u=u_R+u_L+u_C$　　E．$\dot{U}=\dot{U}_R+\dot{U}_L+\dot{U}_C$

19. 已知 RLC 串联的正弦交流电路，下列有关阻抗的表达式中，正确（多选）的是（　　）。

　　A．$Z=R+X_L+X_C$　　B．$|Z|=\sqrt{R^2+X_L^2+X_C^2}$

　　C．$|Z|=\sqrt{R^2+(X_L-X_C)^2}$　　D．$Z=R+X_L-X_C$　　E．$Z=R+jX_L-jX_C$

20. 已知 RLC 串联的正弦交流电路，下列有关电路特性的说法中正确（多选）的是（　　）。

　　A．若 $X_L>X_C$，电路呈感性　　B．若 $X_L<X_C$，电路呈容性
　　C．若 $X_L=X_C$，电路呈阻性　　D．若 $L>C$，电路呈感性
　　E．若 $L<C$，电路呈容性　　F．若 $L=C$，电路呈阻性

21. 当 RLC 串联电路的固有频率 $f_0=\dfrac{1}{2\pi\sqrt{LC}}$ 等于电源频率时，该交流电路发生串联谐振，此时串联电路的特点是（　　）。

　　A．阻抗适中　　B．阻抗为零　　C．阻抗最小　　D．阻抗最大

22. 纯电阻电路的下列各式，错误的是（　　）。

　　A．$p=I_m^2 R$　　B．$u=Ri$　　C．$U=RI$　　D．$\varphi_u=\varphi_i$

23. 纯电感电路中的下列各式，错误的是（　　）。

　　A．$u=X_L i$　　B．$\varphi_u=\varphi_i+90°$　　C．$U=\omega LI$　　D．$Q_L=0.5I_m^2 X_L$

24. 下列元件的复阻抗的表达式，错误的是（　　）。

　　A．$Z_R=R$　　B．$Z_L=X_L$　　C．$Z_C=-jX_C$　　D．$Z_L=\omega L\underline{/90°}$

25. 纯电容电路中的下列各式，正确的是（　　）。

115

A．$U=\omega CI$ B．$I_m=\omega CU_m$ C．$u=X_C i$ D．$Q_C=I_m^2 X_C$

26．以下关于 RC 移相电路的各种叙述中，正确的是（　　）。

A．超前型电路的输出取自电容两端 B．$|Z|=\sqrt{R^2+(\omega C)^2}$

C．$QC=\omega CI$ D．滞后型电路中，u_0 滞后 u_i $\tan^{-1} R\omega C$

27．在正弦交流电路中，节点电流的方程是（　　）。

A．$\sum i=0$ B．$\sum I=0$ C．$\sum \dot{U}=0$ D．$\sum \dot{I}=\sum i$

28．某电路中元件两端电压 $u=311\sin(314t+50°)$V，电流 $i=14.4\sin(314t-40°)$A，则该元件是（　　）。

A．电阻 B．电感 C．电容 D．线圈

29．已知电流相量 $\dot{I}=6+j8$A，$f=50$Hz，其瞬时值表达式为（　　）。

A．$i=14.4\sin(314t+53.1°)$A B．$i=10\sin(314t+53.1°)$A

C．$i=14.4\sin(314t+36.9°)$A D．$i=10\sin 314t$A

30．某电路中元件两端电压 $u=311\sin(314t+60°)$V，电流 $i=14.4\sin(314t+60°)$A，则该元件是（　　）。

A．电阻 B．电感 C．电容 D．线圈

31．某电路的电压与电流分别是 $u=311\sin(314t+60°)$V，$i=14.4\sin(314t+90°)$A，则该电路的性质是（　　）。

A．感性 B．容性 C．电阻性 D．线圈

32．某电路的电压与电流分别是 $u=311\sin(314t+105°)$V，$i=14.4\sin(314t+90°)$A，则该电路的性质是（　　）。

A．感性 B．容性 C．电阻性 D．线圈

33．某电路的电压与电流分别是 $u=311\sin(314t+60°)$V，$i=14.4\sin(314t+60°)$A，则该电路的性质是（　　）。

A．感性 B．容性 C．电阻性 D．线圈

34．纯电感电路的感抗为（　　）。

A．L B．ωL C．$1/\omega L$ D．$1/\omega C$

35．在正弦交流电阻电路中，正确反映电流电压的关系式为（　　）。

A．$i=U/R$ B．$i=U_m/R$ C．$I=U/R$ D．$I=U_m/R$

36．单相正弦交流电路中有功功率的表达式是（　　）。

A．UI B．$UI\cos\varphi$ C．$UI\sin\varphi$ D．$\sqrt{3}UI$

37．两个正弦量为 $u_1=311\sin(314t+120°)$V，$u_2=14.4\sin(628t+30°)$V，则有（　　）。

A．u_1 超前 u_2 90° B．u_1 滞后 u_2 90° C．同相 D．不能判断相位差

38．某正弦交流电压的初相角 $\varphi=30°$，在 $t=0$ 时，其瞬时值将（　　）。

A．小于零 B．大于零 C．等于零 D．不确定

39．已知 $m\sin\omega t$ 第一次达到最大值的时刻是 0.005s，则第二次达到最大值时刻在（　　）。

A．0.01s B．0.025s C．0.05s D．0.075s

40．已知 $u=311\sin(314t-15°)$V，则 $\dot{U}=$（　　）V。

116

A．220∠-195°　　B．220∠195°　　C．311∠-15°　　D．220∠-15°

41．已知 i=-14.1sin314t A，则 $\dot{I}$ =（　　）A。

　　A．14.1∠0°　　B．14.1∠180°　　C．10∠0°　　D．10∠180°

42．某正弦交流电压的初相角 φ=-30°，在 t=0 时，其瞬时值将（　　）。

　　A．小于零　　B．大于零　　C．等于零　　D．不确定

43．发生 RLC 串联谐振的条件是（　　）。

　　A．ωL=ωC　　B．L=C　　C．ωL=$1/\omega C$　　D．X_L=ωL

44．已知 u=311sin(628t-15°)V，其频率为（　　）Hz。

　　A．50　　B．100　　C．25　　D．75

45．视在功率 S=（　　）。

　　A．$P+Q$　　B．P^2+Q^2　　C．$\sqrt{P^2+Q^2}$　　D．$\sqrt{P^2-Q^2}$

46．在正弦交流电路中，正确表示阻抗、电压、电流关系的是（　　）。

　　A．$I=U/|Z|$　　B．$i=U/Z$　　C．$I=U_m/Z$　　D．$I=U_m/\sqrt{2}Z$

47．交流电的角频率 ω 等于（　　）。

　　A．$2\pi f$　　B．πf　　C．πft　　D．$2\pi ft$

48．已知 R_1=R_2，R_1 通 10A 直流电，R_2 通最大值为 12A 的交流电流，则在相同的时间内发热量（　　）。

　　A．R_1 比 R_2 大　　B．R_1 比 R_2 小　　C．一样大　　D．无法判定

49．一 RLC 串联电路，测得 U_R=6V，外加电压 10V，U_L=8V，则 U_C=（　　）V。

　　A．2　　B．4　　C．16　　D．12

50．电路的复阻抗 Z=30+j40Ω，则此电路属于（　　）。

　　A．感性　　B．阻性　　C．容性　　D．谐振电路

51．电路的复阻抗 Z=100Ω，则此电路属于（　　）。

　　A．感性　　B．电阻性　　C．容性　　D．纯电感

52．电路的复阻抗 Z=30-j40Ω，则此电路属于（　　）。

　　A．感性　　B．阻性　　C．容性　　D．谐振电路

53．交流电路的阻抗角是表示（　　）。

　　A．感抗与电阻的幅角差　　　　B．电压与电流的相位差
　　C．无功损耗与有功功率的相位差　　D．相电压与线电压的相位差

54．单相正弦交流电路中无功功率的是（　　）。

　　A．UI　　B．$UI\cos\varphi$　　C．$UI\sin\varphi$　　D．$\sqrt{3}UI$

55．已知 RLC 串联电路中的总阻抗等于 R，则此电路处于（　　）。

　　A．电压谐振　　B．电流谐振　　C．并联谐振　　D．耦合谐振

56．已知 u=311sin(628t-15°)V，其有效值为（　　）V。

　　A．628　　B．220　　C．311　　D．-15°

57．已知 i=311sin(628t-15°)mA，其最大值为（　　）mA。

　　A．311　　B．220　　C．628　　D．-15°

58．已知 i=311sin(628t-15°)mA，其初相位为（　　）。

A．311　　　　　B．220　　　　　C．628　　　　　D．-15

59．正弦交流电路中电容的容抗与（　　）。
A．频率成正比　　　　　　　　B．频率成反比
C．频率成指数关系　　　　　　D．频率成对数关系

60．正弦交流电路中电感的感抗与（　　）。
A．频率成正比　　　　　　　　B．频率成反比
C．频率成指数关系　　　　　　D．频率成对数关系

61．正弦交流电的解析式是用（　　）表示。
A．代数式　　　　B．复数式　　　　C．三角函数式　　　　D．矢量法

62．复数是由实部与（　　）组成。
A．负数　　　　　B．虚部　　　　　C．无理数　　　　D．有理数

63．产生串联谐振的条件是（　　）。
A．$X_L \geq X_C$　　B．$X_L > X_C$　　C．$X_L < X_C$　　D．$X_L = X_C$

64．某车间 P=150kW，原 $\cos\varphi_1$=0.6，现要提高到 $\cos\varphi$=0.9，应装（　　）kvar 的电容器。
A．97　　　　　B．107　　　　　C．117　　　　　D．127

65．电感与电源能量交换的规模用无功功率 Q 表示，它的单位是（　　）。
A．伏安　　　　B．瓦　　　　C．乏　　　　D．度

66．用视在功率来描述发电机的容量，视在功率用 S 表示，它的单位是（　　）。
A．伏·安　　　　B．瓦　　　　C．乏　　　　D．度

67．纯电容电路中，设 $u_C = \sqrt{2}U\sin(\omega t + \varphi)$，则电路中的电流 $\dot{I}$ =（　　）。
A．$j\omega C \dot{U}$　　B．u_C/f_m　　C．$ju_C/\omega C$　　D．$-ju_C/\omega C$

68．纯电阻交流电路中，电流和电压的相位关系是（　　）。
A．一致　　　　B．相反　　　　C．相垂直　　　　D．滞后

69．纯电感交流电路中，电流和电压的相位关系是（　　）。
A．一致　　　　　　　　　　B．反相
C．电压超前电流 90°　　　　D．电流超前电压 90°

70．纯电容交流电路中，电流和电压的相位关系是（　　）。
A．一致　　　　　　　　　　B．反相
C．电压超前电流 90°　　　　D．电流超前电压 90°

71．在谐振电路中，电流与电压的相位关系是（　　）。
A．同相位　　　　　　　　　B．反相位
C．电压超前电流 90°　　　　D．电流超前电压 90°

72．在纯电阻交流电路中，设 $\dot{I} = I\angle 30°$ A，则 $\dot{U}$ =（　　）V。
A．$U_m\angle 90°$　　B．$U\angle 180°$　　C．$U\angle 30°$　　D．$U\angle -30°$

73．在纯电容交流电路中，下列各式正确的是（　　）。
A．$i=u/X_C$　　B．$I=U\omega C$　　C．$i=u/\omega C$　　D．$i=u\omega C$

74．在 RLC 串联的正弦交流电路中，电压与电流同相时，参数 LC 与角频率 ω 的关系是（　　）。

A．$\omega L^2C^2=1$ B．$\omega^2/LC=1$ C．$\omega LC=1$ D．$\omega\sqrt{LC}=1$

75．已知正弦电压 $u=U_m\sin(\omega t-90°)$，则 $t=T/4$ 时该电压的瞬时值为（ ）。
  A．220   B．110   C．0   D．155.6

76．若正弦交流电压和电流的最大值分别是 U_m、I_m，则视在功率的表达式为（ ）。
  A．$U_mI_m/2$ B．$U_mI_m/\sqrt{2}$ C．$\sqrt{2}U_mI_m$ D．$\sqrt{3}U_mI_m$

77．已知正弦电压 $u=U_m\sin(\omega t+\varphi)$，则 $\dot{U}=$（ ）V。
  A．$U_m\angle\omega t$ B．$U_m\angle 0°$ C．$U\angle\omega t$ D．$U\angle\varphi$

78．在纯电阻电路中，设 $u=U_m\sin\omega t$，则 $i=$（ ）。
  A．$i=I_m\sin\omega t$ B．$i=I_m\sin(\omega t+90°)$
  C．$i=I_m\sin(\omega t-90°)$ D．$i=I_m\sin(\omega t+180°)$

79．已知正弦电动势 $e=E_m\sin(\omega t+90°)$V，则 $\dot{E}=$（ ）V。
  A．$E_m\angle\omega t+90°$ V   B．$E_m\angle\omega t$ V
  C．$E\angle 90°$ V   D．$E\angle 0°$ V

80．交流工频电压 314V，其负载为 1H 的电感，则通过的电感的电流为（ ）A。
  A．1   B．2   C．0   D．3

81．已知交流电 $i=I_m\sin(\omega t+\varphi)$V，则 $\dot{I}=$（ ）V。
  A．$I_m\angle I\omega t+\varphi$ B．$\angle I\omega t-\varphi$ C．$I\angle\varphi$ D．C．$I\angle-\varphi$

82．交流电的无功功率 $Q=$（ ）。
  A．$S-P$ B．$UI\cos\varphi$ C．$UI\sin\varphi$ D．$UI\tan\varphi$

83．已知 $P=1800$W，$S=2250$VA，此时功率因数为（ ）。
  A．0.7   B．0.8   C．0.9   D．0.97

84．在 RLC 串联的正弦交流电路的谐振频率 f 为（ ）。
  A．$2\pi\sqrt{LC}$ B．$1/2\pi\sqrt{LC}$ C．$1/(2\pi LC)$ D．$2\pi\sqrt{RC}$

85．在交流电路中，电感元件与电流交换能量的规模用瞬时功率的（ ）来表示，称为无功功率。
  A．有效值   B．最大值   C．相量值   D．最小值

86．无功功率的单位是（ ）。
  A．瓦特   B．乏   C．马力   D．伏·安

87．已知正弦电压 $u=220\sin(\omega t-90°)$V，在 $t=0$ 时，该电压瞬时值为（ ）V。
  A．-220   B．110   C．0   D．155.6

88．$u=U_m\sin(\omega t+90°)$，$i=I_m\sin\omega t$，则（ ）。
  A．i 与 u 同相   B．i 与 u 反相   C．i 超前 u 90°   D．i 滞后 u 90°

89．有效值为 220V 的正弦交流电，其电压幅值为（ ）V。
  A．220   B．311   C．380   D．537

90．一 RC 串联电路的电压 $U_R=4$V，$U_C=3$V，则总电压为（ ）V。
  A．7   B．1   C．5   D．4

91．一 RL 串联电路的电压 $U_R=4$V，$U_L=3$V，则总电压为（ ）V。
  A．7   B．1   C．5   D．4

92．一 LC 串联电路的电压 U_L=4V，U_C=3V，则总电压为（　　）V。
　　A．7　　　　B．1　　　　C．-1　　　　D．5

93．有三个电阻串联的交流电路 U_{R1}=4V，U_{R2}=3V，U_{R3}=5V，则总电压为（　　）V。
　　A．2　　　　B．12　　　　C．1　　　　D．4

94．有两个电感串联的交流电路 U_{L1}=4V，U_{L2}=3V，则总电压为（　　）V。
　　A．7　　　　B．5　　　　C．1　　　　D．12

95．有两个电容串联的交流电路 U_{C1}=4V，U_{C2}=3V，则总电压为（　　）V。
　　A．7　　　　B．5　　　　C．1　　　　D．12

96．已知 300Ω 电阻与电感串联的阻抗为 350Ω，则该电路的功率因数为（　　）。
　　A．0.56　　　B．0.76　　　C．0.86　　　D．0.93

97．功率因数的取值范围是（　　）。
　　A．-1～1　　B．-1～0　　C．0～1　　D．任意值

98．已知 i_1=6sinωtA，i_2=8sin(ωt-90°)A，则 $i=i_1+i_2$ 的有效值 I 等于（　　）A。
　　A．10　　　B．14　　　C．7.07　　　D．19.8

99．在交流电路中，储能元件电容是将电能转变成（　　）储存起来，以便和电路之间进行能量的交换。
　　A．化学能　　B．电场能　　C．磁场能　　D．热能

100．在交流电路中，储能元件电感是将电能转变成（　　）储存起来，以便和电路之间进行能量的交换。
　　A．化学能　　B．电场能　　C．磁场能　　D．热能

101．下面这些量不是正弦量三要素之一的是（　　）。
　　A．有效值　　B．功率　　C．角频率　　D．初相位

102．两个同频率的正弦量相位相差 90° 时，其相位关系是（　　）。
　　A．反相　　B．同相　　C．正交　　D．正切

103．正弦量的有效值是其最大值的（　　）倍。
　　A．1.4　　　B．0.7　　　C．1　　　　D．2

104．交流电的有效值就是它的均方根值，当交流量按（　　）变化时，它的幅值与有效值之比是 $\sqrt{2}$。
　　A．三角波　　B．方波　　C．锯齿波　　D．正弦波

105．已知频率都为 1000 Hz 的正弦电流其相量形式为 $I=10e^{j30°}$A，则（　　）。
　　A．$i=10\sin(6280t+30°)$ A　　　B．$i=10\sqrt{2}\sin(6280t+30°)$ A
　　C．$i=10\sqrt{2}\sin(3140t+30°)$ A　　D．$i=10\sqrt{2}\sin(6280t-30°)$ A

106．同频率正弦量的加法可以用（　　）的加法来代替。
　　A．有效值　　B．最大值　　C．相量　　D．复数

107．正弦量的有效值可以是（　　）。
　　A．小于零的数值　　B．正弦波　　C．三角函数　　D．大于等于零的数值

108．已知 $u=10\sqrt{2}\sin(\omega t-15°)$V 则下列表达式中错误的是（　　）。
　　A．U=10V　　B．U_m=14.4V　　C．$\dot{U}=10e^{-j15°}$　　D．$\dot{U}=10e^{j15°}$

109．已知 $\dot{I}=100\angle 50°$ 则 $i=$（　　）。

A. $i = 100\sin(\omega t + 50°)$ B. $i = 100\sqrt{2}\sin(\omega t + 50°)$
C. $i = 100\sin(\omega t - 50°)$ D. $i = 100\sqrt{2}\sin(\omega t - 50°)$

110．正弦交流电压的有效值为 220V，初相 $\varphi=30°$，下列各式正确的是（　　）。

A. $u = 220\sqrt{2}\sin(\omega t + 50°)\text{V}$ B. $U = 220\sqrt{2}\sin(\omega t + 30°)\text{V}$
C. $U_m = 220\sqrt{2}\sin(\omega t + 50°)\text{V}$ D. $u = 220\sqrt{2}\sin(\omega t + 30°)\text{V}$

111．正弦交流电压的有效值为 220V，初相 $\varphi=30°$，下列各式错误的是（　　）。

A. $\dot{U} = 220\sqrt{2}\sin(\omega t + 30°)\text{V}$ B. $U=220\text{V}$
C. $U_m = 220\sqrt{2}\text{V}$ D. $u = 220\sqrt{2}\sin(\omega t + 30°)\text{V}$

112．纯电阻电路的有功功率 $P=UI$，则视在功率为（　　）。

A. 0　　　　B. UI　　　　C. 无功功率　　　　D. 不确定

113．纯电感电路的有功功率等于（　　）。

A. 0　　　　B. 有功功率　　　　C. 1　　　　D. 不确定

114．感抗 $X_L=\omega L$，L 的单位是（　　）。

A. mH　　　　B. H　　　　C. μH　　　　D. F

115．容抗 $X_C=1/\omega C$，C 的单位是（　　）。

A. mF　　　　B. pF　　　　C. μF　　　　D. F

116．感性负载并联电容可以提高功率因数，并联电容后，电路的（　　）不变。

A. 无功功率　　B. 有功功率　　C. 视在功率　　D. 电路的总电流

117．在不改变负载的工作状态的前提下，感性负载（　　）可以提高功率因数。

A. 串联电容　　B. 并联适当电容　　C. 串联电阻　　D. 串联电感

118．已知 $A=8+j6$，$B=6-j8$，则 $A \cdot B=$（　　）。

A. $100\angle-16.2°$　　B. $100\angle 90°$　　C. $100\angle 0°$　　D. $1\angle 90°$

119．已知 R、L、C 串联电路各元件的参数，电路的性质是（　　）。

A. 感性　　　B. 无法判断　　　C. 容性　　　D. 电阻性

120．有两个不同线圈串联接在正弦交流电路中，下列等式不成立的是（　　）。

A. $P=P_1+P_2$　　B. $Q=Q_1+Q_2$　　C. $S=S_1+S_2$　　D. $u=u_1+u_2$

121．正弦交流电路如图 2-43 所示，已知 $I_R=I_L=I_C$，当频率变化时，电路的总电流（　　）。

A. 增大　　　B. 减小　　　C. 不变　　　D. 不确定

122．正弦交流电路如图 2-43 所示，已知 $I_R=I_L=I_C$，当频率升高时，电路将从电阻性电路转变为（　　）电路。

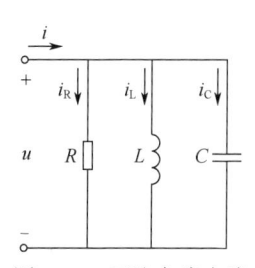

A. 感性的　　　B. 不确定　　　C. 容性的　　　D. 电阻性

图 2-43　正弦交流电路

123．正弦交流电路如图 2-43 所示，已知 $I_R=I_L=I_C$，当频率降低时，电路将从电阻性电路转变为（　　）电路。

　　A．感性的　　　　B．不确定　　　　C．容性的　　　　D．电阻性

124．电阻与电感串联的电路是感性电路，则电感与电阻并联的电路是（　　）。

　　A．感性的　　　　B．不确定　　　　C．容性的　　　　D．电阻性

125．电阻与电容串联的电路是容性电路，则电容与电阻并联的电路是（　　）。

　　A．感性的　　　　B．不确定　　　　C．容性的　　　　D．电阻性

126．线圈与电容串联的电路发生串联谐振，若线圈的电压是 100V，总电压 80V，则电容的电压是（　　）V。

　　A．180　　　　　B．20　　　　　　C．60　　　　　　D．80

127．线圈与电容并联的电路发生并联谐振，若线圈支路的电流是 10A，总电流 8A，则电容支路的电流是（　　）A。

　　A．18　　　　　　B．2　　　　　　 C．6　　　　　　 D．10

128．工农业生产及日常生活中使用的电源是（　　）类型的电源。

　　A．电流源　　　　B．电压源　　　　C．受控电流源　　D．受控电压源

129．已知 $e=311\sin(314t+5°)$V，则 $\dot{E}=$（　　）V。

　　A．$311\angle 5°$　　B．$220\angle 5°$　　C．$220\angle 185°$　　D．$220\angle 175°$

130．在理想电感元件的正弦交流电路中，正确反映电流、电压关系的关系式为（　　）。

　　A．$i=U/X_L$　　B．$i=u/\omega L$　　C．$I=U/\omega L$　　D．$I=U_m/X_L$

131．正弦交流电路如图 2-44 所示，当 $I_R=I_L=I_C$，电路的性质是（　　）。

　　A．感性的　　　　B．不确定　　　　C．容性的　　　　D．电阻性

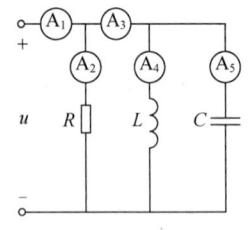

图 2-44　正弦交流电路

132．下列复数 $Z_1=2$、$Z_3=-j9$ 的极坐标式分别是（　　）。

　　A．$Z_1=2\angle 0°$、$Z_3=9\angle 0°$　　　　B．$Z_1=2\angle 0°$、$Z_3=9\angle 90°$

　　C．$Z_1=2\angle 0°$、$Z_3=9\angle -90°$　　　D．$Z_1=2\angle 90°$、$Z_3=9\angle 90°$

133．下列复数 $Z_1=3+j4$、$Z_3=-6+j8$ 的极坐标式分别是（　　）。

　　A．$Z_1=5\angle 36.9°$、$Z_3=10\angle -36.9°$　　B．$Z_1=5\angle 53.1°$、$Z_3=10\angle 53.1°$

　　C．$Z_1=5\angle 53.1°$、$Z_3=10\angle -53.1°$　　D．$Z_1=5\angle 53.1°$、$Z_3=10\angle 126.9°$

134．下列复数 $Z_1=20\angle 53.1°$、$Z_3=10\angle -36.9°$ 的代数式（直角坐标形式）分别为（　　）。

　　A．$Z_1=12-j16$, $Z_3=8-j6$　　　　B．$Z_1=12+j16$, $Z_3=8-j6$

　　C．$Z_1=16+j12$, $Z_3=6-j8$　　　　D．$Z_1=12+j16$, $Z_3=8+j6$

135．下列复数 $Z_1=50\angle 120°$、$Z_3=8\angle -120°$ 的代数式（直角坐标形式）分别为（　　）。

　　A．$Z_1=25+j43.3$, $Z_3=-4+j6.9$　　B．$Z_1=-25+j43.3$, $Z_3=-4-j6.9$

C、Z_1=25-j43.3，Z_3=-4-j6.9　　　　　D、Z_1=-25-j43.4，Z_3=4+j6.9

三、判断题

1. $i = 5\sin(\omega t - 30°) = 5e^{-j30°}$ （　　）
2. 只有同频率的正弦量才可以绘制在同一张相量图中。（　　）
3. 若正弦量的初相小于零，则其波形的起点位于原点的左边。（　　）
4. 纯电阻电路瞬时功率的平均值等于零。（　　）
5. 正弦交流电路中的电感元件，其平均功率总为零。（　　）
6. 正弦交流的平均功率又称有功功率，它的大小反映了电路耗能速度的大小。（　　）
7. 正弦电路中的电容元件，端电压总是超前电流90°的相位角。（　　）
8. 复阻抗是相量。（　　）
9. 复阻抗的模与幅角分别体现了电压与电流的数量关系和相位关系。（　　）
10. 若Q_L>Q_C，则电路呈感性，即总电压超前总电流一定的相位差角。（　　）
11. 在正弦交流电路中，感性负载两端只要并联电容，就能改善功率因数。（　　）
12. RLC串联谐振又称为电流谐振。（　　）
13. 电感线圈和电容器并联的电路发生谐振时，其支路电流有可能大于电路总电流。（　　）
14. 频率越高或电感越大，则感抗越大，对电流的阻碍作用越大。（　　）
15. 正弦电路中的某电阻与另一元件A并联，若有$I^2 = I_R^2 + I_A^2$，则A为储能元件。（　　）
16. 交流电源的频率越高，电容的容抗越大。（　　）
17. 日光灯管与镇流器串联接在交流220V电源上，若测得灯管电压为110V，则镇流器所承受的电压也为110V。（　　）
18. 相量既可以表示正弦量，也可以用来表示非正弦量。（　　）
19. 电感具有"通直阻交、通低阻高"的特性。（　　）
20. 电容具有"隔直通交、阻低通高"的特性。（　　）
21. 凡是大小、方向随时间呈周期性变化的交流电，其最大值总为有效值的$\sqrt{2}$倍。（　　）
22. 初相位角的大小决定正弦量初始状态的方向及变化趋势。（　　）
23. 若u=6sinωtV，i=4sin(2ωt-45°)A，则交流电u超前i45°。（　　）
24. 当电感两端的正弦电压瞬时值为零时，其储能达到最大。（　　）
25. 在RL串联电路中，随着R的增大，电路的功率因数也将增大。（　　）
26. 在RLC串联电路中，U_R、U_L和U_C都可能大于U。（　　）
27. 若Q_L<Q_C，则电路呈感性，即总电压超前总电流一定的角度。（　　）
28. 若Q_C<Q_L，则电路呈感性，即总电压超前总电流一定的角度。（　　）
29. 对于谐振电路，若电路的品质因数Q越大，则在电路谐振时，其通频带越宽。（　　）
30. 功率因数与负载电路中电压与电流的相位差角有关，它越大，功率因数越低。（　　）

31．两个不同频率的正弦量，相位上的差值称为相位差。（   ）
32．并联电容器可以提高感性负载本身的功率因数。（   ）
33．某电气元件两端交流电压的相位超前于流过它的电流，则该元件为容性元件。
（   ）
34．在正弦交流电路中，功率因数越大，功率因数角越小。（   ）
35．电容器中的电流等于零，则电容器储存的能量也等于零。（   ）
36．RL 串联电路接在电压为 U 的电源上，当电压频率 $f=0$ 时，电路中的电流为 U/R。
（   ）
37．RLC 串联电路接在交流电源上，当 $X_L=X_C$ 时，电路呈阻性。（   ）
38．正弦交流电的相位和时间无关。（   ）
39．无功功率对负载来说是无用的，故称为无功功率。（   ）
40．交流电路中的功率因数仅与 R、L、C 有关，而与电源的频率 f 无关。（   ）
41．已知 $i_1=6\sin\omega t$ A，$i_2=8\sin(\omega t-90°)$ A，则 $i=i_1+i_2$ 的有效值 I 等于 10A。（   ）
42．已知 $i_1=6\sin\omega t$ A，$i_2=8\sin(2\omega t-90°)$ A，则 $i=i_1+i_2$ 的最大值 I_m 等于 10A。（   ）
43．在交流电路中，已知 $i=6\sin\omega t$ A，$u=8\sin(\omega t-90°)$ V，则此元件是电感。（   ）
44．在交流电路中，已知 $i=6\sin\omega t$ A，$u=8\sin(2\omega t-90°)$ V，则此元件是电感。（   ）
45．当电路中的参考点改变时，其两点间的电压也将随之改变。（   ）
46．日光灯电路的总电压等于镇流器上的电压与灯管两端的电压之和。（   ）
47．在正弦交流电路中，串联电路的总电压有可能小于、等于串联电路中某一元件的电压。（   ）
48．交流电路的研究方法与直流电路相同，只需要考虑其大小。（   ）
49．一台最高耐压为 300V 的电器，可用于 220V 正弦交流的线路上。（   ）
50．正弦量的最大值和有效值的大小与频率、相位有关系。（   ）
51．将通常在交流电路中使用的 220V、100W 白炽灯接在 220V 的直流电源上，发光亮度不相同。（   ）
52．任一复数乘以+j，其模不变，幅角增大 90°。（   ）
53．正弦量的最大值可以大于零，也可以小于零。（   ）
54．正弦量的有效值一定是大于等于零的具体数值。（   ）
55．纯电阻电路的电压与电流的相量关系是 $\dot{U}=jR\dot{I}$。（   ）
56．纯电感电路的电压与电流的相量关系是 $\dot{U}=j\omega L\dot{I}$。（   ）
57．纯电容电路的电压与电流的相量关系是 $\dot{U}=j\omega C\dot{I}$。（   ）
58．在关联参考方向下，电阻的瞬时功率大于等于零，说明电阻的是耗能元件。（   ）
59．在交流电路中，电阻是耗能元件，电容是储能元件。（   ）
60．在交流电路中，电流超前电压 $0<\varphi<90°$，电路是感性的。（   ）
61．在交流电路中，电感元件电压与电流的关系是 $i=u/X_L$。（   ）
62．在交流电路中，电感元件电压与电流的关系是 $i=u/\omega L$。（   ）
63．在交流电路中，电容元件电压与电流的关系是 $i=u/\omega C$。（   ）
64．在交流电路中，电容元件电压与电流的关系是 $i=u\omega C$。（   ）
65．在 RLC 串联的交流电路中，电压三角形与功率三角形是两个相似三角形。（   ）

66. 在 RLC 串联的交流电路中，电压三角形与阻抗三角形是两个全等三角形。（　　）
67. 在 RLC 串联的交流电路中，有 $U=U_R+U_L+U_C$ 成立。（　　）
68. 在 RLC 串联的交流电路中，有 $U=IR+I(X_L-X_C)$ 成立。（　　）
69. 在 RLC 串联的交流电路中，有 $U=\sqrt{U_R^2+U_L^2+U_C^2}$ 成立。（　　）
70. 在 RLC 串联的交流电路中，有 $U=\sqrt{R^2+(X_L-X_C)^2}$ 成立。（　　）
71. 在 RLC 串联的交流电路中，有 $\dot{U}=\dot{I}[R+j(X_L-X_C)]$ 成立。（　　）
72. 在 RLC 串联的交流电路中，有 $\dot{U}=RI$ 成立。（　　）
73. 在 RLC 串联的交流电路中，有 $\dot{U}_R=RI$ 成立。（　　）
74. 在 RLC 串联的交流电路中，有 $\dot{U}_L=j\omega L\dot{I}$ 成立。（　　）
75. 在 RLC 串联的交流电路中，有 $\dot{U}_C=j\omega C\dot{I}$ 成立。（　　）
76. 在 RLC 串联的交流电路中，有 $I=U/|Z|$ 成立。（　　）
77. 在 RLC 串联的交流电路中，有 $I=u/|Z|$ 成立。（　　）
78. 在 RLC 串联的交流电路中，有 $I=U/Z$ 成立。（　　）
79. 在 RLC 串联的交流电路中，有 $\dot{I}=\dot{U}/Z$ 成立。（　　）
80. 在 RLC 串联的交流电路中，有 $\dot{I}=\dot{U}/|Z|$ 成立。（　　）
81. 在 RLC 串联的交流电路中，有 $u=Ri+X_Li+X_Ci$ 成立。（　　）
82. 在 RLC 串联的交流电路中，有 $U=U_R+j(U_L-U_C)$ 成立。（　　）
83. 在 RLC 串联的交流电路中，有 $\dot{U}=\dot{U}_R+j(\dot{U}_L-\dot{U}_C)$ 成立。（　　）
84. 在 RLC 串联的交流电路中，有 $\varphi=\tan^{-1}\dfrac{X_L-X_C}{R}$ 成立。（　　）
85. 在 RLC 串联的交流电路中，有 $\varphi=\tan^{-1}\dfrac{U_L-U_C}{U}$ 成立。（　　）
86. 在 RLC 串联的交流电路中，有 $\varphi=\tan^{-1}\dfrac{U_L-U_C}{U_R}$ 成立。（　　）
87. 在 RLC 串联的交流电路中，有 $\varphi=\tan^{-1}\dfrac{\omega L-\omega C}{R}$ 成立。（　　）
88. 在正弦流电路中，串联电路的总电压一定大于、等于串联电路中任意元件的电压。（　　）
89. 在正弦流电路中，并联电路的总电流一定大于、等于并联电路中任意支路的电流。（　　）
90. 在正弦流电路中，并联电路的总电流有可能小于、等于并联电路中某一支路的电流。（　　）

复习·提高·检测　参考答案

一、填空题

1. 大小　方向　正弦
2. 幅值　角频率　初相位

3. 角频率　频率　周期　弧度/秒（rad/s）　赫兹（Hz）　秒（s）　$f=1/T$　$\omega=2\pi f=\dfrac{2\pi}{T}$

4. 同　相位差

5. 热效应　$U=\dfrac{U_m}{\sqrt{2}}$

6. 311V　220V　314rad/s　50Hz　−135°

7. −180°≤φ＜180°　$u_1=311\sin(\omega t+120°)$V，

8. −90°　电压落后电流 90°的相位角

9. (a) $i=10\sin\omega t$ A，(b) $i=10\sin(\omega t+30°)$A
(c) $i=10\sin(\omega t-150°)$A （d) $i=10\sin(\omega t-90°)$A，

10. 电容元件　容量　法拉　F　$i=C\dfrac{du}{dt}$　$\dot{U}=-jX_C\dot{I}$

11. 电感元件　电感量　亨　H　$u=L\dfrac{di}{dt}$　$\dot{U}=jX_L\dot{I}$

12. 同相位　电感的电压超前电流 90°的相位角　电容的电流超前电压 90°的相位角

13. 欧姆　$X_L=2\pi fL$　零　短路　低频　高频

14. 欧姆　$X_C=\dfrac{1}{2\pi fC}$　趋于无穷大　开路　高频　低频

15. 耗能　储能

16. 平均功率　恒定　瓦特（W）　储能元件与电路进行能量交换的规模　乏（var）
容量　伏安（VA）　$S^2=P^2+Q^2$

17. 电压　阻抗

18. $\cos\varphi$　0～1　功率因数　不变　减小　减小

19. $X_L=X_C$　小　大　电阻性　1　相等　相反　Q　相等　零　最大

20. 电流谐振　大　小　1　电阻性

21. (1) 2　(2) 9$\underline{/-90°}$　(3) 5$\underline{/53.1°}$　(4) 10$\underline{/126.9°}$

22. (1) 12+j16　(2) 8−j6　(3) −25+j43.3　(4) −4−j6.9

23. $\dot{U}=220\underline{/30°}$　$\dot{I}=2.97\underline{/-45°}$

24. $u=120\sqrt{2}\sin(\omega t-37°)$V　$i=5\sqrt{2}\sin(\omega t+60°)$A

二、选择题

1．C B A　　2．C　　　　3．C　　4．A C D　　5．C E　　6．B C　　7．C
8．A C D　　9．B　　　10．B　　11．A D　　12．A B D　13．D　　14．B
15．B　　　16．A C　　17．C　　18．C D E　19．C E　　20．A B C　21．C
22．A　23．A　24．B　25．A　26．D　27．A　28．B
29．A　30．A　31．B　32．A　33．C　34．B　35．C　36．B　37．D　38．B
39．D　40．D　41．D　42．A　43．D　44．D　45．A　46．B　47．A　48．A
49．C　50．A　51．B　52．C　53．B　54．C　55．A　56．B　57．C　58．D
59．B　60．A　61．C　62．B　63．D　64．D　65．C　66．A　67．A　68．A

69. C 70. D 71. A 72. C 73. B 74. D 75. C 76. A 77. D 78. A
79. C 80. A 81. C 82. C 83. B 84. B 85. B 86. B 87. A 88. D
89. B 90. C 91. C 92. B 93. B 94. A 95. A 96. C 97. C 98. C
99. B 100. C 102. B 102. C 103. B 104. D 105. B 106. C 107. D 108. D
109. B 110. A 111. A 112. B 113. A 114. B 115. D 116. B 117. B 118. A
119. B 120. C 121. A 122. C 123. A 124. A 125. C 126. C 127. C 128. B
129. B 130. C 131. D 132. C 133. D 134. B 135. B

三、判断题

1. × 2. √ 3. × 4. × 5. √ 6. √ 7. × 8. × 9. √ 10. √
11. √ 12. × 13. √ 14. √ 15. √ 16. × 17. × 18. × 19. √ 20. √
21. × 22. × 23. × 24. × 25. √ 26. × 27. × 28. √ 29. × 30. ×
31. × 32. × 33. × 34. √ 35. × 36. √ 37. √ 38. × 39. × 40. ×
41. × 42. × 43. √ 44. × 45. × 46. × 47. √ 48. × 49. × 50. ×
51. × 52. √ 53. × 54. √ 55. × 56. × 57. × 58. √ 59. √ 60. ×
61. × 62. × 63. × 64. × 65. √ 66. × 67. × 68. × 69. × 70. √
71. √ 72. × 73. × 74. √ 75. √ 76. √ 77. × 78. × 79. √ 80. ×
81. × 82. × 83. × 84. √ 85. × 86. √ 87. × 88. × 89. × 90. √

模块 3　三相交流电路的测量与学习

目前电力工程上普遍采用由 3 个幅值相等、频率相同（我国国家电网频率为 50Hz）彼此之间相位互差 120°的正弦电压组成的三相制供电系统。

模块 2 介绍的是单相正弦交流电路，实际是三相电路的一相，因而称单相交流电路。三相电路也可看做按一定规律组成的复杂交流电路，因此模块 2 介绍的单相交流电路的一般规律和计算方法，在此模块仍然适用。

演示器件	灯泡 9 个、导线、交流电流表（单位：mA）、交流电压表（单位：V）							演示电路
操作人	教师演示、学生练习							
演示结果	开关状态	A_1	A_2	A_3	A	V	V_1	
	全闭合	326.6	322.6	322.6	0	380	220	
	只有 S_7、S_4 断开	326.6	221.2	221.2	110.0	380	220	

问题 1：三相负载星形连接相电压与线电压的关系是什么？
问题 2：三相负载星形连接相电流与线电流的关系是什么？
问题 3：三相负载星形连接时中线的作用是什么？

图 3-1　三相负载的星形连接

操作人	教师演示、学生练习						
演示结果	开关状态	A_1	A_2	A_3	A	V	V_1
	全闭合	322.2	322.2	322.2	560.6	220	220

问题 1：三相对称负载三角形连接相电压与线电压的关系是什么？
问题 2：三相不对称负载三角形连接相电压与线电压的关系是什么？
问题 3：三相对称负载三角形连接相电流与线电流的关系是什么？

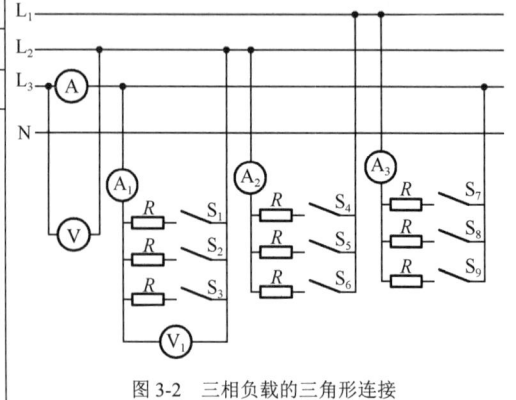

图 3-2　三相负载的三角形连接

任务 3.1　三相交流电源

3.1.1　概述

对称三相电源是由三相绕组发出的 3 个电动势幅值相等、频率相同、彼此之间相位相差 120°的正弦交流电源,按一定方式(星形或三角形)连接组成的供电系统。可表示为

$$\begin{aligned} u_\mathrm{U} &= U_\mathrm{m}\sin\omega t \quad \mathrm{V} \\ u_\mathrm{V} &= U_\mathrm{m}\sin(\omega t - 120°) \quad \mathrm{V} \\ u_\mathrm{W} &= U_\mathrm{m}\sin(\omega t + 120°) \quad \mathrm{V} \end{aligned} \qquad (3\text{-}1)$$

波形如图 3-3 所示,相量如图 3-4 所示。

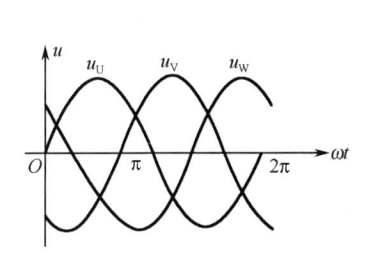

图 3-3　对称三相正弦量的波形 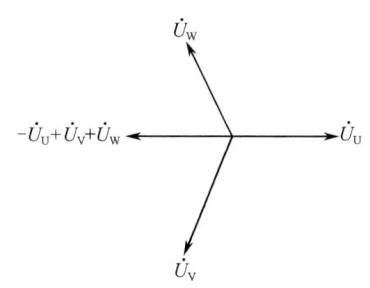　　图 3-4　对称三相正弦量的相量图

则它们的相量表达式为

$$\dot{U}_\mathrm{U} = U\underline{/0°}\ \mathrm{V} \qquad \dot{U}_\mathrm{V} = U\underline{/-120°}\ \mathrm{V} \qquad \dot{U}_\mathrm{W} = U\underline{/120°}\ \mathrm{V}$$

通过三相电源的波形图、相量图分析可知,任何瞬时对称三相电源的电压之和为零。则有

$$\begin{cases} \dot{U}_\mathrm{U} + \dot{U}_\mathrm{V} + \dot{U}_\mathrm{W} = 0 \\ u_\mathrm{U} + u_\mathrm{V} + u_\mathrm{W} = 0 \end{cases} \qquad (3\text{-}2)$$

交流电路中的用电设备,大体可以分为以下两类。

一类是需要接在三相电源上才能正常工作的负载称为三相负载;此类负载主要为阻抗值和阻抗角完全相等的三相对称负载,如三相电动机。

另一类是单相负载,它们可以根据需要接在三相电源的任意一相上。如果三相电源的其他两相也接单相负载,对于三相电源来说它们也组成三相负载,但各相负载的复阻抗一般不相等,所以不是三相对称负载,如照明灯。

3.1.2　三相电源的星形(Y)连接

把发电机三相绕组的末端连在一起接成一点,这个点称为中性点,而把首端作为与外电路相连接的端点,分别引出三条输电线,这种连接方式称为三相电源的星形连接,这三条输电线称为相线或端线,俗称火线,用 L_1、L_2、L_3 表示。由中性点引出的导线称为中线(或称零线),相线与中线之间的电压称为相电压,U_P 表示其有效值,每相电压 $\dot{U}_\mathrm{U}$、$\dot{U}_\mathrm{V}$、$\dot{U}_\mathrm{W}$ 的

方向从首端指向末端；端线之间的电压 $\dot{U}_{UV}$、$\dot{U}_{VW}$、$\dot{U}_{WU}$ 称为线电压，U_L 表示其有效值，如图 3-5 所示。

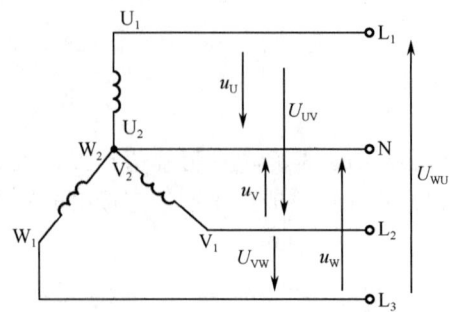

图 3-5 三相电源的星形连接

如果三相负载对称，中线无电流，可将中线除去，而成为三相三线制供电系统。

但是如果三相负载不对称，中线上有电流 I_N 通过，则中线不能被除去，否则会造成负载上三相电压严重不对称，而使用电设备不能正常工作。

由图 3-6 可知，线电压与相电压的关系如下

$$\begin{aligned}\dot{U}_{UV} &= \dot{U}_U - \dot{U}_V = \sqrt{3}\dot{U}_U \underline{/30°}\\ \dot{U}_{VW} &= \sqrt{3}\dot{U}_V \underline{/30°}\\ \dot{U}_{WU} &= \sqrt{3}\dot{U}_W \underline{/30°}\end{aligned} \tag{3-3}$$

可见，相电压对称，线电压同样也对称，图 3-6 表示线电压与相电压之间的关系，即三相电源作星形连接时，线电压有效值是相电压有效值的 $\sqrt{3}$ 倍，线电压超前相应的相电压 30° 的相位角，并且有

$$\begin{cases}\dot{U}_{UV} + \dot{U}_{VW} + \dot{U}_{WU} = 0\\ \dot{U}_U + \dot{U}_V + \dot{U}_W = 0\end{cases} \tag{3-4}$$

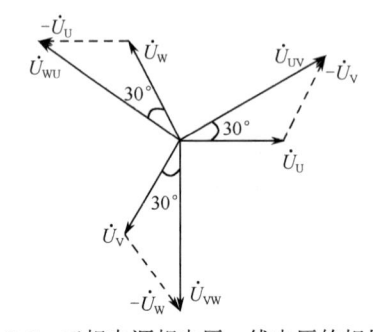

图 3-6 三相电源相电压、线电压的相量图

3.1.3 三相电源的三角形（△）连接

发电机三相绕组依次首尾相连，从连接点引出三条相线 L_1、L_2、L_3（给用户供电），称为三相电源的三角形连接，如图 3-7 所示。每相绕组的首尾不能接错。

由图 3-8 可知，线电压等于相电压，即

$$\dot{U}_{UV} = \dot{U}_U, \quad \dot{U}_{VW} = \dot{U}_V, \quad \dot{U}_{WU} = \dot{U}_W$$

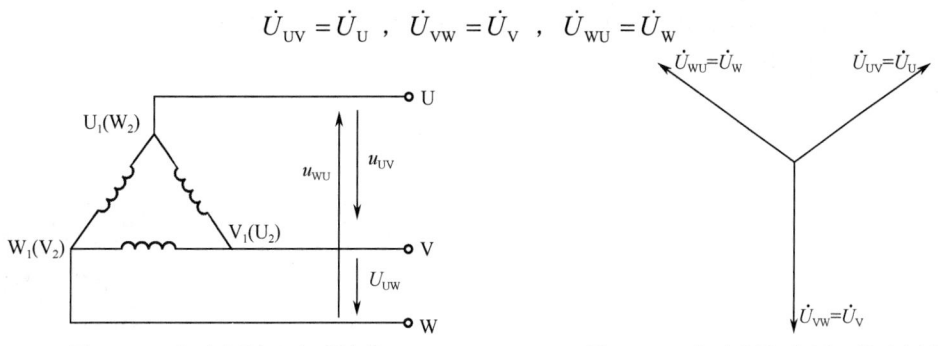

图 3-7 三相电源的三角形连接　　　　图 3-8 三相电源相电压、线电压的相量图

【例题 3-1】三相发电机接成三角形供电。如果误将 U 相接反，会产生什么后果？如何使连接正确？

【解】U 相接反时的电路如图 3-9（a）所示。此时回路中的电流为

$$\dot{I}_s = \frac{-\dot{U}_U + \dot{U}_V + \dot{U}_W}{3Z} = \frac{-2\dot{U}_U}{3Z}$$

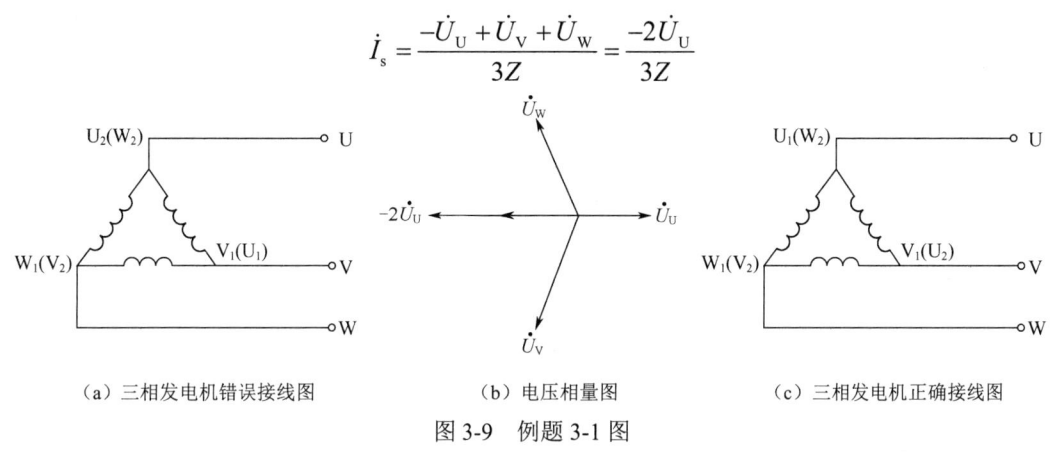

（a）三相发电机错误接线图　　（b）电压相量图　　（c）三相发电机正确接线图

图 3-9　例题 3-1 图

由计算结果可知，由于回路中的电流过大，会造成三相电源的损坏。正确的连接方法，如图 3-9（c）所示。

通常情况下，三相电源选择星形连接的方式。

任务 3.2　三相负载的连接

在三相电路中，通常把负载连接成：星形（Y）和三角形（△）两种形式。

3.2.1　三相负载的星形（Y）连接

如图 3-10 所示，Z_U、Z_V、Z_W 为星形连接。图中 Z_U、Z_V、Z_W 3 个负载的一端连接在一起，形成一个节点，称为中性点，由中性点可引出一根线，称为中线，与三相电源的中点相连。在中线中流动的电流称为中线电流。另一端分别引出三根输出线，分别与三相电源相连。在负载中流动的电流称为相电流，I_P 表示其有效值；在相线中流动的电流称为线电流，I_L 表示其有效

值。三相负载的星形连接相电流等于线电流。根据是否有中线，星形连接又可分为三相四线制连接和三相三线制连接。

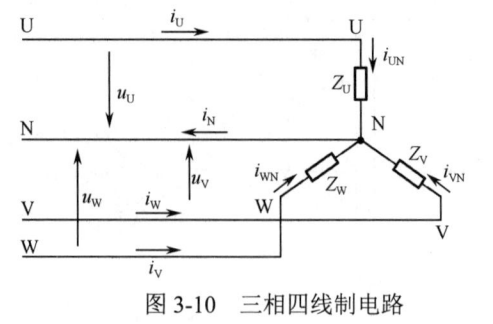

图 3-10 三相四线制电路

1. 三相四线制电路

具有中线的星形连接电路称为三相四线制电路。

加在负载两端的电压是负载的相电压，在忽略输电线阻抗时，已知线电压的有效值是负载相电压有效值的 $\sqrt{3}$ 倍。

由图 3-10 可知

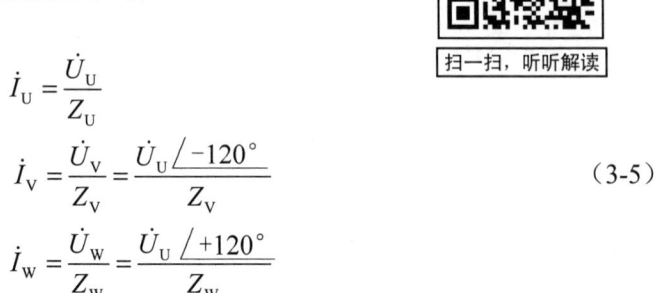

$$\dot{I}_U = \frac{\dot{U}_U}{Z_U}$$

$$\dot{I}_V = \frac{\dot{U}_V}{Z_V} = \frac{\dot{U}_U \angle -120°}{Z_V}$$

$$\dot{I}_W = \frac{\dot{U}_W}{Z_W} = \frac{\dot{U}_U \angle +120°}{Z_W}$$

（3-5）

$$\dot{I}_N = \dot{I}_U + \dot{I}_V + \dot{I}_W$$

（3-6）

【例题 3-2】 在三相四线制电路中，星形负载各相阻抗分别为 $Z_U=8+j6\Omega$，$Z_V=3-j4\Omega$，$Z_W=10\Omega$，电源线电压为 380V，求各相电流及中线电流。

【解】 设电源为 Y 形连接，则由题意可知：

$$U_P = \frac{U_L}{\sqrt{3}} = 220 \text{ (V)}$$

$$\dot{U}_U = 220 \angle 0° \text{ (V)}$$

式中，U_P 表示相电压的有效值；U_L 表示线电压的有效值。

$$\dot{I}_U = \frac{\dot{U}_U}{Z_U} = \frac{220\angle 0°}{8+j6} = \frac{220\angle 0°}{10\angle 36.9°} = 22\angle -36.9° \text{ (A)}$$

$$\dot{I}_V = \frac{\dot{U}_V}{Z_V} = \frac{220\angle -120°}{3-j4} = \frac{220\angle -120°}{5\angle -53.1°} = 44\angle -66.9° \text{ (A)}$$

$$\dot{I}_W = \frac{\dot{U}_W}{Z_W} = \frac{220\angle 120°}{10\angle 0°} = 22\angle 120° \text{ (A)}$$

$$\dot{I}_N = \dot{I}_U + \dot{I}_V + \dot{I}_W$$
$$= 22\angle -36.9° + 44\angle -66.9° + 22\angle 120°$$

$$= 17.6 - j13.2 + 17.3 - j40.5 - 11 + j19.1$$
$$= 23.9 - j34.6$$
$$= 42\underline{/-55.4°}(A)$$

三相负载作 Y 形连接时有如下情况。

若三相负载完全相同,称为三相对称负载。设

$$Z_U = R_U + jX_U = |Z_U|\underline{/\varphi_U}$$
$$Z_V = R_V + jX_V = |Z_V|\underline{/\varphi_V}$$
$$Z_W = R_W + jX_W = |Z_W|\underline{/\varphi_W}$$

三相负载的对称条件是 $Z_U = Z_V = Z_W$,即

$$\begin{cases} R_U = R_V = R_W \\ X_U = X_V = X_W \end{cases}$$

或

$$\begin{cases} |Z_U| = |Z_V| = |Z_W| = |Z| \\ \varphi_U = \varphi_V = \varphi_W = \varphi \end{cases}$$

三相对称负载作 Y 形连接时有如下的特点。

(1) 各相电流对称

由于电源的相电压是对称的,各项负载又完全相同,因此 3 个相电流必然对称。

即:

$$\begin{cases} \dot{I}_U = \dfrac{\dot{U}_U}{Z_U} = I_P\underline{/\varphi} \\ \dot{I}_V = \dfrac{\dot{U}_V}{Z_V} = I_P\underline{/\varphi-120°} \\ \dot{I}_W = \dfrac{\dot{U}_W}{Z_W} = I_P\underline{/\varphi+120°} \end{cases}$$

三相电流对称,所以计算相电流时,只要计算出其中一相,其他两相可按照对称性推算出,与实验结果相符。

(2) 中线电流为零

$$\dot{I}_N = \dot{I}_U + \dot{I}_V + \dot{I}_W = I_P\underline{/\varphi} + I_P\underline{/(\varphi-120°)} + I_P\underline{/(\varphi+120°)}$$
$$= 0$$

【例题 3-3】额定电压为 220V、额定功率为 40W 的白炽灯共 9 盏,均匀分别安装在 220V/380V 供电系统的三相电网上,求:

(1) 这些白炽灯应如何连接在三相电源上?画出电路图;
(2) 试求白炽灯全部点亮时各相电流,并画出相量图;
(3) 讨论一下此时需不需要中线。

【解】(1) 必须将 9 盏灯分成三组,按 Y 形连接的方式接在三相电路上,其电路如图 3-11 所示,相量如图 3-12 所示。

(2) 每盏灯电阻为

$$R = \dfrac{U^2}{P} = \dfrac{220^2}{40} = 1210(\Omega)$$

图 3-11　例题 3-3 电路图

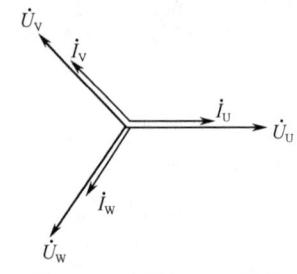

图 3-12　例题 3-3 相量图

白炽灯全部点亮时，每相负载电阻（3 盏灯并联）为

$$R_P = \frac{R}{3} = \frac{1210}{3} = 403.3(\Omega)$$

各相电流的有效值为

$$I_U = I_V = I_W = I_P = \frac{U}{R_P} = \frac{220}{403.3} = 0.5(A)$$

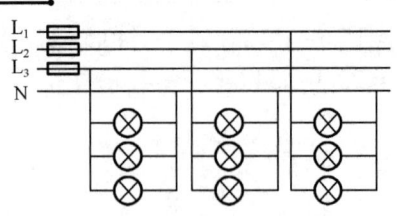

（3）当所有白炽灯全部点亮时，构成三相对称负载，中线电流为零，可以不要中线，但在实际使用时一般不可能使所有的灯泡全亮，因而负载多数情况是不对称的，所以必须安装中线。

2. 三相三线制电路

没有中性线的星形连接电路称为三相三线制电路，如图 3-13 所示。

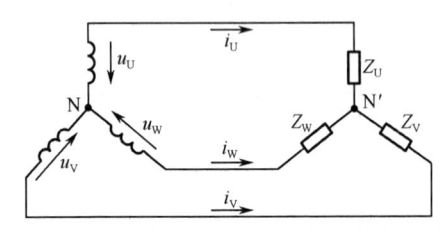

图 3-13　负载为 Y 形连接的三相三线制电路

（1）三相负载对称

即

$$Z_U = Z_V = Z_W = Z = |Z|\underline{/\varphi}$$

由图 3-13 可知

$$\dot{U}_{N'N} = \frac{\dfrac{\dot{U}_U}{Z_U} + \dfrac{\dot{U}_V}{Z_V} + \dfrac{\dot{U}_W}{Z_W}}{\dfrac{1}{Z_U} + \dfrac{1}{Z_V} + \dfrac{1}{Z_W}}$$

则

$$\dot{U}_{N'N} = \frac{\dfrac{\dot{U}_U}{Z_U} + \dfrac{\dot{U}_V}{Z_V} + \dfrac{\dot{U}_W}{Z_W}}{\dfrac{1}{Z_U} + \dfrac{1}{Z_V} + \dfrac{1}{Z_W}} = \frac{\dfrac{1}{Z}(\dot{U}_U + \dot{U}_V + \dot{U}_W)}{\dfrac{3}{Z}} = 0$$

由于负载对称，中线电流为零，忽略线路阻抗，省去中线后，负载的相电压等于电源的相电压，负载也能正常工作。

（2）三相负载不对称，如图 3-14 所示。则

$$\dot{U}_{N'N} = \frac{\dfrac{\dot{U}_U}{Z_U} + \dfrac{\dot{U}_V}{Z_V} + \dfrac{\dot{U}_W}{Z_W}}{\dfrac{1}{Z_U} + \dfrac{1}{Z_V} + \dfrac{1}{Z_W}} \neq 0$$

负载各相电压

$$\dot{U}_{U'} = \dot{U}_{UN'} = \dot{U}_U - \dot{U}_{N'N}$$
$$\dot{U}_{V'} = \dot{U}_{VN'} = \dot{U}_V - \dot{U}_{N'N}$$
$$\dot{U}_{W'} = \dot{U}_{WN'} = \dot{U}_W - \dot{U}_{N'N}$$

负载各相电流（即线电流）

$$\dot{I}_U = \frac{\dot{U}_{U'}}{Z_U}, \dot{I}_V = \frac{\dot{U}_{V'}}{Z_V}, \dot{I}_W = \frac{\dot{U}_{W'}}{Z_W}$$

由于负载不对称，$\dot{U}_{N'N} \neq 0$，即 N' 点与 N 点的电位不同。从图 3-15 的相量关系可以看出，N' 点与 N 点不重合，这一现象称为中性点位移。在电源对称的情况下，可以根据中性点位移的情况判断负载端不对称的程度。当中性点位移较大时，会造成负载端的电压严重不对称，从而可能使负载的工作不正常。另外，如果负载变动时，由于各相负载的工作相互关联，因此彼此都互相影响。

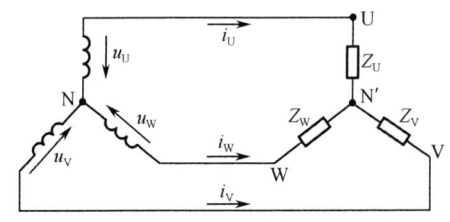

图 3-14　负载不对称 Y 形连接三相三线制电路
图 3-15　中点位移

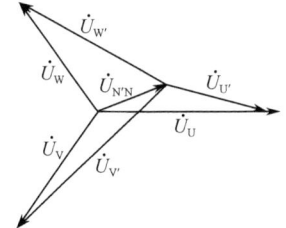

当不对称负载电路有中线存在时，尽管电源不对称，但在这个条件下，可使各相负载保持独立，各相负载的工作互不影响，因而各相可以独立计算。能确保各相负载在相电压下安全工作，这就弥补了无中线引起的缺点。所以三相不对称负载作 Y 形连接时，是绝对不能省去中线的。在安装电路时，熔丝、开关等不能安装在中线上，是为了避免它们断开时相当于去掉

中线。

【例题 3-4】 如图 3-16（a）所示电路是用来测定三相电源相序的仪器，称为相序指示器。任意指定电源的一相为 U 相，把电容 C 接到 U 相上，两只白炽灯分别接到另外两相上。设 $R=1/\omega C$，试说明如何根据两只灯的亮度来确定 V、W 相。

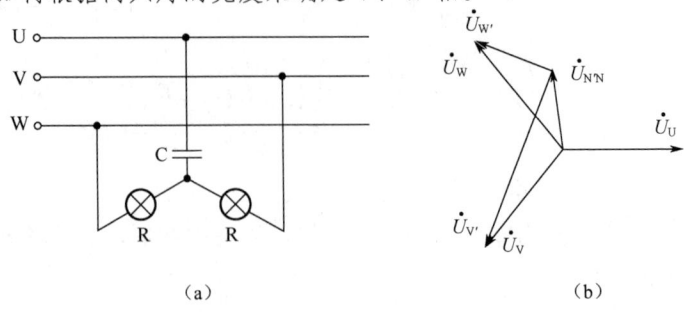

图 3-16 例题 3-4 图

【解】 这是一个不对称的星形负载连接电路。其相量如图 3-16（b）所示。

设 $\dot{U}_U = U\angle 0°$，则

$$G = \frac{1}{R} = \omega C$$

$$\dot{U}_{N'N} = \frac{\dot{U}_U j\omega C + \dot{U}_V G + \dot{U}_W G}{j\omega C + 2G}$$

$$\dot{U}_{N'N} = \frac{j + 1\angle -120° + 1\angle 120°}{2+j}U = \frac{-1+j}{2+j}U = 0.632U\angle 108.4°$$

$$\dot{U}_{V'} = \dot{U}_V - \dot{U}_{N'N} = U\angle -120° - 0.632U\angle 108.4° = 1.49U\angle -101.5°$$

$$\dot{U}_{W'} = \dot{U}_W - \dot{U}_{N'N} = U\angle 120° - 0.632U\angle 108.4° = 0.4U\angle 138.4°$$

显然，$U_{V'} > U_{W'}$，从而可知，较亮的灯接入的为 V 相，较暗的为 W 相。

【例题 3-5】 试分析原对称星形连接的负载（无中线）有一相负载短路或断路时，各相电压的变化情况。

【解】 有一相负载短路或断路时，原对称三相电路则成为不对称三相电路。

（1）设 U 相短路，如图 3-17（a）所示，其相量如图 3-17（b）所示。

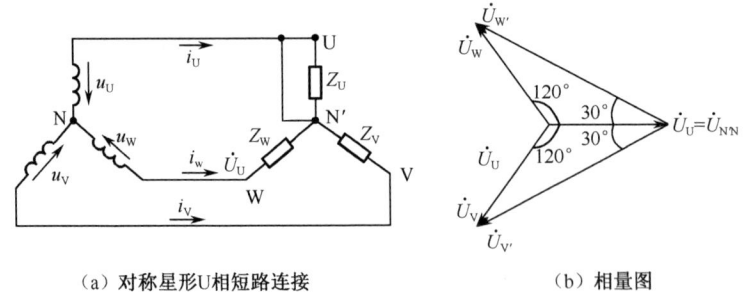

(a) 对称星形U相短路连接　　　　(b) 相量图

图 3-17 三相三线制电路

$$\dot{U}_{N'N} = \dot{U}_U$$
$$\dot{U}_{U'} = \dot{U}_U - \dot{U}_{N'N} = 0$$
$$\dot{U}_{V'} = \dot{U}_V - \dot{U}_{N'N} = \dot{U}_V - \dot{U}_U$$
$$\dot{U}_{W'} = \dot{U}_W - \dot{U}_{N'N} = \dot{U}_W - \dot{U}_U$$
$$U_V = U_W = 2U_U \cos 30° = \sqrt{3} U_U$$

当其中一相短路时，其他两相电压的有效值升高到正常工作电压的 $\sqrt{3}$ 倍。（2）设 U 相断路，如图 3-18 所示。

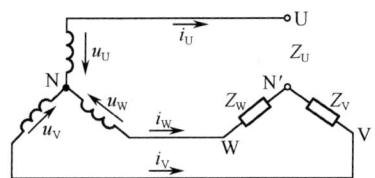

图 3-18 负载 U 相断路不对称 Y 形连接的三相三线制电路

$$\dot{U}_{V'} = \frac{\dot{U}_{VW}}{2Z} \times Z = \frac{1}{2} \dot{U}_{VW}$$

$$\dot{U}_{W'} = -\frac{\dot{U}_{VW}}{2Z} \times Z = -\frac{1}{2} \dot{U}_{VW}$$

$$U_{VW} = \sqrt{3} U_U$$

$$U_{V'} = U_{W'} = \frac{\sqrt{3}}{2} U_U$$

当其中一相断路时，其他两相电压的有效值是原来正常工作电压的 $\frac{\sqrt{3}}{2}$ 倍。

3.2.2 三相负载的三角形（△）连接

如图 3-19（a）所示，将三相负载首尾依次连接成一个闭合回路，然后从 3 个连接点引出三根端线，构成了三相负载的三角形连接。三相负载的三角形连接中由于无中线，因而中线电流为零。

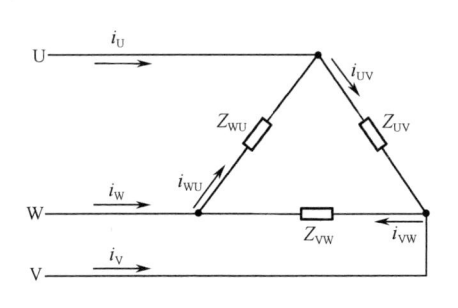

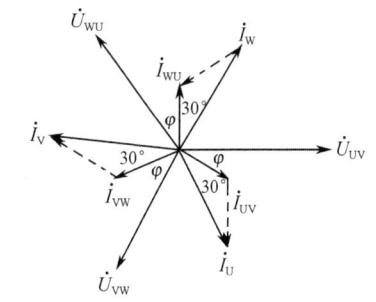

（a）负载三角形连接　　　　　　（b）电压与电流的相量图

图 3-19 负载的三角形连接及电压与电流相量图

由图 3-19（b）可知，相电流：

$$\begin{cases} \dot{I}_{UV} = \dfrac{\dot{U}_{UV}}{Z_{UV}} \\ \dot{I}_{VW} = \dfrac{\dot{U}_{VW}}{Z_{VW}} \\ \dot{I}_{WU} = \dfrac{\dot{U}_{WU}}{Z_{WU}} \end{cases} \quad (3\text{-}7)$$

根据 KCL 定律，分别可得到线电流与相电流的关系是

$$\begin{cases} \dot{I}_{U} = \dot{I}_{UV} - \dot{I}_{WU} \\ \dot{I}_{V} = \dot{I}_{VW} - \dot{I}_{UV} \\ \dot{I}_{W} = \dot{I}_{WU} - \dot{I}_{VW} \end{cases} \quad (3\text{-}8)$$

如果负载对称，即

$$Z_{UV} = Z_{VW} = Z_{WU} = Z$$

则

$$\begin{cases} \dot{I}_{UV} = \dfrac{\dot{U}_{UV}}{Z_{UV}} = \dfrac{\dot{U}_{UV}}{Z} \\ \dot{I}_{VW} = \dfrac{\dot{U}_{VW}}{Z_{VW}} = \dfrac{\dot{U}_{VW}}{Z} = \dfrac{\dot{U}_{UV}\underline{/-120°}}{Z} = \dot{I}_{UV}\underline{/-120°} \\ \dot{I}_{WU} = \dfrac{\dot{U}_{WU}}{Z_{WU}} = \dfrac{\dot{U}_{WU}}{Z} = \dfrac{\dot{U}_{UV}\underline{/120°}}{Z} = \dot{I}_{UV}\underline{/120°} \end{cases} \quad (3\text{-}9)$$

代入式（3-8），得到

$$\begin{cases} \dot{I}_{U} = \dot{I}_{UV} - \dot{I}_{WU} = \sqrt{3}\dot{I}_{UV}\underline{/-30°} \\ \dot{I}_{V} = \dot{I}_{VW} - \dot{I}_{UV} = \sqrt{3}\dot{I}_{VW}\underline{/-30°} \\ \dot{I}_{W} = \dot{I}_{WU} - \dot{I}_{VW} = \sqrt{3}\dot{I}_{WU}\underline{/-30°} \end{cases} \quad (3\text{-}10)$$

可见，对称三相负载的三角形连接中，线电流的有效值等于相电流有效值的 $\sqrt{3}$ 倍，且滞后对应的相电流 30° 的相位角，线电压等于相电压。

【例题 3-6】 对称负载连接成三角形，接入线电压为 380V 的三相电源，若每相阻抗 $Z=3+j4\Omega$，求负载各相电流及各线电流。

【解】 设线电压 $\dot{U}_{UV} = 380\underline{/0°}$ V，则负载各相电流为

$$\dot{I}_{UV} = \dfrac{\dot{U}_{UV}}{Z} = \dfrac{380\underline{/0°}}{3+j4} = \dfrac{380\underline{/0°}}{5\underline{/53.1°}} = 76\underline{/-53.1°} \text{ (A)}$$

$$\dot{I}_{VW} = \dfrac{\dot{U}_{VW}}{Z} = \dot{I}_{UV}\underline{/-120°} = 76\underline{/(-53.1°-120°)} = 76\underline{/-173.1°} \text{ (A)}$$

$$\dot{I}_{WU} = \dfrac{\dot{U}_{WU}}{Z} = \dot{I}_{UV}\underline{/120°} = 76\underline{/(-53.1°+120°)} = 76\underline{/66.9°} \text{ (A)}$$

负载各线电流为

$$\dot{I}_{U} = \sqrt{3}\dot{I}_{UV}\underline{/-30°} = \sqrt{3}\times 76\underline{/(-53.1°-30°)} = 131.66\underline{/-83.1°} \text{(A)}$$

$$\dot{I}_{V} = \dot{I}_{U}\underline{/-120°} = 131.66\underline{/(-83.1°-120°)} = 131.66\underline{/156.9°} \text{ (A)}$$

$$\dot{I}_W = \dot{I}_U \underline{/120°} = 131.66\underline{/(-83.1°+120°)} = 131.66\underline{/36.9°}(A)$$

【例题 3-7】 某三相交流异步电动机每相绕组额定电压为 380V，额定电流为 10A，功率因数为 0.85，电源是 220/380V 的电网，频率 f =50Hz。试求：(1) 电动机三相绕组应如何连接？(2) 求每相绕组的等值阻抗、等值电阻与电感。(3) 求各相电流和线电流的大小。

【解】 (1) 由于电动机每相绕组的额定电压为 380V，因而三相异步电动机绕组应选择三角形连接。

(2) 每相绕组的等值阻抗为 $\quad |Z| = \dfrac{380}{10} = 38(\Omega)$

等值电阻为 $\quad R = |Z|\cos\varphi = 38 \times 0.85 = 32.3(\Omega)$

$$X_L = \sqrt{(|Z|)^2 - R^2} = \sqrt{38^2 - 32.3^2} = 20(\Omega)$$

等值电感为 $\quad L = \dfrac{X_L}{2\pi f} = \dfrac{20}{314} = 63.7(\text{mH})$

(3) 额定运行时，其相电流与线电流的大小分别为

$$I_P = 10A \qquad I_L = 17.3A$$

任务 3.3　三相电功率

1. 三相负载的有功功率

三相负载的有功功率等于各相有功功率之和。

$$P = P_U + P_V + P_W = U_U I_U \cos\varphi_U + U_V I_V \cos\varphi_V + U_W I_W \cos\varphi_W \tag{3-11}$$

$$P = P_U + P_V + P_W = I_U^2 R_U + I_V^2 R_V + I_W^2 R_W$$

若三相负载是对称的，则有

$$U_U I_U \cos\varphi_U = U_V I_V \cos\varphi_V = U_W I_W \cos\varphi_W = U_P I_P \cos\varphi_P$$

三相总有功功率则为

$$P = P_U + P_V + P_W = 3U_P I_P \cos\varphi_P = 3U_P I_P \cos\varphi_P \tag{3-12}$$

当负载为星形连接时，则

$$U_P = \dfrac{U_L}{\sqrt{3}}, \quad I_P = I_L$$

$$P = \sqrt{3} U_L I_L \cos\varphi \tag{3-13}$$

式中，I_P、I_L、U_P、U_L 分别为相电流、线电流、相电压、线电压的有效值。

当负载为三角形连接时，则

$$U_P = U_L, \quad I_P = \dfrac{I_L}{\sqrt{3}}$$

$$P = \sqrt{3} U_L I_L \cos\varphi$$

注意：φ 为相电压与相电流之间的相位差。由此可见，三相负载无论是星形连接还是三角形连接，计算有功功率的公式总是相同的。

2. 三相负载的无功功率

$$Q = Q_U + Q_V + Q_W = U_U I_U \sin\varphi_U + U_V I_V \sin\varphi_V + U_W I_W \sin\varphi_W$$

若三相负载是对称的，无论负载连接成星形还是三角形，三相总无功功率均为

$$Q = Q_U + Q_V + Q_W = \sqrt{3} U_L I_L \sin\varphi \qquad (3\text{-}14)$$

3. 三相负载的视在功率

三相负载的视在功率为

$$S = \sqrt{P^2 + Q^2}$$

若负载对称，则

$$S = \sqrt{(\sqrt{3} U_L I_L \cos\varphi_P)^2 + (\sqrt{3} U_L I_L \sin\varphi_P)^2} = \sqrt{3} U_L I_L \qquad (3\text{-}15)$$

【例题 3-8】 有一对称三相负载，每相阻抗 $Z=80+\text{j}60\Omega$，电源线电压 $U_L=380\text{V}$。求三相负载分别连接成星形或三角形时电路的有功功率和无功功率。

【解】（1）负载为星形连接时

$$U_P = \frac{U_L}{\sqrt{3}} = \frac{380}{\sqrt{3}} = 220(\text{V})$$

$$I_P = I_L = \frac{U_P}{|Z|} = \frac{220}{\sqrt{80^2 + 60^2}} = 2.2(\text{A})$$

$$\cos\varphi = \frac{80}{\sqrt{80^2 + 60^2}} = 0.8，\quad \sin\varphi = 0.6$$

由阻抗三角形可得

$$P = \sqrt{3} U_L I_L \cos\varphi = \sqrt{3} \times 380 \times 2.2 \times 0.8 = 1.16(\text{kW})$$

$$Q = \sqrt{3} U_L I_L \sin\varphi = \sqrt{3} \times 380 \times 2.2 \times 0.6 = 0.87(\text{kvar})$$

或

$$P = 3 I_P^2 R_P = 3 \times 2.2^2 \times 80 = 1.16(\text{kW})$$

$$Q = 3 I_P^2 X_P = 3 \times 2.2^2 \times 60 = 0.87(\text{kvar})$$

（2）负载为三角形连接时

$$U_P = U_L = 380\text{V}$$

$$I_L = \sqrt{3} I_P = \sqrt{3} \frac{380}{\sqrt{80^2 + 60^2}} = 6.6\text{A}$$

$$P = \sqrt{3} U_L I_L \cos\varphi = \sqrt{3} \times 380 \times 6.6 \times 0.8 = 3.48\text{kW}$$

$$Q = \sqrt{3} U_L I_L \sin\varphi = \sqrt{3} \times 380 \times 6.6 \times 0.6 = 2.61\text{kvar}$$

注意： 三相对称负载选择不同的连接方式，它们的有功功率与无功功率是不同的。

※ 内容回顾 ※

1. 对称三相电源

（1）若三个电压源的电压，它们的最大值（或有效值）相等、频率相同、相位互差120°构成对称三相电源。

$$u_U = U_m \sin\omega t \text{（V）}$$
$$u_V = U_m \sin(\omega t - 120°) \text{（V）}$$
$$u_W = U_m \sin(\omega t + 120°) \text{（V）}$$

若三相交流电依次达到最大值的顺序是 U-V-W-U，称为顺相序，反之称为逆相序。

（2）三相对称电源接成星形，采用三相四线制供电，可提供两种电压，分别为线电压与相电压，有 $U_L = \sqrt{3}U_P$，线电压超前相应的相电压30°的相位角。

（3）三相电源三角形连接，采用三相三线制供电，线电压与相电压相等，即 $U_L = U_P$。

2. 三相负载

（1）三相负载有对称与不对称之分。

三相对称负载的对称条件

$Z_U = Z_V = Z_W$

或

$$\begin{cases} |Z_U| = |Z_V| = |Z_W| = |Z| \\ \varphi_U = \varphi_V = \varphi_W = \varphi \end{cases}$$

（2）三相负载有两种连接法。负载的额定电压符合电源线电压时，采用三角形接法；负载的额定电压符合电源相电压时，采用星形接法。

（3）三相负载作星形连接时，各相负载的相电流等于各端线中的线电流。对称负载，由于中线电流为零，可以采用三相三线制，即 $U_L = \sqrt{3}U_P$，$I_L = I_P$；不对称负载，为了保证负载能正常工作，采用三相四线制，即三根相线，一根中线，有四根输电线。为了保证每相负载正常工作，中性线不能断开，所以中性线中不允许接入开关或保险丝。

（4）三相负载作三角形连接时，只能是三相三线制供电，$U_L = U_P$，在对称的条件下有 $I_P = \dfrac{I_L}{\sqrt{3}}$，线电流滞后相应的相电流30°的相位角。注意，不对称时没有上述结论。

3. 三相电功率

在对称的三相电路中，

总有功功率为 $\qquad P = \sqrt{3}U_L I_L \cos\varphi$

总无功功率为 $\qquad Q = \sqrt{3}U_L I_L \sin\varphi$

式中，φ 是相电压与相电流之间的相位差；$\cos\varphi$ 称为功率因数。

※ 典型例题解析 ※

【典例 3-1】 已知某星形连接的三相电源的 V 相电压 $u_{VN}=220\sin(\omega t-125°)$V，求其他两相的电压及线电压瞬时值表达式。

【解】 根据 U 相超前 V 相 120°，W 相滞后 V 相 120° 的关系，可得

$u_{UN}=220\sin(\omega t-125°+120°)=220\sin(\omega t-5°)$V

$u_{WN}=220\sin(\omega t-125°-120°)=220\sin(\omega t+115°)$V

由于三相电源的星形连接，线电压是相电压的 $\sqrt{3}$ 倍，角度超前于各自对应的相电压 30°，所以

$u_{UV}=380\sin(\omega t+25°)$V

$u_{VW}=380\sin(\omega t-95°)$V

$u_{WU}=380\sin(\omega t+145°)$V

【典例 3-2】 星形（Y）连接的负载，接到线电压为 380V 的三相正弦电压源，试求：（1）每相负载 $Z_U=Z_V=Z_W=10\Omega$ 时的各相电流和中线电流；（2）每相负载 $Z_U=Z_V=Z_W=10\Omega$ 不变，中性线断开后的各相电流；（3）负载 $Z_U=20\Omega$、$Z_V=Z_W=10\Omega$ 时，各相电流及中线电流；（4）负载性质不变，如果 U 相电流不变，V、W 相电流减半，中线电流等于多少？

【解】（1）每相负载的电压

$$U_P=\frac{U_L}{\sqrt{3}}=\frac{380}{\sqrt{3}}=220 \text{（V）}$$

$$\dot{U}_U=220\angle 0° \text{（V）}$$

则 $\dot{U}_V=220\angle{-120°}$ V，$\dot{U}_W=220\angle 120°$ V

各相电流 $\dot{I}_U=\dfrac{\dot{U}}{Z_U}=\dfrac{220\angle 0°}{10}=22\angle 0°$ （A）

$$\dot{I}_V=\frac{\dot{U}_V}{Z_V}=\frac{220\angle{-120°}}{10}=22\angle{-120°} \text{（A）}$$

$$\dot{I}_W=\frac{\dot{U}_W}{Z_W}=\frac{220\angle 120°}{10}=22\angle 120° \text{（A）}$$

中线电流 $\dot{I}_N=\dot{I}_U+\dot{I}_V+\dot{I}_W=22\angle 0°+22\angle{-120°}+22\angle 120°=0$

（2）由于三相负载对称，线电流与相电流相等并且对称，中线电流为零，所以中线断开后，电路不受影响，各相电流和（1）中一样。

（3）各相电压不变，$\dot{I}_V$、$\dot{I}_W$ 不变，U 相电流及中线电流则为

$$\dot{I}_U=\frac{\dot{U}_U}{Z_U}=\frac{220\angle 0°}{20}=11\angle 0° \text{（A）}$$

$\dot{I}_N=\dot{I}_U+\dot{I}_V+\dot{I}_W=11\angle 0°+22\angle{-120°}+22\angle 120°=11\angle 180°$ （A）

（4）负载性质不变，则中线电流

$$\dot{I}_\text{N} = \dot{I}_\text{U} + \dot{I}_\text{V} + \dot{I}_\text{W} = 22\angle 0° + 11\angle -120° + 11\angle 120° = 11\angle 0° \text{(A)}$$

【典例 3-3】如图 3-20 所示，三角形（△）连接的负载，接到线电压为 380V 的三相正弦电压源，试求：（1）每相负载 $Z_\text{UV}=Z_\text{VW}=Z_\text{WU}=10\Omega$ 时的各相电流和线电流；（2）若负载 Z_UV 断开，$Z_\text{VW}=Z_\text{WU}=10\Omega$ 不变，求各相电流和线电流。

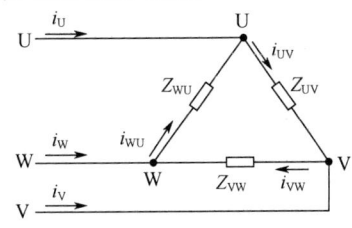

图 3-20 典例 3-3 图

分析： 负载三角形连接时，如果是对称负载，线电流大小等于所对应的相电流的 $\sqrt{3}$ 倍，线电流相位滞后于所对应的相电流 30°。当负载不对称时，线电流与相电流没有这样的对应关系，只能根据节点的 KCL 定律进行求解。

【解】（1）为了和【典例 3-2】比较，设 $\dot{U}_\text{U} = 220\angle 0°$ V

则

$$\dot{U}_\text{UV} = 380\angle 30° \text{ V}$$
$$\dot{U}_\text{VW} = 380\angle -90° \text{ V}$$
$$\dot{U}_\text{WU} = 380\angle 150° \text{ V}$$

各相电流

$$\dot{I}_\text{UV} = \frac{\dot{U}_\text{UV}}{Z_\text{UV}} = \frac{380\angle 30°}{10} = 38\angle 30° \text{ (A)}$$

$$\dot{I}_\text{VW} = \frac{\dot{U}_\text{VW}}{Z_\text{VW}} = \frac{380\angle -90°}{10} = 38\angle -90° \text{ (A)}$$

$$\dot{I}_\text{WU} = \frac{\dot{U}_\text{WU}}{Z_\text{WU}} = \frac{380\angle 150°}{10} = 38\angle 150° \text{ (A)}$$

根据三相对称负载三角形连接，线电流等于 $\sqrt{3}$ 倍的相电流，角度滞后各自对应的相电流 30° 可得

$$\dot{I}_\text{U} = 66\angle 0° \text{ A}$$
$$\dot{I}_\text{V} = 66\angle -120° \text{ A}$$
$$\dot{I}_\text{W} = 66\angle 120° \text{ A}$$

（2）UV 相负载断开，$\dot{I}_\text{UV} = 0$ 而 $\dot{I}_\text{VW}$、$\dot{I}_\text{WU}$ 不变，所以

$$\dot{I}_\text{U} = \dot{I}_\text{UV} - \dot{I}_\text{WU} = 38\angle -30° \text{ (A)}$$
$$\dot{I}_\text{V} = \dot{I}_\text{VW} - \dot{I}_\text{UV} = 38\angle -90° \text{ (A)}$$

$$\dot{I}_W = \dot{I}_{WU} - \dot{I}_{VW} = 66\angle 120°\text{（A）}$$

【典例 3-4】三相对称电路如图 3-21 所示，已知 $Z=4+j3\Omega$，$\dot{U}_U = 380\angle 0°$V，求负载电流 $\dot{I}_U$、$\dot{I}_V$、$\dot{I}_W$。

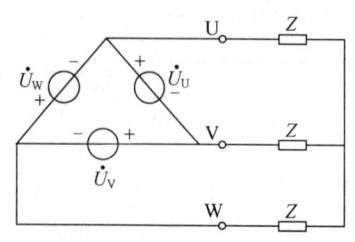

图 3-21　典例 3-4 图

【解】此题的求解分以下两步进行。

（1）先将三角形连接电源转换为星形连接，但需要保证 $\dot{U}_{UV}$、$\dot{U}_{VW}$、$\dot{U}_{WU}$ 不变，等效电路如图 3-22 所示。

（a）　　　　　　　　　　（b）

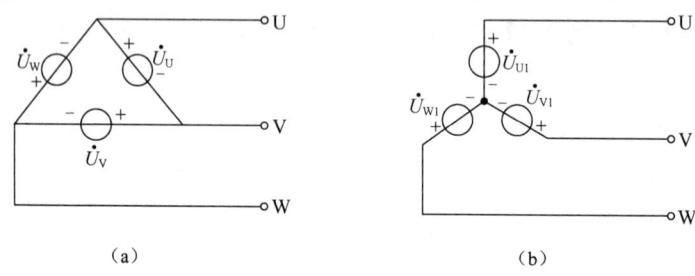

图 3-22　典例 3-4 图解（1）

对 3-22（a）图有
$$\dot{U}_{UV} = \dot{U}_U$$
对 3-22（b）图有
$$\dot{U}_{UV} = \dot{U}_{U1} - \dot{U}_{V1} = \sqrt{3}\dot{U}_{U1}\angle 30°\text{ V}$$
所以 $\dot{U}_U = \dot{U}_{U1} - \dot{U}_{V1} = \sqrt{3}\dot{U}_{U1}\angle 30°$ V

即有 $\dot{U}_{U1} = \dfrac{1}{\sqrt{3}}\dot{U}_U\angle -30°$ V $= 220\angle -30°$ V

根据电源的对称性有 $\dot{U}_{V1} = \dot{U}_{U1}\angle -120°$ V $= 220\angle -150°$ V

$$\dot{U}_{W1} = \dot{U}_{U1}\angle 120°\text{ V} = 220\angle 90°\text{ V}$$

（2）将原负载接到等效的电源上，如图 3-23 所示。
由于三相电源对称、三相负载对称，所以每相负载的电压
等于电源的相电压，有
$$\dot{U}_{UZ} = \dot{U}_{U1} = 220\angle -30°\text{V}$$

则 $\dot{I}_\mathrm{U} = \dfrac{\dot{U}_{ZU}}{Z} = \dfrac{220\angle-30°}{4+j3} = 44\angle-66.9°$ (A)

根据对称性可得 $\dot{I}_\mathrm{V} = \dot{I}_\mathrm{U}\angle-120° = 44\angle173.1°$ (A)

$\dot{I}_\mathrm{W} = \dot{I}_\mathrm{U}\angle120° = 44\angle53.1°$ (A)

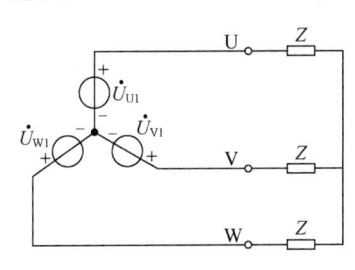

图 3-23 典例 3-4 图解（2）

【典例 3-5】三相对称交流电路中电压表接于两相线之间，电流表串接在相线上，两表读数分别为 380V、5A，试求：（1）若三相负载星形（Y）连接，则负载的相电压、相电流及每相阻抗分别等于多少？（2）若三相负载三角形连接，则负载的相电压、相电流及每相负载的阻抗分别等于多少？

【解】（1）由题意可知，$U_\mathrm{L}=380\mathrm{V}$，$I_\mathrm{L}=5\mathrm{A}$

负载星形（Y）连接，有 $U_\mathrm{L}=\sqrt{3}U_\mathrm{P}$，所以

相电压 $U_\mathrm{P} = \dfrac{U_\mathrm{L}}{\sqrt{3}} = 220$ (V)

相电流 $I_\mathrm{P}=I_\mathrm{L}=5\mathrm{A}$

每相负载的阻抗 $|Z| = \dfrac{U_\mathrm{P}}{I_\mathrm{P}} = \dfrac{220}{5} = 44$ (Ω)

（2）负载三角形（△）连接，有 $U_\mathrm{L}=U_\mathrm{P}$，相电压 $U_\mathrm{P}=380\mathrm{V}$

相电流 $I_\mathrm{P} = \dfrac{I_\mathrm{L}}{\sqrt{3}} = \dfrac{5}{\sqrt{3}} = 2.89$ (A)

每相负载的阻抗 $|Z| = \dfrac{U_\mathrm{P}}{I_\mathrm{P}} = \dfrac{380}{2.89} = 132$ (Ω)

【典例 3-6】一台三相电动机的绕组接成星形，接在线电压为 380V 的三相电源上，负载的功率因数是 0.8，消耗的功率是 10kW，试求：（1）负载连接成星形时每相负载阻抗是多少？（2）负载连接成三角形时每相负载阻抗等于多少？

【解】（1）三相电动机是三相对称负载，根据 $P=\sqrt{3}U_\mathrm{L}I_\mathrm{L}\cos\varphi$，得

$I_\mathrm{L} = \dfrac{P}{\sqrt{3}U_\mathrm{P}\cos\varphi} = \dfrac{10000}{\sqrt{3}\times380\times0.8} = 19$ (A)

负载星形连接，有 $I_\mathrm{L}=I_\mathrm{P}=19\mathrm{A}$

$U_\mathrm{P} = \dfrac{U_\mathrm{L}}{\sqrt{3}} = 220$ (V)

每相负载的阻抗 $|Z|=\dfrac{U_P}{I_P}=\dfrac{220}{19}=11.6$ （Ω）

（2）负载三角形连接，有 $U_P=U_L=380$V

$$I_P=\dfrac{I_L}{\sqrt{3}}=\dfrac{19}{\sqrt{3}}=10.97 \text{ (A)}$$

每相负载的阻抗 $|Z|=\dfrac{U_P}{I_P}=\dfrac{380}{10.97}=34.8$ （Ω）

【典例3-7】电路如图3-24所示，$\dot{U}_U=220\angle 0°$V，$\dot{U}_V=220\angle -120°$V，$\dot{U}_W=220\angle 120°$V 表的读数 V_1 等于多少？

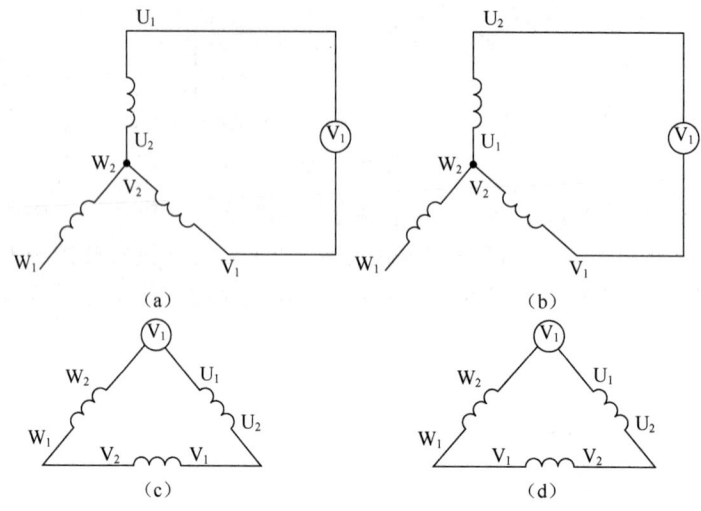

图 3-24　典例 3-7 图

【解】（1）由图3-24（a）可以得出，U_1 与 V_1 两端的电压为

$$\dot{U}_{UV}=\dot{U}_U-\dot{U}_V=220\angle 0°-220\angle -120°=380\angle 30° \text{ (V)}$$

用图 3-25 的相量图也可得出相同的结论，电压表 V_1 的读数是 380V。

（2）由图3-24（b）可以得出，V_1 与 U_2 两端的电压为

$$\dot{U}_{VU}=\dot{U}_V+\dot{U}_U=220\angle -120°+220\angle 0°=220\angle -60° \text{ (V)}$$

用图 3-26 的相量图也可得出相同的结论，电压表 V_1 的读数是 220V。

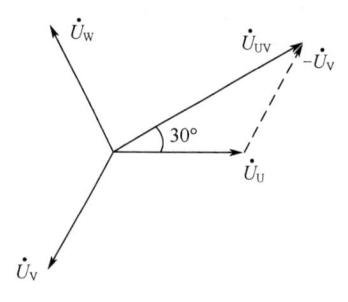

图 3-25　典例 3-7 图解（1）　　　图 3-26　典例图解（2）

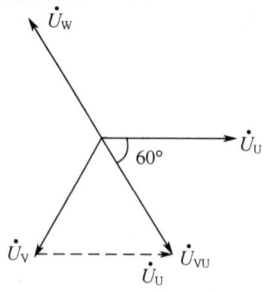

（3）由图 3-24（c）可以得出，U_1 与 W_2 两端的电压为

$$\dot{U} = \dot{U}_U + \dot{U}_V + \dot{U}_W = 220\angle 0° + 220\angle -120° + 220\angle 120° = 0 \text{ (V)}$$

用图 3-27 的相量图也可得出相同的结论，电压表 V_1 的读数是 0V。

（4）由图 3-24（d）可以得出，U_1 与 W_2 两端的电压为

$$\dot{U} = \dot{U}_U - \dot{U}_V + \dot{U}_W = 220\angle 0° - 220\angle -120° + 220\angle 120° = 440\angle 60° \text{ (V)}$$

用图 3-28 相量图也可得出相同的结论，电压表 V_1 的读数是 440V。

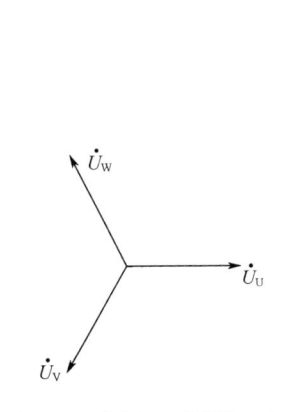

图 3-27 典例 3-7 图解（3）

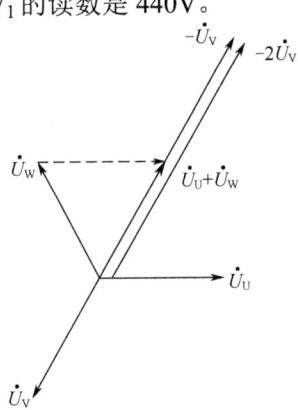

图 3-28 典例 3-7 图解（4）

※ 练习题 ※

1. 如图 3-29 所示（Y）形对称三相电路，每相复阻抗 $Z=50+j25\Omega$，三相电源的线电压 $U_L=380V$，求：（1）相电流 I_P；（2）线电流 I_L；（3）相电压 U_P。

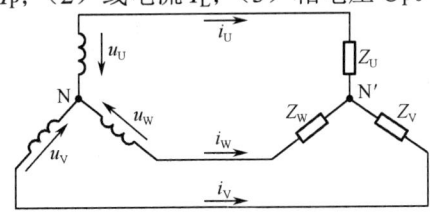

图 3-29 负载为 Y 形连接的三相三线制电路

2. 已知三相对称负载，负载 $Z=(30+j30)\Omega$，如果负载连接成三角形，并接于线电压 $U_L=380V$ 的三相电路中，求：（1）相电压 U_P；（2）相电流 I_P；（3）线电流 I_L。

3. 三相四线制供电线路的线电压 $U_L=380V$，若每相装 220V、100W 的白炽灯 20 盏，试求相电流、线电流和中线电流的有效值。

4. 有一台三角形连接的三相电动机，接到线电压为 380V 的对称三相电源上，电动机吸收的功率为 5.3kW，$\cos\varphi=0.8$，求线电流、相电流的有效值，电动机的无功功率。

5. 当使用工业三相电阻炉时，常常采取改变电阻丝的接法来调节加热温度，今有一台三相电阻炉，每相电阻为 8.68Ω，计算：（1）线电压为 380V 时，电阻炉为（△）形和（Y）形连接时的功率分别是多少？（2）当线电压为 220V 时，电阻炉为（△）形连接的功率是多少？

练习题 参考答案

1. （1）I_P=3.94A （2）I_L=3.94A （3）U_P=220V
2. （1）U_P=380V （2）I_P=8.96A （3）I_L=15.52A
3. 9.09A 9.09A 0
4. 10.1A 5.81A 3988.4var
5. （1）50kW 16.7kW （2）16.7kW

※ 复习·提高·检测 ※

一、填空题

1. 对称三相交流电源由 3 个_____、_____、相位_____的电压源按一定方式连接组成。
2. 三相交流电源电压依次达到最大值的顺序为 U-V-W-U，则称为_____。
3. 对称三相电源电压的相量和为_____。
4. 三相电源每相绕组两端的电压称为_____电压，一般用_____表示；引出的端线与端线的电压称为_____电压，一般用_____，表示，三相电源 Y 形连接时，线电压与相电压有效值的关系是_____，线电压超前相应的相电压_____的相位角。
5. 把发电机三相绕组的末端连在一起的点称为_____点，引出线称为_____线，三相绕组首端引出线称为_____或_____，俗称_____。
6. 顺相序的三相交流电源，已知 $\dot{U}_U = 220 \angle 30°$ V，则 $\dot{U}_V =$ _____V，$\dot{U}_W =$ _____。
7. 已知三相对称电源线电压 $\dot{U}_{UV} = 380 \angle 30°$ V，则 $\dot{U}_{VW} =$ _____V，$\dot{U}_{WU} =$ _____。
8. 三相负载对称的条件是_____。
9. 三相负载端线中的电流称为_____，每相负载中的电流称为_____。
10. 三相对称负载星形连接，相电流与线电流的关系是_____，负载的相电压 U_P 与电源线电压 U_L 的关系是_____。三相四线制电路，负载对称时，中线电流_____，不对称时，中线电流_____。
11. 三相对称负载三角形连接，相电流 I_P 与线电流 I_L 的关系是_____，负载的相电压 U_P 与电源线电压 U_L 的关系是_____。
12. 三相对称负载星形连接电路中，相电流 $\dot{I}_U = 5 \angle 30°$ A，写出 $\dot{I}_V =$ _____A，$\dot{I}_W =$ _____。
13. 三相对称负载三角形连接电路中，相电流 $\dot{I}_{UV} = 5 \angle 30°$ A，写出 $\dot{I}_{VW} =$ _____A，$\dot{I}_{WU} =$ _____A；线电流 $\dot{I}_U =$ _____A，$\dot{I}_V =$ _____A，$\dot{I}_W =$ _____A。
14. 三相电路总的有功功率等于_____，总的无功功率等于_____，总的视在功率_____。
15. 三相对称负载计算有功功率的表达式为_____，无功功率的表达式为_____，视在功率的表达式为_____；三相对称负载作△形连接时吸收的功率是 Y 形连接的_____倍。

16. 三相发电机绕组每相电压为 380V，该发电机绕组分别作 Y 形连接时，相电压等于_____V，线电压等于_____V；△形连接时的相电压等于_____V，线电压等于_____V。

二、选择题

1. 在下列说法中，属于三相电源优点（多选）的是（　　）。
   A．同等容量的电机与变压器设备造价低
   B．三相电机具有结构简单、运行稳定，维护方便的特点
   C．输送同等的电功率时比单相节省金属材料
   D．三相供电系统接入单相负载方便灵活

2. 在下列三相电源相序中（多选），顺相序的是（　　）。
   A．U-V-W-U　　　　　　　　B．W-U-V-W
   C．W-V-U-W　　　　　　　　D．U-W-V-U

3. 在下列有关三相电源线电压与相电压的说法中，正确（多选）的是（　　）。
   A．对称三相电源 Y 形连接时，线电压 U_L 是相电压 U_P 的 $\sqrt{3}$ 倍
   B．对称三相电源△形连接时，线电压 U_L 是相电压 U_P 的 $\sqrt{3}$ 倍
   C．对称三相电源 Y 形连接时，线电压 U_L 等于相电压 U_P
   D．对称三相电源△形连接时，线电压 U_L 等于相电压 U_P

4. 下列有关三相负载线电流与相电流的说法中，正确（多选）的是（　　）。
   A．对称三相负载 Y 形连接时，线电流 I_L 是相电流 I_P 的 $\sqrt{3}$ 倍
   B．对称三相负载△形连接时，线电流 I_L 是相电流 I_P 的 $\sqrt{3}$ 倍
   C．对称三相负载 Y 形连接时，线电流 I_L 等于相电流 I_P
   D．对称三相负载△形连接时，线电流 I_L 等于相电流 I_P

5. 下列关于对称三相电源 Y 形连接线电压与相电压说法正确的是（　　）。
   A．线电压 U_L 等于相电压 U_P
   B．线电压 U_L 是相电压 U_P 的 $\sqrt{3}$ 倍
   C．线电压 U_L 是相电压 U_P 的 $\sqrt{3}$ 倍，线电压的相位超前相应的相电压 30°的相位角
   D．线电压 U_L 等于相电压 U_P，线电压与相电压同相位

6. 下列有关对称三相负载线电流与相电流相位差说法中，正确的是（　　）。
   A．对称 Y 形，线电流超前对应的相电流 30°
   B．对称 Y 形，相电流超前对应的线电流 30°
   C．对称△形，线电流超前对应的相电流 30°
   D．对称△形，相电流超前对应的线电流 30°

7. 三相总功率不等于每相功率之和的是（　　）。
   A．有功功率　　　B．无功功率　　　C．视在功率

8. 计算三相电路功率的 φ 角为（　　）。
   A．负载线电压与线电流的相位差角
   B．负载相电压与相电流的相位差角
   C．负载线电压与相电压的相位差角

D. 负载线电流与相电流的相位差角

9. 若对称三相负载相电压用 $\dot{U}_U$、$\dot{U}_V$、$\dot{U}_W$ 表示,线电压用 $\dot{U}_{UV}$、$\dot{U}_{VW}$、$\dot{U}_{WU}$ 表示,下列表达式正确的是（　　）。

A. $\dot{U}_U + \dot{U}_V + \dot{U}_W = 0$，$\dot{U}_{UV} + \dot{U}_{VW} + \dot{U}_{WU} = 0$
B. $\dot{U}_U + \dot{U}_V + \dot{U}_W \neq 0$，$\dot{U}_{UV} + \dot{U}_{VW} + \dot{U}_{WU} = 0$
C. $\dot{U}_U + \dot{U}_V + \dot{U}_W = 0$，$\dot{U}_{UV} + \dot{U}_{VW} + \dot{U}_{WU} \neq 0$
D. $\dot{U}_U + \dot{U}_V + \dot{U}_W \neq 0$，$\dot{U}_{UV} + \dot{U}_{VW} + \dot{U}_{WU} \neq 0$

10. 若对称三相负载相电流用 $\dot{I}_{UV}$、$\dot{I}_{VW}$、$\dot{I}_{WU}$ 表示,线电流用 $\dot{I}_U$、$\dot{I}_V$、$\dot{I}_W$ 表示,下列表达式正确的是（　　）。

A. $\dot{I}_U + \dot{I}_V + \dot{I}_W = 0$，$\dot{I}_{UV} + \dot{I}_{VW} + \dot{I}_{WU} = 0$
B. $\dot{I}_U + \dot{I}_V + \dot{I}_W = 0$，$\dot{I}_{UV} + \dot{I}_{VW} + \dot{I}_{WU} \neq 0$
C. $\dot{I}_U + \dot{I}_V + \dot{I}_W \neq 0$，$\dot{I}_{UV} + \dot{I}_{VW} + \dot{I}_{WU} = 0$
D. $\dot{I}_U + \dot{I}_V + \dot{I}_W \neq 0$，$\dot{I}_{UV} + \dot{I}_{VW} + \dot{I}_{WU} \neq 0$

11. 三相对称负载作三角形连接,已知相电流 $10\angle-10°$ A,则与之相对应的线电流等于（　　）A。

A. $17.3\angle-40°$　　　　　　　　B. $10\angle-160°$
C. $10\angle 80°$　　　　　　　　　D. $17.3\angle 80°$

12. 如图 3-30 所示，$\dot{U}_V = 220\angle-120°$V，$\dot{U}_U = 220\angle 0°$V，$\dot{U}_W = 220\angle 120°$V，则电压表的读数 V_1=（　　）V。

A. 220　　　B. 380　　　C. 0　　　D. 440

13. 如图 3-31 所示，$\dot{U}_V = 220\angle-120°$V，$\dot{U}_U = 220\angle 0°$V，$\dot{U}_W = 220\angle 120°$V，则电压表的读数 V_1=（　　）V。

A. 220　　　B. 380　　　C. 0　　　D. 440

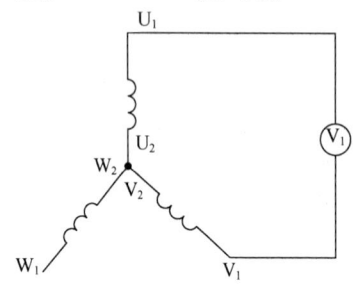

图 3-30　选择题 12 图　　　　　　　图 3-31　选择题 13

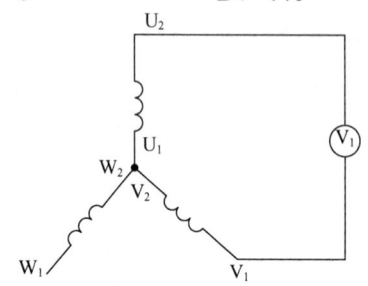

14. 如图 3-32 所示，$\dot{U}_V = 220\angle-120°$V，$\dot{U}_U = 220\angle 0°$V，$\dot{U}_W = 220\angle 120°$V，则电压表的读数 V_1=（　　）V。

A. 220　　　B. 380　　　C. 0　　　D. 440

15. 如图 3-33 所示，$\dot{U}_V = 220\angle-120°$V，$\dot{U}_U = 220\angle 0°$V，$\dot{U}_W = 220\angle 120°$V，则电压表的读数 V_1=（　　）V。

A. 220　　　B. 380　　　C. 0　　　D. 440

图 3-32 选择题 14 图　　　　　图 3-33 选择题 15 图

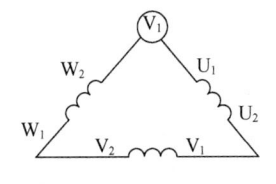

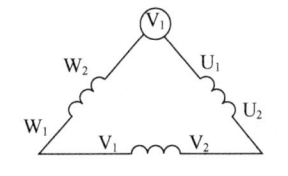

16. 三相发电机绕组每相电压为 380V,该发电机绕组作 Y 形连接时,相电压等于（　　）V。
   A. 220　　　　B. 380　　　　C. 0　　　　D. 658

17. 三相发电机绕组每相电压为 380V,该发电机绕组作 Y 形连接时,线电压等于（　　）V。
   A. 220　　　　B. 380　　　　C. 0　　　　D. 658

18. 三相发电机绕组每相电压为 380V,该发电机绕组作△形连接时,相电压等于（　　）V。
   A. 220　　　　B. 380　　　　C. 0　　　　D. 440

19. 三相发电机绕组每相电压为 380V,该发电机绕组作△形连接时,线电压等于（　　）V。
   A. 220　　　　B. 380　　　　C. 0　　　　D. 440

20. 三相对称负载作△形连接时吸收的有功功率是 Y 形连接的（　　）倍。
   A. 1　　　　B. 2　　　　C. 3　　　　D. 4

21. 三相对称负载星形连接电路,相电流 $\dot{I}_U = 5\angle 30°$ A,则 $\dot{I}_V$ =（　　）A。
   A. $5\angle 30°$　　B. $5\angle 150°$　　C. $5\angle -120°$　　D. $5\angle -90°$

22. 三相对称负载星形连接电路,相电流 $\dot{I}_U = 5\angle 30°$ A,则 $\dot{I}_W$ =（　　）A。
   A. $5\angle 30°$　　B. $5\angle 150°$　　C. $5\angle -120°$　　D. $5\angle -90°$

23. 三相对称负载三角形连接电路,相电流 $\dot{I}_{UV} = 5\angle 30°$ A,写出 $\dot{I}_{VW}$ =（　　）A。
   A. $8.7\angle 30°$　　B. $8.7\angle 150°$　　C. $5\angle -120°$　　D. $5\angle -90°$

24. 三相对称负载三角形连接电路,相电流 $\dot{I}_{UV} = 5\angle 30°$ A,则线电流 $\dot{I}_W$ =（　　）A。
   A. $8.7\angle 30°$　　B. $8.7\angle 120°$　　C. $5\angle -120°$　　D. $5\angle -90°$

25. 三相对称负载接在三相电源上,若各相负载的额定电压等于电源线电压的 $\frac{1}{\sqrt{3}}$,负载应作（　　）连接。
   A. 星形　　　　　　　　B. 三角形
   C. 开口三角形　　　　　D. 双星形

26. 不对称星形负载接在三相四线制电源上,则（　　）。
   A. 各相负载上电流对称,电压不对称
   B. 各相负载上电压．电流对称
   C. 各相负载上电压对称,电流不对称
   D. 各相负载上电压、电流不对称

27. 同一个三相对称负载接在同一电源上,作△形连接时的总有功功率是作 Y 形连结时的（　）倍。

  A．1　 B．2　 C．3　 D．$\sqrt{3}$

28．三相电源作星形连接，已知$\dot{U}_U = 220\angle15°$V，则$\dot{U}_{UV}=$（　）V。

  A．$220\angle45°$　B．$220\angle-75°$　C．$380\angle45°$　D．$380\angle-165°$

29．当三相电源作星形连接时，$u_U=U_m\sin\omega t$V，则$u_{UV}=$（　）V。

  A．$U_m\sin\omega t$V　 B．$\sqrt{3}U_m\sin\omega t$

  C．$\sqrt{3}U_m\sin(\omega t+45°)$　 D．$\sqrt{3}U_m\sin(\omega t+30°)$

30．三相对称交流电路的总有功功率等于单相功率的（　）倍。

  A．1　 B．2　 C．3　 D．$\sqrt{3}$

31．三相对称负载三角形连接，已知相电流$\dot{I}_{UV}=10\angle-10°$A，则线电流$\dot{I}_U=$（　）A。

  A．$17.3\angle-40°$　B．$10\angle160°$　C．$10\angle80°$　D．$17.3\angle80°$

32．三相发电机绕组每相电压为380V，三相交流电源作三角形连接，可供给的电压为（　）V。

  A．220　 B．380　 C．658　 D．760

33．三相负载接在三相电源上，若各相负载的额定电压等于电源线电压，应作（　）连接。

  A．星形　 B．三角形　 C．开口三角形　 D．双星形

34．对于三相对称交流电路，不论是星形还是三角形，下列结论正确的是（　）。

  A．$P=3U_mI_m\sin\varphi$　 B．$S=3U_mI_m\sin\varphi$

  C．$Q=\sqrt{3}U_LI_L\sin\varphi$　 D．$S=3U_mI_m$

35．三相负载对称是（　）。

  A．各相阻抗值相等　 B．各相阻抗值相差$\sqrt{3}$

  C．各相阻抗角相等　 D．各相阻抗值相等、各相阻抗角相等

36．三相四线制对称电路中，负载为纯电阻，相电流为5A，若电源电压不变，中性线阻抗忽略不计，其中一相功率减半，中性线电流是（　）A。

  A．0　 B．2.5　 C．7.5　 D．5

37．三相四线制对称电路中，负载为纯电阻，相电流为5A，中性线电流是（　）A。

  A．0　 B．2.5　 C．7.5　 D．5

38．三相四线制对称电路中，负载为纯电阻，相电流为5A，若一相负载不变，两相负载电流减至2A，中性线电流是（　）A。

  A．0　 B．5　 C．8　 D．3

39．三相四线制对称电路中，负载为纯电阻，相电流为5A，若其中一相断路，中性线电流是（　）A。

  A．0　 B．2.5　 C．7.5　 D．5

40．三相对称电路中，负载为纯电阻，相电流为5A，星形连接时，则其线电流是（　）A。

A. 0　　　　　　B. 5　　　　　　C. 10　　　　　　D. 15

41. 三相对称电路中，负载为纯电阻，相电流为5A，三角形连接时，则其线电流是（　　）A。

A、0　　　　　　B. 8.6　　　　　C. 10　　　　　　D. 15

42. 三相对称电路中电源为△形接法且相电压为380V，负载为Y形接法且每相阻抗值为200Ω，则其线电流 I_L=（　　）A。

A. 1.9　　　　　B. 1.1　　　　　C. 4.4　　　　　D. 3.3

43. 三相对称电路中的对称负载作△形连接，线电流 $i_U = 3.8\sqrt{2} \sin(314t+30°)$A，则相电流 i_{UV}=（　　）。

A. $2.2\sqrt{2}\sin(314t+30°)$(A)　　　　B. $2.2\sqrt{2}\sin(314t+60°)$(A)
C. $6.6\sqrt{2}\sin(314t+30°)$(A)　　　　D. $6.6\sqrt{2}\sin(314t-30°)$(A)

44. 我国低压三相四线制供电系统中，线电压有效值大小为（　　）V，相电压大小为（　　）V，电源频率为（　　）Hz。

A. 220、220、50　　　　　　B. 220、380、50
C. 380、220、50　　　　　　D. 380、380、50

45. 供电线路中可以通过导线颜色来识别相序，U相采用（　　）色，V相采用（　　）色，W相采用（　　）色。

A. 红、黄、绿　　B. 黄、绿、红　　C. 绿、红、黄　　D. 蓝、红、黄

46. 若三相对称交流电路中电压表接于两相间，电流表串接在线电路中，两表读数分别为380V、5A，则三相电路中的三相负载视在功率 S=（　　）。

A. 1900W　　　　B. 1900var　　　C. 1900VA　　　D. 3291VA

47. 若三相对称交流电路中电压表接于两相间，电流表串接在线电路中，两表读数分别为380V、5A，若三相负载Y形连接，则每相阻抗 $|Z|$=（　　）Ω。

A. 76　　　　　　B. 44　　　　　　C. 100　　　　　D. $76\sqrt{3}$

48. 若三相对称交流电路中电压表接于两相间，电流表串接在线电路中，两表读数分别为380V、5A，若三相负载△形连接，则每相阻抗 $|Z|$=（　　）Ω。

A. 76　　　　　　B. 44　　　　　　C. 100　　　　　D. $76\sqrt{3}$

49. 为了检测三相电源三角形连接是否正确，可在三角形闭合前，先测量待闭合二端电压，若为（　　），说明连接正确，可闭合连接。

A. U　　　　　　B. 2U　　　　　　C. 3U　　　　　　D. 0

50. 三相电路总（　　）于每相电路（　　）功率之和。

A. 有功功率、有功功率　　　　B. 无功功率、无功功率
C. 视在功率、视在功率　　　　D. 无法确定

51. 计算对称三相电路功率的 φ 角应为（　　）之间的相位角。

A. 负载线电压与负载线电流　　B. 负载相电压与负载相电流
C. 负载线电压与负载相电压　　D. 负载线电流与负载相电流

52. 三相不对称电路，在安装中线过程中，错误的操作步骤是（　　）。

A. 安装牢固　　　　　　　　　B. 安装开关

C．中线的选线要更牢固 　　　　　　D．不安装熔断器

53．三相照明负载中忽然有两相电灯变暗，一相变亮，可能的故障是（　　）。
A．一相短路 　　　　　　B．一相断路
C．中线断了 　　　　　　D．无法判定

54．如果三相对称电源的顺相序是 U-V-W-U，下列那个相序也是顺相序（　　）。
A．V-W-U-V 　　　　　　B．U-W-V-U
C．V-U-W-V 　　　　　　D．W-V-U-W

55．电路如图 3-34 所示，电源电动势大小均为 E，图中的 U、V 间的电压为（　　）V。
A．E 　　　　　　B．$2E$
C．$\sqrt{3}E$ 　　　　　　D．0

56．电路如图 3-35 所示，电源电动势大小均为 E，图中的 U、V 间的电压为（　　）V。
A．E 　　　　　　B．$2E$
C．$\sqrt{3}E$ 　　　　　　D．0

57．电路如图 3-36 所示，$R_U=R_V=R_W$，电源线电压为 380V，图中 R_U 承受的电压是（　　）V。
A．380 　　　　　　B．220
C．0 　　　　　　D．190

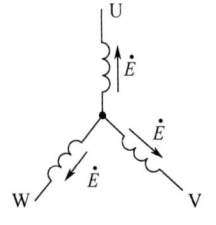

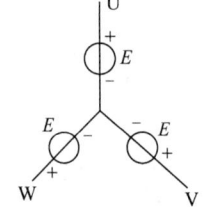

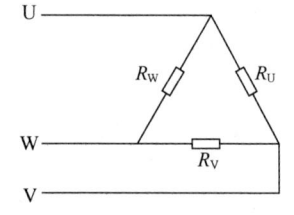

图 3-34　选择题 55 图　　图 3-35　选择题 56 图　　图 3-36　选择题 57、60 图

58．电路如图 3-37 所示，$R_U=R_V=R_W$，电源线电压为 380V，图中 R_U 承受的电压是（　　）V。
A．380 　　　　　　B．220
C．0 　　　　　　D．190

59．电路如图 3-38 所示，$R_U=R_V=R_W$，电源线电压为 380V，图中 R_U 承受的电压（　　）是 V。
A．380 　　　　　　B．220
C．0 　　　　　　D．190

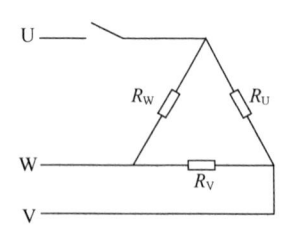

图 3-37　选择题 58、61 图　　图 3-38　选择题 59、62 图

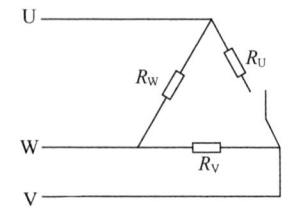

60．电路如图 3-36 所示，$R_U=R_V=R_W$，电源线电压为 380V，图中 R_W 承受的电压是（　　）V。
  A．380   B．220
  C．0   D．190

61．电路如图 3-37 所示，$R_U=R_V=R_W$，电源线电压为 380V，图中 R_W 承受的电压是（　　）V。
  A．380   B．220
  C．0   D．190

62．电路如图 3-38 所示，$R_U=R_V=R_W$，电源线电压为 380V，图中 R_W 承受的电压是（　　）V。
  A．380   B．220
  C．0   D．190

63．有一三相负载的有功功率为 20kW，无功功率为 15kvar，则视在功率为（　　）。
  A．35kW   B．25kW
  C．25kvar   D．25kVA

64．有一三相负载的有功功率为 20kW，无功功率为 15kvar，则功率因数为（　　）。
  A．0.6   B．0.8
  C．1   D．1.2

65．在三相电炉的电路中，线电压等于 380V，每相负载电阻 $R=10\Omega$，负载接成星形的相电流是（　　）A。
  A．38   B．22
  C．44   D．65.8

66．在三相电炉的电路中，线电压等于 380V，每相负载电阻 $R=10\Omega$，负载接成星形的线电流是（　　）A。
  A．38   B．22
  C．44   D．65.8

67．在三相电炉的电路中，线电压等于 380V，每相负载电阻 $R=10\Omega$，负载接成△形的相电流是（　　）A。
  A．38   B．22
  C．44   D．65.8

68．在三相电炉的电路中，线电压等于 380V，每相负载电阻 $R=10\Omega$，负载接成△形的线电流是（　　）A。
  A．38   B．22
  C．44   D．65.8

69．一台三相电动机的绕组接成星形，接在线电压为 380V 的三相电源上，负载的功率因数是 0.8，消耗的功率是 10kW，其相电流是（　　）A。
  A．19   B．22
  C．32.9   D．38

70．一台三相电动机的绕组接成星形，接在线电压为 380V 的三相电源上，负载的功率因数是 0.8，消耗的功率是 10kW，其线电流是（　　）A。
　　A．19　　　　　　　　　　　B．22
　　C．32.9　　　　　　　　　　D．38
71．一台三相电动机的绕组接成星形，接在线电压为 380V 的三相电源上，负载的功率因数是 0.8，消耗的功率是 10kW，每相阻抗是（　　）Ω。
　　A．19　　　　　　　　　　　B．11.57
　　C．20　　　　　　　　　　　D．26.3

三、判断题

1．在同一供电系统中，三相负载接成星形和三角形所吸收的功率是相等的。（　　）
2．在将三相发电机的三个绕组连接成星形时，如果误将 U_2、V_2、W_1 连接成一点，也可以产生对称三相电动势。（　　）
3．三相四线制供电系统的中线上可以接熔断器。（　　）
4．三相四线制供电系统的中线上可以接开关。（　　）
5．若三相负载的阻抗相等，则 $|Z_U|=|Z_V|=|Z_W|=10\Omega$，则说明三相负载对称。（　　）
6．当负载作星形连接时，必须有中线。（　　）
7．当负载作星形连接时，线电压必为相电压的 $\sqrt{3}$ 倍。（　　）
8．当负载作星形连接时，线电流必等于相电流。（　　）
9．若三相电动机每相绕组电压为 380V，当对称三相电源的线电压为 380V，电动机的绕组应接成星形才能正常工作。（　　）
10．若三相电动机每相绕组电压为 380V，当对称三相电源的线电压为 380V，电动机的绕组应接成三角形才能正常工作。（　　）
11．当负载作三角形连接时，线电流必为相电流的 $\sqrt{3}$ 倍。（　　）
12．三相负载作三角形连接时，如果测出三相相电流相等，则三个线电流也必然相等。（　　）
13．三相负载作三角形连接时，如果测出三相相电流相等，则三个线电流必为相电流的 $\sqrt{3}$ 倍。（　　）
14．在三相三线制电路中，无论负载是何种接法，三相线电流之和为零。（　　）
15．对称三相负载的功率因数，对于星形连接是指相电压与相电流的相位差，对于三角形连接则指线电压与线电流的相位差。（　　）
16．三相电源不论相电压对称与否，线电压均对称。（　　）
17．三相对称交流电源的线电压是对称的，且线电压在相位上比对应相电压滞后 30°。（　　）
18．三相交流电每一相解析式与对应的相量表达式是相等的关系。（　　）
19．三相对称交流电是指三个完全相同的交流电。（　　）
20．三相电源星形连接及三角形连接均可引出中性线。（　　）
21．对称负载分别采用△与 Y 形连接接入同一三相电源电路中，则△形连接时的相电流为 Y 形连接的 3 倍。（　　）
22．对称负载无论采用△形与 Y 形连接，三相有功功率都可用 $P=\sqrt{3}U_LI_L\cos\varphi$ 公式进行

计算。 （ ）

23．三相异步电动机为典型的三相对称负载，则它采用 Y 形连接时启动的线电流为△形连接启动时线电流的1/√3。 （ ）

24．三相交流电的线电压有效值总等于相电压有效值的√3倍。 （ ）

25．三相正弦交流电源不管采用何种连接均可向用户提供380V、220V 两种电压。 （ ）

26．交流电路中视在功率的单位为 VA。 （ ）

27．三相异步电动机为典型的三相对称负载，线圈的额定电压为220V，在三相电路中可采用△形连接。 （ ）

28．三相交流发电机所产生的感应电动势，应为有效值相等，频率也相同，初相角互差120°的三个对称正弦电动势。 （ ）

29．相电压为127V 的三相四线制电路中接有△形连接的对称负载，若每相负载的阻抗为100Ω，则其线电流为3.8A。 （ ）

复习·提高·检测 参考答案

一、填空题

1．幅值相等 频率相同 相差120° 相位角

2．顺相序

3．零

4．相 $\dot{U}_U$、$\dot{U}_V$、$\dot{U}_W$ 线 $\dot{U}_{UV}$、$\dot{U}_{VW}$、$\dot{U}_{WU}$ $U_L = \sqrt{3}U_P$ 30°

5．中性 中 相线 端线 火线

6．220$\underline{/-90°}$ V 220$\underline{/150°}$ V

7．380$\underline{/-90°}$ V 380$\underline{/150°}$ V

8．$Z_U = Z_V = Z_W = Z$ 或 $|Z_U| = |Z_V| = |Z_W| = |Z|$ $\varphi_U = \varphi_V = \varphi_W = \varphi$

9．线电流 相电流

10．相等 $U_L = \sqrt{3}U_P$ 等于零 不等于零

11．$I_L = \sqrt{3}I_P$ 相等

12．5$\underline{/-90°}$ A 5$\underline{/150°}$ A

13．5$\underline{/-90°}$ A 5$\underline{/150°}$ A 8.66$\underline{/0°}$ A 8.66$\underline{/-120°}$ A 8.66$\underline{/120°}$ A

14．每相有功功率之和 每相无功功率之和 不等于每相视在功率之和

15．$P = \sqrt{3}U_L I_L \cos\varphi$ $Q = \sqrt{3}U_L I_L \sin\varphi$ $S = \sqrt{3}U_L I_L = \sqrt{P^2 + Q^2}$ 3

16．380 380√3 380 380

二、选择题

1．ABCD 2．AB 3．AD 4．BC 5．BC 6．D 7．C 8．B 9．A 10．A
11．A 12．B 13．A 14．C 15．D 16．B 17．D 18．B 19．B 20．C

21. D　22. B　23. D　24. B　25. A　26. C　27. C　28. C　29. D　30. C
31. A　32. B　33. B　34. C　35. D　36. B　37. A　38. D　39. D　40. B
41. B　42. B　43. B　44. C　45. B　46. D　47. B　48. D　49. D　50. A
51. B　52. B　53. C　54. A　55. C　56. D　57. A　58. D　59. C　60. A
61. D　62. A　63. D　64. B　65. B　66. B　67. A　68. D　69. A　70. A
71. B

三、判断题

1. ×　2. ×　3. ×　4. ×　5. ×　6. ×　7. ×　8. √　9. ×　10. √
11. ×　12. ×　13. ×　14. √　15. ×　16. ×　17. ×　18. ×　19. ×　20. ×
21. ×　22. √　23. ×　24. ×　25. ×　26. √　27. ×　28. √　29. √

模块 4 一阶动态电路分析

任务 4.1 过渡过程的产生与换路定律

演示器件	电池、导线、小电珠、电容、开关等		RC 电路的充放电现象演示
操作人	教师演示		
演示结果	电路状态	灯泡状态	
	开关合到 1	灯泡先亮一下，然后熄灭	
	开关合到 2	灯泡先亮一下，然后熄灭	
问题 1：比较此电路与手电筒电路的不同之处。			
问题 2：比较两种电路所发生现象的不同之处。			图 4-1 RC 电路的充放电
问题 3：认识 RC 电路的充、放电现象及过程。			

演示器件	电池、导线、小电珠、电容、开关、电感等		RL 动态电路演示
操作人	教师演示		
演示结果	电路状态	灯泡状态	
	开关合到 1	灯泡逐渐变亮	
	开关合到 2	灯泡逐渐熄灭	
问题 1：比较此电路与手电筒电路的不同之处。			
问题 2：比较两种电路所发生现象的不同之处。			图 4-2 RL 动态电路
问题 3：认识理解 RL 电路的充、放电现象及过程。			

4.1.1 过渡过程的产生

  过渡过程是自然界各种事物在运动中普遍存在的现象。自然界中物质的运动，在一定条件下具有一定的稳定性，一旦条件发生变化，这种稳定性就有可能被打破，如一辆匀速行驶的汽车，突然刹车，其速度会由原来的匀速值逐渐减小到零。这种物体从一种稳定状态过渡到另一种稳定状态的中间过程，称为过渡过程。

  电路的过渡过程一般历时很短，也称为暂态过程；暂态过程虽然很短，却是不容忽视的。例如，在电子技术中常用它来改善波形或产生特定的波形；在计算机和脉冲电路中，更广泛地利用了电路的暂态特性；在控制设备中，则利用电路的暂态特性提高控制速度等。当然过渡过程也有其有害的一面，由于它的存在，可能在电路换路瞬间产生过电压或过电流现象，使电气设备或元器件受损，危及人身及设备安全。

4.1.2 换路定律及电路初始值的计算

1. 换路定律

在图 4-1 和图 4-2 所示电路中，开关 S 的闭合、断开导致了电容、电感电路过渡过程的产生。把这种由于开关的接通或断开、电源电压的变化、元件参数的改变及电路连接方式的改变等，导致电路工作状态发生变化的现象称为换路。

换路是电路产生过渡过程的外部因素，而电路中含有储能元件才是过渡过程产生的内部因素。这是因为电路发生换路时，电感元件和电容元件中储存的能量不能突变，这种能量的储存和释放需要经历一定的时间。大家知道，电容储存的电场能量 $W_C = \frac{1}{2}Cu_C^2$，电感储存的磁场能量 $W_L = \frac{1}{2}Li_L^2$。由于电容储存的电场能量及电感储存的磁场能量均不能突变，所以在 L 和 C 确定的情况下，电容电压 u_C 和电感电流 i_L 也不能突变。

假设换路是在瞬间完成的，则换路后最初一瞬间电容元件两端的电压应等于换路前最后一瞬间电容元件两端的电压；而换路后最初一瞬间电感元件上的电流应等于换路前最后一瞬间电感元件上的电流，这个规律就称为换路定律。它是分析电路过渡过程的重要依据。

如果以 $t=0$ 时刻表示换路瞬间，令 $t=0_-$ 表示换路前最后一瞬间，$t=0_+$ 表示换路后最初一瞬间，则换路定律可以用公式表示为：

$$u_C(0_+) = u_C(0_-) \tag{4-1}$$

$$i_L(0_+) = i_L(0_-) \tag{4-2}$$

例如，某 RC 串联电路在 $t=0$ 时刻换路，换路前电容中有初始储能，电容两端电压 $u_C(0_-)$ 为 5V，则换路后，电容两端的初始电压 $u_C(0_+) = u_C(0_-) = 5V$；若该电路在换路前电容上没有初始储能，则换路后电容两端的初始电压 $u_C(0_+) = u_C(0_-) = 0$。

2. 电路初始值的计算

初始值是研究电路过渡过程的一个重要指标，它决定了电路过渡过程的起点。除了电容上的电压和电感上的电流不能突变。实际上，电路中电容上的电流和电感上的电压，以及电阻上的电压、电流都是可以突变的。电路换路以后，电路中各元件上的电流和电压将以换路后一瞬间的数值为起点而连续变化，这一数值就是电路的初始值。在一阶电路中它包括 $u_C(0_+)$、$i_C(0_+)$、$u_L(0_+)$、$i_L(0_+)$、$u_R(0_+)$、$i_R(0_+)$。计算初始值一般按如下步骤进行。

（1）确定换路前电路中的 $u_C(0_-)$ 和 $i_L(0_-)$，若电路较复杂，可先绘制出 $t=0_-$ 时刻的等效电路，再用基尔霍夫定律求解。

（2）由换路定律确定 $u_C(0_+)$ 和 $i_L(0_+)$。

（3）绘制出 $t=0_+$ 时的等效电路。

（4）根据欧姆定律和基尔霍夫定律求解电路中其他初始值。

在绘制 $t = 0_+$ 时刻的等效电路时,需对原电路中的储能元件做特别处理:若电容元件或电感元件在换路前无初始储能,即 $u_C(0_-)$ 或 $i_L(0_-) = 0$,则由换路定律有 $u_C(0_+) = 0$ 或 $i_L(0_+) = 0$,此时在绘制等效电路时应将电容视为短路、电感视为开路。

若电容元件或电感元件在换路前的初始储能不为零,则 $u_C(0_+) \neq 0$,$i_L(0_+) \neq 0$,此时绘制等效电路时需用一个端电压等于 $u_C(0_+)$ 的电压源替代电容元件,用一个电流等于 $i_L(0_+)$ 的电流源来替代电感元件,如图 4-3 所示。

图 4-3 C、L 元件初始值不为零的等效图

【例题 4-1】在图 4-4(a)所示电路中,已知 $U_S=12\text{V}$,$R_1=4\text{k}\Omega$,$R_2=8\text{k}\Omega$,$C=1\mu\text{F}$,开关 S 原来处于断开状态,求开关 S 闭合后,$t=0_+$ 时,各电流及电容电压的数值。

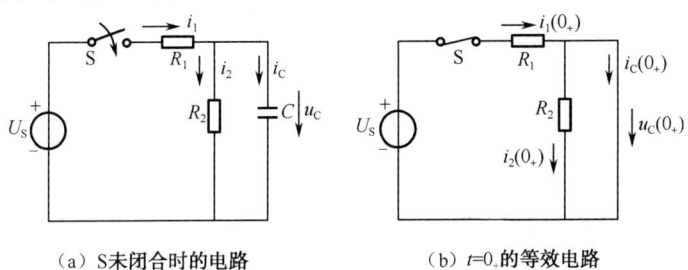

图 4-4 例题 4-1 电路图

【解】选定有关参考方向如图 4-4 所示。

(1)由已知条件可知:$u_C(0_-) = 0$。

(2)由换路定律可知:$u_C(0_+) = u_C(0_-) = 0$。

(3)求其他各电流、电压的初始值。绘制出 $t=0_+$ 时刻的等效电路,如图 4-4(b)所示。由于 $u_C(0_+)=0$,因此在等效电路中电容相当于短路。故有

$$i_2(0_+) = \frac{u_C(0_+)}{R_2} = \frac{0}{R_2} = 0$$

$$i_1(0_+) = \frac{U_S}{R_1} = \frac{12}{4 \times 10^3} = 3(\text{mA})$$

由 KCL 有 $i_C(0_+) = i_1(0_+) - i_2(0_+) = 3-0 = 3(\text{mA})$

【例题 4-2】在图 4-5(a)所示电路中,已知 $U_S=12\text{V}$,$R_1=4\text{k}\Omega$,$R_2=8\text{k}\Omega$,$C=1\mu\text{F}$,开关 S 原来处于闭合状态,求开关 S 断开后,$t=0_+$ 时,各电流及电容电压的数值。

【解】选定有关参考方向如图 4-5 所示。

(1)由图 4-5(a),可算出

$$u_C(0_-) = \frac{U_S}{R_1+R_2} \times R_2 = \frac{12}{4+8} \times 8 = 8(\text{V})$$

(a) 原电路　　　　　　　　(b) $t=0_+$ 的等效电路

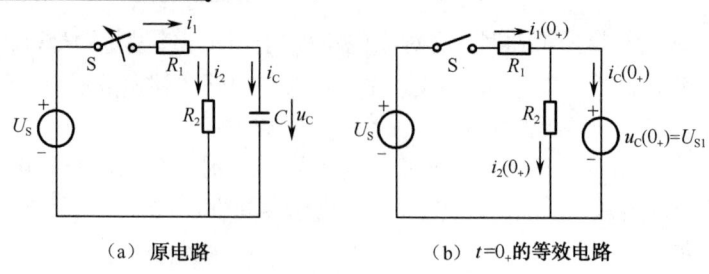

图 4-5　例题 4-2 电路图

（2）由换路定律可知：$u_C(0_+) = u_C(0_-) = 8V$。

（3）求其他各电流、电压的初始值。

绘制出 $t = 0_+$ 时刻的等效电路，如图 4-5（b）所示。由于 $u_C(0_+)=8V$，因此在等效电路中电容相当于电压源。故有

$$i_2(0_+) = \frac{u_C(0_+)}{R_2} = \frac{8}{8} = 1(\text{mA})$$

$$i_1(0_+) = 0$$

$$i_C(0_+) = -i_2(0_+) = -1(\text{mA})$$

任务 4.2　RC 串联电路暂态过程的分析

一般来讲，激励包括电源（或信号源）这样的外加激励，以及由储能元件上的初始储能提供的内部激励。如果电路在发生换路时，储能元件上没有初始储能，即 $u_C(0_+) = u_C(0_-) = 0$ 或 $i_L(0_+) = i_L(0_-) = 0$，称这种状态为零初始状态，一个零初始状态的电路在换路后只受电源（激励）的作用而产生的电流或电压（响应）称为零状态响应。如图 4-6 所示的 RC 充电电路就是一个典型的零状态响应电路。

如果一阶动态电路在换路时具有一定的初始储能，这时电路中即使没有外加电源的存在，仅凭电容或电感储存的能量，仍能产生一定的电压和电流，称这种外加激励为零，仅由动态元件的初始储能引起的电流或电压称为零输入响应。RC 放电电路产生的电流和电压就是典型的零输入响应。

当电路中既有外加激励的作用又存在非零的初始值时所引起的响应称为全响应。下面以 RC 串联电路为例加以介绍。

1. RC 充电电路

如图 4-6 所示的充电电路，由 KVL 定律得

$$u_R + u_C = U_S$$

其中，$u_R = iR$，$i = C\dfrac{du_C}{dt}$

所以

$$RC\frac{du_C}{dt} + u_C = U_S \quad (t \geq 0)$$

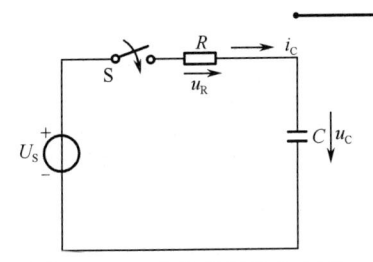

图 4-6 RC 电路的零状态响应

求解该微分方程，并将初始条件 $u_C(0_+) = 0$ 代入，即可得到

$$u_C = U_S - U_S e^{-t/RC} = U_S(1 - e^{-t/RC}) \tag{4-3}$$

这就是换路后电容两端电压 u_C 的变化规律，它是一个指数方程，在式（4-3）中，u_C 由两部分组成：其中 U_S 是电容充电完毕的电压值，即电容电压的稳态值，常称为"稳态分量"；$U_S e^{-t/RC}$ 随时间按指数规律衰减，常称为"暂态分量"。因此，整个暂态过程是由稳态分量和暂态分量叠加而成的。

下面分析电阻电压 u_R 和电流 i_C 的变化情况。

$$i_C(t) = C\frac{du_C}{dt} = \frac{U_S}{R} e^{-\frac{t}{RC}} \qquad (t \geq 0) \tag{4-4}$$

$$u_R(t) = Ri = U_S e^{-\frac{t}{RC}} \qquad (t \geq 0) \tag{4-5}$$

可见，u_R 和 i_C 换路后分别以 U_S 和 U_S/R 为起点随时间按指数规律衰减，由于 RC 充电电路在达到稳态时，致使电路中稳态电流为零，电阻上稳态电压也为零。因此在式（4-4）和式（4-5）中，只有它们随时间衰减的暂态分量而无稳态分量。

如图 4-7 所示，给出了换路后 u_C、u_R 和 i_C 随时间变化的曲线。

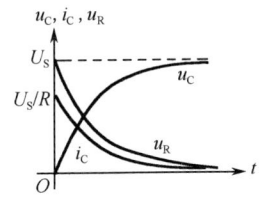

图 4-7 RC 充电电路中 u_C、u_R 和 i_C 的波形曲线

在上述 RC 充电电路中，如果电容上初始电压为 U_0，即初始条件 $u_C(0_+) = U_0$，将此代入微分方程后，解得

$$u_C = U_S + (U_0 - U_S)e^{-t/RC} \tag{4-6}$$

（稳态）+（暂态）

2. 时间常数

通常定义 $\tau = RC$ 为电路的时间常数，R 的单位为欧姆（Ω），C 的单位为法拉（F）。实验证明，RC 电路充电过程的快慢取决于 τ，τ 越大，充电过程时间越长。

当 $t = \tau = RC$ 时，u_C 约为 $0.632U_S$。该值说明，时间常数 τ 为电容电压变化到稳态值的 63.2% 时所需的时间。为进一步理解时间常数的意义，现将对应于不同时刻的电容电压 u_C 的数值列于表 4-1 中。

表 4-1 不同时刻下的电容电压

t	0	τ	2τ	3τ	4τ	5τ	...	∞
u_C	0	$0.632U_S$	$0.865U_S$	$0.95U_S$	$0.982U_S$	$0.993U_S$	...	U_S

从表 4-1 不难看出，经过 3τ 时间以后电容电压 u_C 已变化到新稳态值 U_S 的 95%以上。因此在实际工作中，通常认为 $t=3\tau\sim5\tau$ 时间，过渡过程就已基本结束。

【例题 4-3】 设图 4-6 电路中 $U_S=20\text{V}$，$R=2\text{k}\Omega$，$C=2\mu\text{F}$，电容器有初始储能 $U_0=10\text{V}$，问：(1) $t=0$ 时刻 S 闭合后，电容电压 u_C 的表达式？(2) S 闭合 10ms 以后，电容电压 u_C 等于多少？

【解】 根据已知条件得

$$U_0=10\text{V}, \quad \tau=RC=2\times10^3\times2\times10^{-6}=4\times10^{-3}\text{s}=4(\text{ms})$$

于是，代入式（4-6）有

$$u_C = 20+(10-20)\text{e}^{-t/4\times10^{-3}}=20-10\text{e}^{-250t}(\text{V})$$

K 闭合 10ms 后，电容电压

$$u_C=20-10\text{e}^{-250\times10\times10^{-3}}=20-10\times\text{e}^{-2.5}=19.18(\text{V})$$

3. 一阶电路的三要素法

在前面分析 RC 串联电路的暂态过程时，采用的方法称为经典法；根据各元件上的电压与电流的关系，通过列微分方程进行求解，这种方法相对烦琐，使用较少；在实际工作中，使用较多的是一阶电路的三要素法。

根据式（4-6）可知只要将稳态值 U_S、初始值 U_0 和时间常数 τ 确定下来，u_C 的全响应也就随之确定。如果列出 u_R、i 和 u_L 等的表达式，同样可得到这个规律。可见，初始值、稳态值和时间常数，是分析一阶电路的三个要素。根据这三个要素确定一阶电路全响应的方法，就称为三要素法。

如果用 $f(0_+)$ 表示电路中某电压或电流的初始值，用 $f(\infty)$ 表示它的稳态值，τ 为电路的时间常数，那么一阶电路的全响应可表示为

$$f(t)=f(\infty)+[f(0_+)-f(\infty)]\text{e}^{-t/\tau} \tag{4-7}$$

这就是一阶电路三要素法的公式，应用此法解题不需要求解电路微分方程，大大简化了运算，一阶电路暂态过程中需要求解的量均可以用此方法得出。

要利用三要素法解题，关键要求出这三个要素。

（1）初始值 $f(0_+)$ 的计算方法前面已经做了介绍，这里不再重复。

（2）稳态值 $f(\infty)$ 是电路在换路后达到新的稳态值，当电路在直流电源作用下，达到稳态时，可以把电路中的电感看做短路，电容看做开路，然后根据 KVL 和 KCL 定律列出方程求得相应的 $f(\infty)$。

（3）时间常数 τ，则由电路本身的参数决定，而与激励无关。

在 RC 电路中，$\tau=RC$。在 RL 电路中 $\tau=L/R$（后续内容将会介绍）。需要注意，在比较复杂的电路中，R 不是一个单一的电阻，而是电路中除去储能元件后得到的线性有源二端网络的

等效电阻,可以根据戴维南定理求得等效电阻。

【例题 4-4】 电路如图 4-8 所示,U_S=12V,R_1=3kΩ,R_2=6kΩ,C=2μF,电路处于稳定状态,求 t=0 时,S 闭合后电路中电容电压 u_C 和电流 i_2 的表达式。

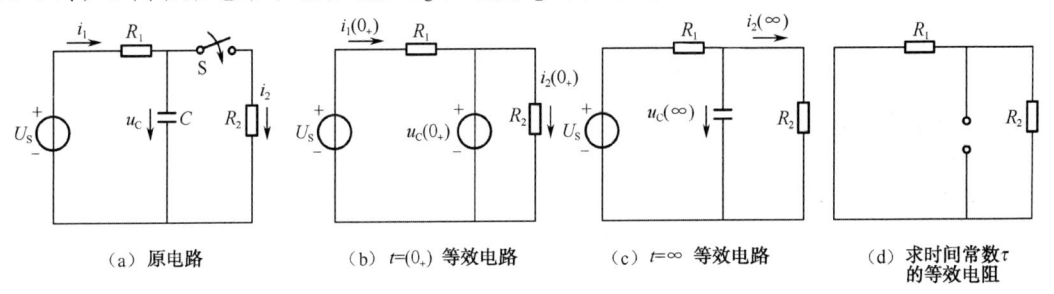

图 4-8 例题 4-4 电路图
(a) 原电路 (b) t=(0₊) 等效电路 (c) t=∞ 等效电路 (d) 求时间常数 $τ$ 的等效电阻

【解】(1)先求初始值 $u_C(0_+)$ 和 $i_2(0_+)$,绘制出 t=0₊ 时刻等效电路如图 4-8(b)所示。由换路定律得

$$u_C(0_+) = u_C(0_-) = 12V$$
$$i_2(0_+) = u_C(0_+)/R_2 = 12/(6×10^3) = 2(mA)$$

(2)再求稳态值 $u_C(∞)$ 和 $i_2(∞)$,电路达到稳态后,电容支路相当于开路。因此,等效电路如图 4-8(c)所示,电路中只有 R_1 与 R_2 串联后接于 U_S 两端,由分压公式

$$u_{R2}(∞) = U_S × R_2/(R_1+R_2) = U_S × 6/(3+6) = 8(V)$$

故

$$i_2(∞) = u_{R2}(∞)/R_2 = 8/(6×10^3)A = \frac{4}{3}(mA)$$

电容与 R_2 并联,因此

$$u_C(∞) = u_{R2}(∞) = 8V$$

(3)求时间常数 $τ$。

对如图 4-8(a)所示的电路,将电压源短路,电容断开,得一无源二端网络,如图 4-8(d)所示,求出对应二端网络的等效电阻

$$R_0 = R_1R_2/(R_1+R_2) = 3×6/(3+6) = 2(kΩ)$$
$$τ = R_0C = 2×10^3×2×10^{-6} = 4×10^{-3}(s)$$

(4)列 u_C 和 i_2 的表达式。

$$u_C = u_C(∞) + [u_C(0_+) - u_C(∞)]e^{-t/τ} = 8+(12-8)e^{-250t} = 8+4e^{-250t}(V)$$
$$i_2(t) = i_2(∞) + [i_2(0_+) - i_2(∞)]e^{-t/τ} = \frac{4}{3} + \left(2-\frac{4}{3}\right)e^{-250t} = \frac{4}{3} + \frac{2}{3}e^{-250t}(mA)$$

任务 4.3　一阶电路暂态过程的应用

4.3.1　RL 串联电路的零状态响应

如图 4-9 所示的电路,电感中无初始电流,在 t = 0 时闭合开关 S。下面分析 S 闭合后电路中电流 i 和电压 u_L、u_R 的变化规律。

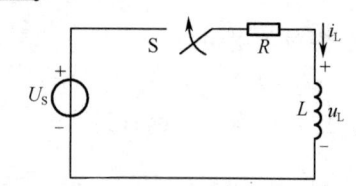

图 4-9 RL 串联电路的零状态响应

1. 分析物理过程

S 闭合瞬间，由换路定律得

$$i_L(0_+) = i_L(0_-) = 0$$

电阻上电压为

$$u_R(0_+) = Ri_L(0_+) = 0$$

此时电源电压全部加在电感线圈两端，u_L 由零突变至 U_S，以后随着时间的推移，i 逐渐增大，u_R 也随之逐渐增大，与此同时 $u_L = U_S - u_R$ 逐渐减小，直至电路达到新的稳态。

在上述过程中，只要电感线圈两端的电压 $u_L \neq 0$，电路中的电流 i 就不为稳态值 U_S/R，过渡过程就要继续，直到 $u_L = 0$ 时为止。可见当电路达到稳态时，电感相当于短路，且 $u_L = 0$，$u_R = U_S$，$i_L = U_S/R$，电路中各量的数值如表 4-2 所示。

表 4-2 电路中各量的数值

物 理 量	换路后初始值	稳 态 值
i_L	0	U_S/R
u_L	U_S	0
u_R	0	U_S

2. 暂态分析

如图 4-9 所示的电路，S 闭合后，由 KVL 得

$$u_R + u_L = U_S$$

其中，$u_R = iR$，$u_L = L\dfrac{di_L}{dt}$

于是

$$L\frac{di_L}{dt} + Ri_L = U_S \qquad (t \geq 0)$$

求解该方程，并将 $i(0_+) = 0$ 代入，有

$$i_L = \frac{U_S}{R}\left(1 - e^{-\frac{t}{\tau}}\right) = \frac{U_S}{R}\left(1 - e^{-\frac{R}{L}t}\right) \qquad (4\text{-}8)$$

这就是换路后电路电流的变化规律。于是电感电压 u_L 和电阻电压 u_R 可表示为

$$u_L = L\frac{di_L}{dt} = U_S e^{-\frac{R}{L}t} \qquad (4\text{-}9)$$

$$u_R = Ri = U_S - U_S e^{-\frac{R}{L}t} \qquad (4\text{-}10)$$

式中，$\dfrac{L}{R}$ 为 RL 电路的时间常数，用 τ 表示，其意义同前。图 4-10 给出了换路后 i、u_L 和 u_R 随时间变化的曲线。

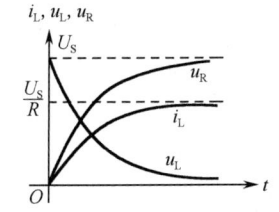

图 4-10　RL 电路零状态响应曲线

3. 三要素求解法

根据式（4-7）和表 4-2 可直接得到 i_L、u_L、u_R 的表达式。如 i_L 换路后初始值和稳态值分别为 0 和 U_S/R，代入公式，可得

$$i_L(t) = i_L(\infty) + [i_L(0_+) - i_L(\infty)]e^{-t/\tau}$$
$$= \frac{U_S}{R} - \frac{U_S}{R}e^{-t/\tau}$$
$$= \frac{U_S}{R}(1 - e^{-t/\tau})$$

与式（4-8）完全相同，同样也可以计算出 u_L、u_R。

4.3.2　RL 串联电路的零输入响应

如图 4-11 所示电路，开关 S 原来在"1"位置，电路已处于稳态，$i(0_-) = I_0$。

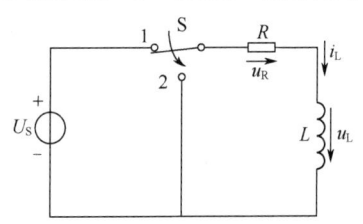

图 4-11　RL 串联电路的零输入响应

在 $t = 0$ 时将开关 S 合到"2"，由换路定律知 $i(0_+) = i(0_-) = I_0$，电感电流将以 I_0 为起点逐渐衰减，当电感中储存的磁场能量全部被电阻消耗时，电路中的 u_R、u_L 及 i 都为零，电路达到新的稳态。电路中电压 u_R、u_L 和电流 i 的变化曲线如图 4-12 所示，电路中各量的初始值和稳态值如表 4-3 所示。

表 4-3　电路中各量的初始值和稳态值

物　理　量	换路后初始值	稳　态　值
i_L	I_0	0
u_R	RI_0	0
u_L	$-RI_0$	0

RL 串联电路中各电流、电压的变化规律由下式确定

$$i_L = i_L(0_+)e^{-\frac{t}{\tau}} = I_0 e^{-\frac{R}{L}t}$$

$$u_R = iR = RI_0 e^{-\frac{R}{L}t}$$

$$u_L = L\frac{di_L}{dt} = -RI_0 e^{-\frac{R}{L}t}$$

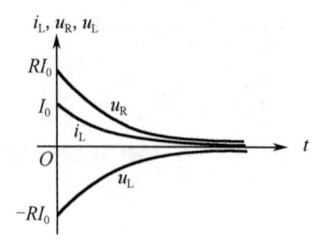

图 4-12　RL 电路零输入响应曲线

【例题 4-5】如图 4-9 所示的电路，原已处于稳态。若 $U_S=100V$，$R=20\Omega$，$L=0.5H$ 在电感两端接有一个内阻 $R_V=10^4\Omega$，量程为 200V 的电压表，求开关断开后，电压表端电压的初值 $U_V(0_+)$。

【解】$t=0_-$ 时，开关尚未断开，电路已稳定，故

$$i_L(0_-) = \frac{U_S}{R} = 100/20 = 5(A)$$

$t=0_+$ 时，$i_L(0_+) = i_L(0_-) = 5(A)$

此时，L 与电压表构成回路，回路中电流即为 $i_L(0_+)=5(A)$，于是电压表端电压

$$U_V(0_+) = R_V \times i_L(0_+) = 10^4 \times 5 = 50(kV)$$

可见，刚断开开关时，若电压表上电压远远超过仪表量程，电压表可能将被烧坏。

【例题 4-6】电路如图 4-13 所示电磁式的继电器过流保护直流输电线路。已知继电器 $R_1=0.3\Omega$，$L=0.2H$，输电线电阻 $R=1.7\Omega$，负载电阻 $R_L=3\Omega$。当负载发生短路时，继电器动作切断电路，继电器动作电流 $i_L=30A$，设 $U=220V$。求开关闭合多长时间后继电器动作？

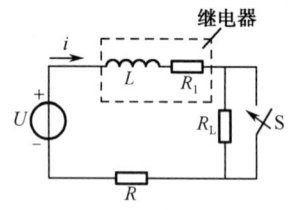

图 4-13　例题 4-6 图

【解】按三要素法求解

（1）求初始值。因为开关 S 闭合之前电路已处于稳态，且根据换路定律有

$$i_L(0_+) = i_L(0_-) = \frac{U}{R_1+R_L+R} = \frac{220}{0.3+1.7+20} = 10(A)$$

（2）求稳态值。当 $t=\infty$ 时，电感 L 同样可看作短路，因此

$$i_L(\infty) = \frac{U}{R_1+R} = \frac{220}{0.3+1.7} = 110(A)$$

（3）求时间常数 τ。将电感支路断开，恒压源短路，得

$$R_\tau = R+R_1 = 0.3+1.7 = 2(\Omega)$$

时间常数为

$$\tau = \frac{L}{R} = \frac{0.2}{2} = 0.1(s)$$

（4）求 i_L 利用三要素公式，得
$$i_L = 110 + (10-110)e^{-10t} = 110 - 100e^{-10t} \text{(A)}$$

（5）设 S 闭合经过 t s 继电器动作，有
$$i_L = 30 = 110 - 100e^{-10t}$$
算出
$$t = 0.0223\text{(s)}$$

※ 内容回顾 ※

（1）含有储能元件的电路发生换路时，由于储能元件上的能量不能跃变，因而产生电路的过渡过程。换路定律是指电容上的电压和电感上的电流在换路时不能跃变。即换路定律：
$$u_C(0_+) = u_C(0_-)$$
$$i_L(0_+) = i_L(0_-)$$
利用换路定律可以确定换路瞬间储能元件的初始值。

（2）初始值的计算。

$t=0_-$ 时刻，电路处于稳态，求出电路的参数 $u_C(0_-)$、$i_L(0_-)$。

$t=0_+$ 时刻，根据 $u_C(0_+)=u_C(0_-)$，$i_L(0_+)=i_L(0_-)$，将电容 C 用电压为 $U_C(0_+)$ 的理想电压源代替，将电感 L 用电流为 $i_L(0_+)$ 的理想电流源代替，得到 $t=0_+$ 时刻的等效电路，它是一个纯电阻电路，可根据电阻电路的求解方法，求出除 $u_c(0_+)$、$i_L(0_+)$ 之外任一元件的电压或电流在 $t=0_+$ 时刻的值。

（3）时间常数的计算。

在 RC 电路中，$\tau = RC$；在 RL 电路中，$\tau = L/R$。在具有多个电阻的 RC（或 RL）电路中，先将电路除源，即电压源短路、电流源开路后，应将 C（或 L）两端的其余部分电路作戴维南等效，其等效电阻为求 τ 时所用的电阻 R。

（4）RC、RL 一阶电路的过渡过程可以用三要素法求解。三要素法能清晰地反映出在换路后电路中各电量随时间变化的规律。

$$f(t) = f(\infty) + [f(0_+) - f(\infty)]e^{-t/\tau}$$

式中　　$f(t)$ ——不同的电量值；

$f(\infty)$ ——换路后该电量的稳态值；

$f(0_+)$ ——该电量换路后的初始值；

τ ——时间常数。

※ 典型例题分析 ※

【典例 4-1】电路如图 4-14 所示，在 $t=0$ 时，将开关 S 合上，开关闭合前电路已处于稳定状态，试求开关闭合后各元件电压、电流的初始值。

【解】换路前根据换路定律，则有

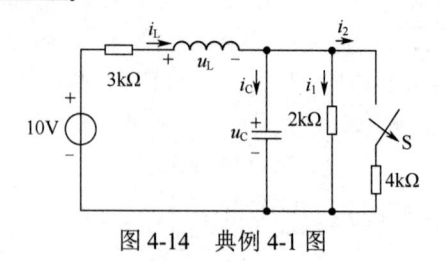

图 4-14 典例 4-1 图

$$u_C(0_-) = \frac{2 \times 10^3}{(2+3) \times 10^3} \times 10 = 4 \ (V)$$

$u_C(0_+) = u_C(0_-) = 4V$,

$$i_L(0_-) = \frac{10}{(2+3) \times 10^3} = 2 \times 10^{-3} = 2 \ (mA)$$

$i_L(0_+) = i_L(0_-) = 2 \ (mA)$

将电容 C 用电压为 4V 的电压源替代，L 用电流为 2mA 的电流源替代，得 $t=0_+$ 的等效电路图如图 4-15 所示。

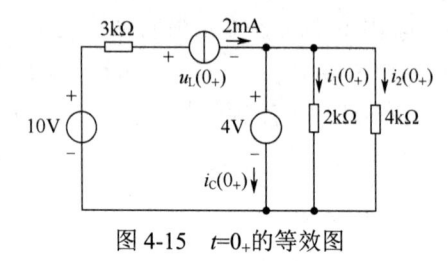

图 4-15 $t=0_+$ 的等效图

$$i_1(0_+) = \frac{4}{2 \times 10^3} = 2 \ (mA)$$

$$i_2(0_+) = \frac{4}{4 \times 10^3} = 1 \ (mA)$$

$i_C(0_+) = 2 - i_1(0_+) - i_2(0_+) = -1 (mA)$

$u_L(0_+) = (10 - 4 - 2 \times 10^{-3} \times 3 \times 10^3) = 0 \ (V)$

【典例 4-2】求如图 4-16 所示电路的时间常数。

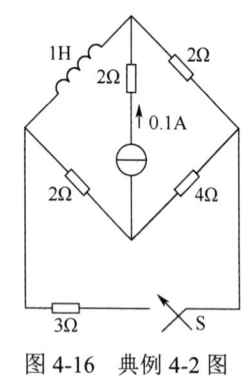

图 4-16 典例 4-2 图

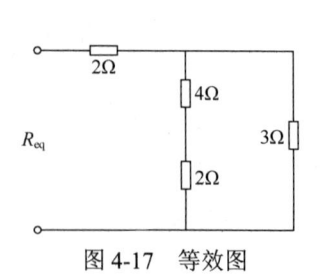

图 4-17 等效图

【解】换路后，将独立源（电流源）去掉（电流源断路），从 L 看进去的等效电路如图 4-17

所示，则等效电阻

$$R_{eq} = \left[\frac{3\times(2+4)}{3+(2+4)} + 2\right] = 4 \quad (\Omega)$$

所以

$$\tau = \frac{L}{R} = \frac{L}{R_{eq}} = \frac{1}{4} = 0.25 \quad (s)$$

【**典例 4-3**】电路如图 4-18 所示，电路已处于稳态，$t=0$ 时，开关由 1 位置投向 2 位置，试用三要素法求 i 及 i_L。

【**解**】求初始值，等效电路如图 4-19 所示，则有

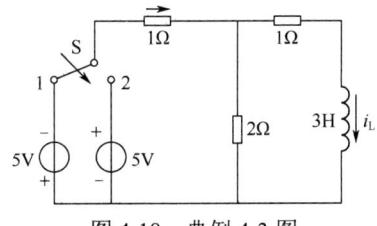

图 4-18　典例 4-3 图

$$i_L(0_+) = i_L(0_-) = \frac{-5}{1+\frac{1\times2}{1+2}} \times \frac{2}{3} = -2 \quad (A)$$

$$U_{AB} = \frac{\frac{5}{1}+2}{\frac{1}{1}+\frac{1}{2}} = \frac{14}{3} \quad (V)$$

$5 = i(0_+) \times 1 + U_{AB}$

$i(0_+) = \frac{1}{3}$ (A)

求稳态值，电路图如图 4-20 所示，则有

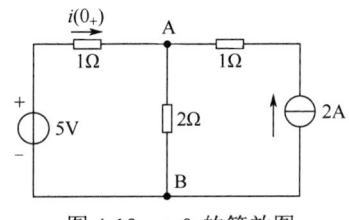

图 4-19　$t=0_+$ 的等效图

$$i_L(\infty) = \frac{5}{1+\frac{1\times2}{1+2}} \times \frac{2}{3} = 2 \quad (A)$$

$$i(\infty) = \frac{5}{1+\frac{1\times2}{1+2}} = 3 \quad (A)$$

时间常数

$$\tau = \frac{L}{R} = \frac{L}{1+\dfrac{2\times 1}{2+1}} = \frac{3}{\dfrac{5}{3}} = 1.8 \text{ (s)}$$

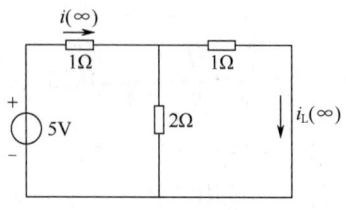

图 4-20　$t=\infty$ 的等效图

根据一阶电路三要素法公式

$$f(t) = f(\infty) + [f(0_+) - f(\infty)]e^{-t/\tau}$$

可得

$$i_L(t) = 2 + (-2-2)e^{-2t} = 2 - 4e^{-\frac{5}{9}t} \text{ (A)}$$

$$i(t) = 3 + \left(\frac{1}{3}-3\right)e^{-2t} = 3 - \frac{8}{3}e^{-\frac{5}{9}t} \text{ (A)}$$

【典例 4-4】一个高压电容器原已充电，其电压为 10kV，从电路中断开后，经过 15min 它的电压降为 3.2kV，问：

（1）再过 15min 电压降为多少？

（2）如果电容 $C=15\mu F$，那么它的绝缘电阻是多少？

（3）经过多长时间，可使电压降至 30V 以下？

（4）如果以一根电阻为 0.2Ω 的导线将电容接地放电，最大放电电流是多少？若认为在 τ 时间内放电完毕，那么放电的平均功率是多少？

（5）如果以 100kΩ 的电阻放电，应放电多长时间？最大放电电流是多少？

【解】（1）设 $u_C(t) = U_0 e^{-\frac{t}{\tau}}$

由已知 $u_C(t) = 10e^{-\frac{t}{\tau}}$　(kV)　　　　　　　　($t \geq 0$)

经 15min，$u_C(t)$ 降为 3.2kV，即 $3.2 = 10e^{-\frac{15\times 60}{\tau}}$

可得 $\tau = 790$（s）

$$u_C(t) = 10e^{-\frac{t}{790}} \text{ (kV)} \qquad (t \geq 0)$$

再经过 15min，电压为 $U = 10e^{-\frac{30\times 60}{790}} = 1.023$　(kV)

或者 $U = 3.2e^{-\frac{15\times 60}{790}} = 1.023$　(kV)

（2）$\tau = RC$　　$R = \tau/C = 790/15\times 10^{-6} = 52.67$（MΩ）

（3）设经过时间 t，电压降至 30V 以下，即 $30 = 10\times 10^3 \times e^{-\frac{t}{790}}$

得 $t = 4589.2$ (s)

（4）当 $t=0$ 时，放电电流最大

$$i_{max} = \frac{10 \times 10^3}{0.2} = 50 \ (kA)$$

此时，电容的储能 $W_C = \frac{1}{2}CU_m^2$，认为 5τ 放电完毕，所以放电的平均功率为

$$P_{av} = \frac{W_C}{5\tau} = \frac{\frac{1}{2} \times 15 \times 10^{-6} \times (10 \times 10^3)^2}{5 \times 0.2 \times 15 \times 10^{-6}} = 50 \ (MW)$$

（5）此时 $\tau = RC = 100 \times 10^3 \times 15 \times 10^{-6} = 1.5$（s）

经 5τ=5×1.5=7.5s，放电完毕。

$$i_{max} = \frac{10 \times 10^3}{100 \times 10^3} = 0.1 \ (A)$$

※ 练习题 ※

1. 在图 4-21 中，U_S=100V，R_1=2Ω，R_2=8Ω，C=10μF，试求：（1）S 闭合瞬间各支路电流及各元件两端电压的初始值；（2）S 闭合后到达稳定状态时各支路电流及各元件两端电压的稳态值；（3）当用电感元件替换电容元件后，分别求两种情况下的各支路电流及各元件两端电压的初始值与稳态值。

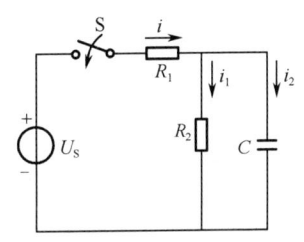

图 4-21 练习题 1 图

2. 电路如图 4-22 所示，已知 U_{S1}=12V，U_{S2}=9V，R_1=6Ω，R_2=3Ω，L=1H，$t \geq 0$ 时开关 S 闭合，试用三要素法求 i_1、i_2 及 i_L。

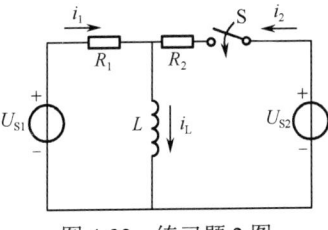

图 4-22 练习题 2 图

3. 电路如图 4-23 所示，电路原已处于稳态，t=0 时，开关由 1 位置投向 2 位置，试用三要素法求 i 及 i_L。

图 4-23 练习题 3 图

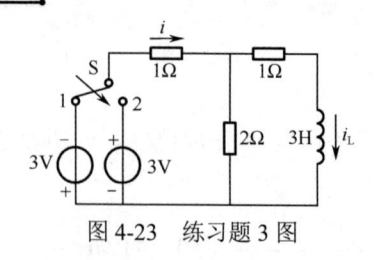

练习题 参考答案

1．（1）初始值：$i = i_2 = 50A$ $i_1 = 0$ $u_C = u_{R2} = 0$ $u_{R1} = 100V$
（2）稳态值：$i = i_1 = 10A$ $i_2 = 0$ $u_C = u_{R2} = 80V$ $u_{R1} = 20V$
（3）用 L 代替后的初始值：$i = i_1 = 10A$ $i_2 = 0$ $u_L = u_{R2} = 80V$ $u_{R1} = 20V$
用 L 代替后的稳定值：$i = i_2 = 50A$ $i_1 = 0$ $u_L = u_{R2} = 0$ $u_{R1} = 100V$

2．$i_1(t) = 2 - e^{-2t}$（A） $i_2(t) = 3 - 2e^{-2t}$（A） $i_L(t) = 5 - 3e^{-2t}$（A）

3．$i_L(t) = 1.2 - 2.4e^{-5/9 t}$（A） $i(t) = 1.8 - 1.6e^{-5/9 t}$（A）

※ 复习·提高·检测 ※

一、填空题

1．电路从一种稳定状态变化到另一种稳定的中间过程称为_____。
2．引起电路过渡过程的外因是_____，内因是电路中含有_____元件。
3．换路定律，电路在换路瞬间，_____两端电压和_____中电流不能跃变。
4．写出一阶电路三要素法一般形式_____。
5．写出一阶 RC 电路时间常数 $\tau=$_____，写出一阶 RL 电路时间常数 $\tau=$_____。
6．在计算 τ 值时，R 应理解为从动态元件（C 或 L）两端看进去的_____的等效电阻。
7．从理论上讲，过渡过程要经过_____时间结束，但实际上经过_____，就可以认为过渡过程基本上结束了。
8．时间常数 τ 反映了电路过渡过程的_____。
9．$f(0_+)$ 表示电路的_____值，$f(\infty)$ 表示电路的_____值。

二、选择题

1．下列关于换路定律的说法，正确的是（   ）。（多选）
　　A．在换路瞬间，电容元件两端的电压不能跃变
　　B．在换路瞬间，电容元件中的电流能跃变
　　C．在换路瞬间，电容元件中的电流不能跃变
　　D．在换路瞬间，电感元件两端的电压不能跃变
　　E．在换路瞬间，电路元件中的电流不能跃变
　　F．在换路瞬间，电路元件两端的电压不能跃变
2．对于电路过渡过程时间的说法正确的是（   ）。（多选）

A. 过渡过程经过 1ms，可认为基本完成
B. 过渡过程经过 1s，可认为基本完成
C. 过渡过程经过时间 τ，可认为基本完成
D. 过渡过程时间经过 $3\tau \sim 5\tau$，可认为基本完成
E. 从理论上说，过渡过程是一个无穷过程

3. 计算时间常数 τ 的表达式中，R 应理解为（　　）。
   A. 电路的戴维南等效电阻
   B. 换路前电路的戴维南等效电阻
   C. 换路后电路的戴维南等效电阻
   D. 换路前从动态元件两端看进去电路的戴维南等效电阻
   E. 换路后从动态元件两端看进去电路的戴维南等效电阻
   F. 电路中各电阻串、并联后的等效电阻

4. 下列有关一阶电路暂态响应的说法，正确的（　　）。（多选）
   A. 零输入响应一定是储能元件储能为零的响应
   B. 零输入响应一定是储能元件的放电响应
   C. 零输入响应一定是储能元件由零开始充电的响应
   D. 零状态响应一定是储能元件的放电响应
   E. 零状态响应一定是储能元件由零开始充电的响应

5. 下列有关时间常数 τ 的计算方法，正确的是（　　）。（多选）
   A. RC 电路，$\tau=RC$　　　　　　B. RC 电路，$\tau=C/R$
   C. RC 电路，$\tau=R/C$　　　　　　D. RL 电路，$\tau=R/L$
   E. RL 电路，$\tau=L/R$　　　　　　F. RL 电路，$\tau=RL$

6. 已知电路如图 4-24 所示，当 S 闭合时，下列说法正确的是（　　）。

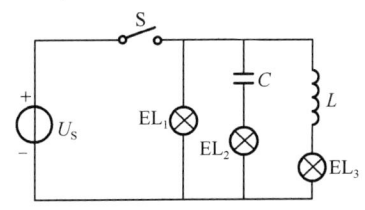

图 4-24　选择题 6 图

A. 灯泡 EL_1、EL_2、EL_3 同时亮，并且这种状态保持不变
B. 灯泡 EL_1 先亮、然后 EL_2、EL_3 同时亮，然后这种状态保持不变
C. 灯泡 EL_1、EL_2 先亮、然后 EL_3 亮，并且这种状态保持不变
D. 灯泡 EL_1、EL_3 先亮、然后 EL_2 亮，并且这种状态保持不变
E. 灯泡 EL_1、EL_2 先亮、然后 EL_3 亮，接着 EL_2 熄灭，然后这种状态保持不变
F. 灯泡 EL_1、EL_2 先亮、然后 EL_3 亮，接着 EL_3 熄灭，然后这种状态保持不变

7. 电路如图 4-18 所示，且电路已处于稳态，$t=0$ 时，S 从 1 位置断开，下列结果正确的是（　　）。
   A. $u_C(0_+)=0$，$u_C(\infty)=0$　　　　B. $u_C(0_+)=U_S$，$u_C(\infty)=0$
   C. $u_C(0_+)=U_S$，$u_C(\infty)=U_S$　　D. $u_C(0_+)=0$，$u_C(\infty)=U_S$

8. 电路如图 4-25 所示，且电路已处于稳态，$t=0$ 时，S 从 1 合到 2 位置，下列结果正确的是（　　）。

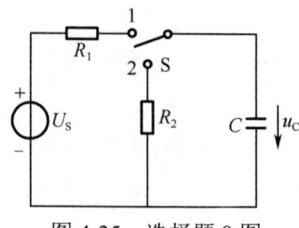

图 4-25　选择题 8 图

A. $u_C(0_+)=U_S$，$u_C(\infty)=0$，$\tau=(R_1R_2C)/(R_1+R_2)$
B. $u_C(0_+)=U_S$，$u_C(\infty)=0$，$\tau=R_1C$
C. $u_C(0_+)=U_S$，$u_C(\infty)=U_S$，$\tau=R_2C$
D. $u_C(0_+)=0$，$u_C(\infty)=U_S$，$\tau=(R_1R_2C)/(R_1+R_2)$
E. $u_C(0_+)=U_S$，$u_C(\infty)=0$，$\tau=R_2C$
F. $u_C(0_+)=U_S$，$u_C(\infty)=U_S$，$\tau=R_1C$

9. 电路如图 4-26 所示，且电路已处于稳态，$t=0$ 时，S 断开，下列结果正确的是（　　）。

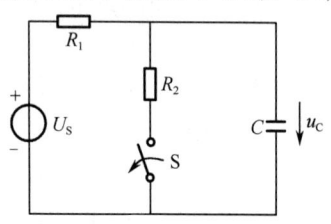

图 4-26　选择题 9 图

A. $u_C(0_+)=0$，$u_C(\infty)=0$，$\tau=R_1C$
B. $u_C(0_+)=U_S$，$u_C(\infty)=U_S$，$\tau=R_1C$
C. $u_C(0_+)=R_2U_S/(R_1+R_2)$，$u_C(\infty)=U_S$，$\tau=R_1C$
D. $u_C(0_+)=0$，$u_C(\infty)=U_S$，$\tau=R_2C$
E. $u_C(0_+)=R_2U_S/(R_1+R_2)$，$u_C(\infty)=0$，$\tau=R_1C$
F. $u_C(0_+)=R_2U_S/(R_1+R_2)$，$u_C(\infty)=U_S$，$\tau=R_2C$

10. 电路如图 4-27 所示，且电路已处于稳态，$t=0$ 时，开关 S 从 1 合到 2 位置，下列结果正确的是（　　）。

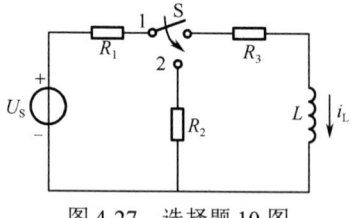

图 4-27　选择题 10 图

A. $i_L(0_+)=0$，$i_L(\infty)=0$，$\tau=L/(R_2+R_3)$
B. $i_L(0_+)=U_S/(R_1+R_3)$，$i_L(\infty)=0$，$\tau=L(R_2+R_3)/R_1R_2$
C. $i_L(0_+)=U_S/(R_1+R_3)$，$i_L(\infty)=0$，$\tau=LR_1R_2/(R_2+R_3)$

D．$i_L(0_+)=U_S/(R_1+R_3)$，$i_L(\infty)=0$，$\tau=L/(R_2+R_3)$

11．电路如图4-28所示，且电路已处于稳态，$t=0$时，开关S断开，下列结果正确的是（　　）。

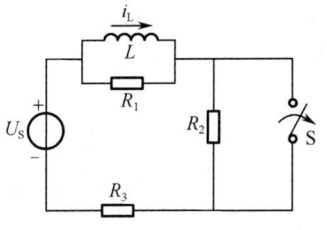

图4-28　选择题11图

A．$i_L(0_+)=0$，$i_L(\infty)=0$，$\tau=L/(R_2+R_3)$
B．$i_L(0_+)=U_S/(R_1+R_2)$，$i_L(\infty)=0$，$\tau=L(R_2+R_3)/R_1R_2$
C．$i_L(0_+)=U_S/(R_1+R_2)$，$i_L(\infty)=0$，$\tau=L R_1R_2/(R_2+R_3)$
D．$i_L(0_+)=U_S/R_3$，$i_L(\infty)=U_S/(R_2+R_3)$，$\tau=L(R_1+R_2+R_3)/R_1(R_2+R_3)$

12．电路如图4-29所示，且电路已处于稳态，$t=0$时，开关S从1合到2位置，下列结果正确的是（　　）。

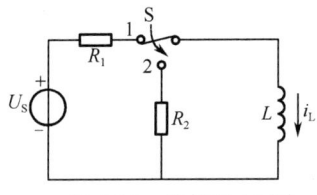

图4-29　选择题12图

A．$i_L(0_+)=0$，$i_L(\infty)=0$，$\tau=L/(R_1+R_2)$
B．$i_L(0_+)=U_S/R_1$，$i_L(\infty)=0$，$\tau=L/(R_1+R_2)$
C．$i_L(0_+)=U_S/R_1$，$i_L(\infty)=0$，$\tau=L/R_2$
D．$i_L(0_+)=U_S/R_1$，$i_L(\infty)=0$，$\tau=L/R_1$

13．在（　　）情况下，电感对直流电路相当于短路；在（　　）情况下，电感对直流电路相当于开路；在（　　）情况下，电容对直流电路相当于开路；在（　　）情况下，电容对直流电路相当于短路。

A．电路达到稳态后　　　　　　B．$u_C(0_-)=0$，换路瞬间
C．$i_L(0_-)=0$，换路瞬间　　　D．以上都不是

14．电路从一种稳定状态变化到另一种稳定状态的中间过程称为（　　）。
A．中间过程　　B．变化过程　　C．过渡过程　　D．可变过程

15．引起电路过渡过程的外因是换路，内因是电路中含有（　　）元件。
A．电阻　　　　B．电压源　　　C．储能元件　　D．电流源

16．换路定律，电路在换路瞬间，（　　）两端电压不能跃变。
A．电阻　　　　B．电感　　　　C．电容　　　　D．电流源

17．换路定律，电路在换路瞬间，（　　）电流不能跃变。
A．电阻　　　　B．电感　　　　C．电容　　　　D．电流源

18．一阶RC电路时间常数$\tau=$（　　）。

A. RC B. R/C C. C/R D. $1/RC$

19. 一阶 RL 电路时间常数 $\tau=$（ ）。

A. RL B. R/L C. L/R D. $1/RL$

20. 从理论上讲，过渡过程要经过（ ）时间结束，但实际上经过（ ），就可以认为过渡过程基本上结束了。

A. ∞、τ B. ∞、2τ C. 1秒、2秒 D. ∞、$3\tau\sim5\tau$

21. 在计算 τ 值时，R 应理解为从（ ）两端看进去的戴维南的等效电阻。

A. 电压源 B. 电阻 C. 电流源 D. L 或 C

22. 一阶电路动态分析时，求初始值，在（ ）情况下，电感相当于电流源。

A. $u_C(0_+)=0$ B. $u_C(0_+)\neq 0$ C. $i_L(0_+)\neq 0$ D. $i_L(0_+)=0$

23. 一阶电路动态分析时，求初始值，在（ ）情况下，电感相当于开路。

A. $u_C(0_+)=0$ B. $u_C(0_+)\neq 0$ C. $i_L(0_+)\neq 0$ D. $i_L(0_+)=0$

24. 一阶电路的动态分析时，求初始值，在（ ）情况下，电容相当于电压源。

A. $u_C(0_+)=0$ B. $u_C(0_+)\neq 0$ C. $i_L(0_+)\neq 0$ D. $i_L(0_+)=0$

25. 一阶电路的动态分析时，求初始值，在（ ）情况下，电容相当于导线。

A. $u_C(0_+)=0$ B. $u_C(0_+)\neq 0$ C. $i_L(0_+)\neq 0$ D. $i_L(0_+)=0$

26. $f(0_+)$ 表示电路的（ ）值。

A. 初始值 B. 稳态值 C. 任意值 D. 都不是

27. $f(\infty)$ 表示电路的（ ）值。

A. 初始值 B. 稳态值 C. 任意值 D. 都不是

28. 在稳定的（ ）电路中，电感相当于短路。

A. 直流 B. 单相交流 C. 三相交流 D. 一阶动态电路

29. 在稳定（ ）电路中，电容相当于开路。

A. 直流 B. 单相交流 C. 三相交流 D. 一阶动态电路

30. 电路如图 4-30 所示，$t=0$ 时，开关 S 从 1 位置合到 2 位置，$u_C(0_+)=$（ ）。

A. 0 B. U_S C. $R_2U_S/(R_1+R_2)$ D. $R_1U_S/(R_1+R_2)$

31. 电路如图 4-30 所示，且电路已处于稳态，$t=0$ 时，开关 S 从 1 位置合到 2 位置，$u_C(\infty)=$（ ）。

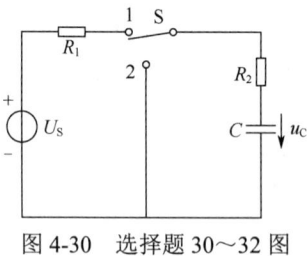

图 4-30 选择题 30～32 图

A. 0 B. U_S C. $R_2U_S/(R_1+R_2)$ D. $R_1U_S/(R_1+R_2)$

32. 电路如图 4-30 所示，且电路已处于稳态，$t=0$ 时，开关 S 从 1 位置合到 2 位置，$\tau=$（ ）。

A. 0 B. R_2C C. $R_2C/(R_1+R_2)$ D. $R_1C/(R_1+R_2)$

模块4 一阶动态电路分析

33. 电路如图4-31所示，且电路已处于稳态，$t=0$时，开关S断开，$u_C(0_+)=$（　　）。
    A．0　　　　　　B．U_S　　　　　　C．$R_2U_S/(R_2+R_3)$　　D．$R_1U_S/(R_2+R_3)$
34. 电路如图4-31所示，且电路已处于稳态，$t=0$时，开关S断开，$u_C(\infty)=$（　　）。
    A．0　　　　　　B．U_S　　　　　　C．$R_2U_S/(R_2+R_3)$　　D．$R_1U_S/(R_2+R_3)$
35. 电路如图4-31所示，且电路已处于稳态，$t=0$时，开关S断开，$\tau=$（　　）。
    A．0　　　　　　B．R_2C　　　　　C．$(R_1+R_2)C$　　　D．$R_1C/(R_1+R_2)$

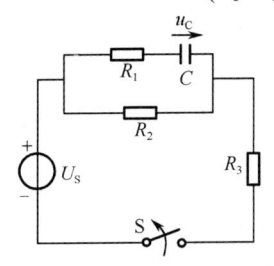

图4-31 选择题33～35图

36. 时间常数τ反映了电路过渡过程的（　　）。
    A．大小　　　　　B．方向　　　　　C．瞬时值　　　　D．快慢
37. 一阶电路的过渡过程有（　　）三种状态。
    A．初始值、稳态值、瞬时值
    B．初始值、稳态值、完全响应
    C．零状态响应、零输入响应、完全响应
    D．零状态响应、零输入响应、稳态值
38. 电路如图4-32所示，且电路已处于稳态，$t=0$时，开关S闭合，$i_L(0_+)=$（　　）。
    A．0　　　　　　B．U_S/R_1　　　　C．$U_S/(R_1+R_L)$　　D．U_S/R_L
39. 电路如图4-32所示，且电路已处于稳态，$t=0$时，开关S闭合，$i_L(\infty)=$（　　）。
    A．0　　　　　　B．U_S/R_1　　　　C．$U_S/(R_1+R_L)$　　D．U_S/R_L
40. 电路如图4-32所示，且电路已处于稳态，$t=0$时，开关S闭合，$\tau=$（　　）。
    A．0　　　　　　B．L/R_L　　　　　C．L/R_1　　　　　D．$L/(R_1+R_L)$

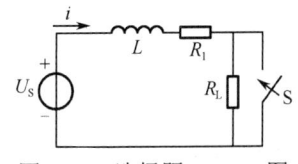

图4-32 选择题38～40图

41. 一阶电路三要素法一般形式（　　）。
    A．$f(t)=f(\infty)+[f(0_+)-f(\infty)]e^{t/\tau}$　　B．$f(t)=f(\infty)+[f(0_-)-f(\infty)]e^{-t/\tau}$
    C．$f(t)=f(\infty)+[f(0_+)-f(\infty)]e^{-t/\tau}$　D．$f(t)=f(\infty)+[f(0_+)-f(\infty)]e^{-t}$
42. 可用一阶微分方程描述和求解的，动态元件（L或C）含有（　　）个的电路称为一阶电路。
    A．0　　　　　　B．1　　　　　　C．2　　　　　　D．3
43. 若电路输入能量为0，依靠电路原有储能产生过渡过程（响应），称为（　　）。

A．零输入响应　　B．零状态响应　　C．全响应　　D．阶跃响应
44．储能元件初始储能为零，由外施激励引起的响应称为（　　）。
　　A．零输入响应　　B．零状态响应　　C．全响应　　D．阶跃响应
45．储能元件初始储能不为零，受外施激励引起的响应称为（　　）。
　　A．零输入响应　　B．零状态响应　　C．全响应　　D．阶跃响应
46．下列电路存在过渡过程的说法，正确的是（　　）。
　　A．所有电路换路时都存在过渡过程
　　B．只有含有电容元件的电路换路时存在过渡过程
　　C．只有含有电感元件的电路换路时存在过渡过程
　　D．只有含有储能元件的电路换路时存在过渡过程
47．下列有关电容与直流电路关系的说法，正确的是（　　）。
　　A．电路达到稳态后，电容对直流电路相当于开路
　　B．在过渡过程中，电容对直流电路相当于开路
　　C．在换路瞬间，电容对直流电路相当于短路
　　D．在过渡过程中，电容对直流电路相当于短路
48．下列有关电感与直流电路关系的说法，正确的是（　　）。
　　A．电路达到稳态后，电感对直流电路相当于短路
　　B．在过渡过程中，电感对直流电路相当于短路
　　C．在换路瞬间，电感对直流电路相当于开路
　　D．在过渡过程中，电容对直流电路相当于开路

三、判断题

1．任何电路发生换路都会产生过渡过程。　　　　　　　　　　　　　　（　　）
2．用三要素法求一阶电路的响应时，其初始值用 $f(0_+)$。　　　　　　（　　）
3．用三要素法求一阶电路的响应时，其初始值可以用 $f(0_-)$。　　　　（　　）
4．电容的初始电压越高，放电时间越长。　　　　　　　　　　　　　　（　　）
5．电容的初始电压越低，放电时间越短。　　　　　　　　　　　　　　（　　）
6．电容的电容量越大，放电时间越长。　　　　　　　　　　　　　　　（　　）
7．电容的电容量越小，放电时间越短。　　　　　　　　　　　　　　　（　　）
8．根据换路定律，电感的电压不能跃变。　　　　　　　　　　　　　　（　　）
9．根据换路定律，电感的电流不能跃变。　　　　　　　　　　　　　　（　　）
10．根据换路定律，电容的电压不能跃变。　　　　　　　　　　　　　（　　）
11．根据换路定律，电容的电流不能跃变。　　　　　　　　　　　　　（　　）
12．根据换路定律，求电路的瞬时值，当电感的电流等于零，电感看做导线。（　　）
13．根据换路定律，求电路的瞬时值，当电感的电流等于零，电感看做开路。（　　）
14．根据换路定律，求电路的瞬时值，当电感的电流不等于零，电感看做电压源。
　　　　　　　　　　　　　　　　　　　　　　　　　　　　　　　　　（　　）
15．根据换路定律，求电路的瞬时值，当电感的电流不等于零，电感看做电流源。
　　　　　　　　　　　　　　　　　　　　　　　　　　　　　　　　　（　　）

16. 根据换路定律，求电路的瞬时值，当电容的电压不等于零，电容看做电压源。
（　　）
17. 根据换路定律，求电路的瞬时值，当电容的电压不等于零，电容看做电流源。
（　　）
18. 根据换路定律，求电路的瞬时值，当电容的电压等于零，电容看做导线。（　　）
19. 根据换路定律，求电路的瞬时值，当电容的电压等于零，电容看做开路。（　　）

复习·提高·检测　参考答案

一、填空题

1．过渡过程

2．换路　储能元件

3．电容元件　电感元件

4．$f(t) = f(\infty)+[f(0_+)-f(\infty)]e^{-t/\tau}$

5．$\tau=RC$　$\tau=L/R$

6．戴维南等效电路

7．$t\to\infty$　$3\tau\sim5\tau$

8．快慢

9．初始　稳态

二、选择题

1．AB　2．DE　3．E　4．BE　5．AE　6．E　7．C　8．E　9．C　10．D　11．D　12．C
13．ACAB　14．C　15．C　16．C　17．B　18．A　19．C　20．D　21．D　22．C
23．D　24．B　25．A　26．A　27．B　28．A　29．A　30．B　31．A　32．B
33．C　34．A　35．C　36．D　37．C　38．C　39．B　40．C　41．A　42．B
43．A　44．B　45．C　46．D　47．A　48．A

三、判断题

1．×　2．√　3．×　4．×　5．×　6．×　7．×　8．×　9．√　10．√
11．×　12．×　13．√　14．×　15．√　16．√　17．×　18．√　19．×

第 2 部分　电机与电器

模块 5　变压器

任务 5.1　磁路的基本概念

演示器件	单相交流电源、导线、交流电压表、交流电流表、单相调压器、开关、100Ω电阻等				变压负载试验
操作人	教师演示				
演示结果	变比系数	V_1	V_2	A_1	A_2
	2	220V	110V	0.5A	1A
	4	220V	55V	0.125A	0.5A
问题 1：了解变压器变比系数与原副边电压的关系。					
问题 2：了解变压器变比系数与原副边电流的关系。					
问题 3：了解通过变压器接到电源的负载与直接接到电源有什么不同。					

图 5-1　变压器试验

1. 磁路

大家知道，通有电流的线圈周围和内部存在着磁场。但是空心载流线圈的磁场较弱。工程上为了得到较强的磁场并有效地加以利用，常采用导磁性能良好的铁磁材料做成一定形状的铁芯，而将线圈绕在铁芯上。当线圈中通过电流时，铁芯即被磁化，使得其中的磁场大为增强，故通电线圈产生的磁通主要集中在由铁芯构成的闭合路径内，这种磁通集中通过的路径便称为磁路。用于产生磁场的电流称为励磁电流，通过励磁电流的线圈称为励磁线圈或励磁绕组。

2. 磁场的基本物理量

（1）磁感应强度 B

磁感应强度 B 是表示磁场内某点的磁场强弱及方向的物理量。它是一个矢量，其方向与该点磁力线切线方向一致，与产生该磁场的电流之间的方向关系符合右手螺旋定则。若磁场内各点的磁感应强度大小相等，方向相同，则为均匀磁场。在国际单位制中磁感应强度的单位是特斯拉（T），简称特。

（2）磁通 Φ

在均匀磁场中，磁感应强度 B 与垂直于磁场方向的面积 S 的乘积，称为通过该面积的磁

通Φ，即

$$\Phi = BS \quad \text{或} \quad B = \frac{\Phi}{S} \tag{5-1}$$

由此可见，磁感应强度 B 在数值上等于与磁场方向垂直的单位面积上通过的磁通，故 B 又称为磁通密度。在国际单位制中，磁通的单位是韦伯（Wb），简称韦。

（3）磁导率 μ

磁导率 μ 是表示物质导磁性能的物理量，它的单位是亨/米（H/m）。真空的磁导率 $\mu_0 = 4\pi \times 10^{-7}$ H/m。任意一种物质的磁导率与真空磁导率的比值称为相对磁导率，用 μ_r 来表示，即

$$\mu_r = \frac{\mu}{\mu_0} \tag{5-2}$$

（4）磁场强度 H

磁场强度 H 是进行磁场分析时引用的一个辅助物理量，定义为

$$H = \frac{B}{\mu} \tag{5-3}$$

磁场强度也是矢量，只与产生磁场的电流及这些电流的分布情况有关，而与磁介质的磁导率无关，它的单位是安/米（A/m）。

3. 铁磁物质的磁化和反复磁化

自然界中的物质按磁学的角度可分为两种：铁磁物质和非铁磁物质。铁磁物质的内部存在大量的磁畴。所谓磁畴，就是由分子电流形成的磁性小区域。在没有外磁场作用时，如图 5-2（a）所示，这些磁畴的排列是无规则的，因此宏观上对外不显磁性；在外磁场的作用下，如图 5-2（b）所示，磁畴作定向排列，与外磁场方向一致，从而产生很强的附加磁场。这个附加磁场与外磁场叠加起来，就使通电线圈的磁场大大增加，这种现象称为磁化。

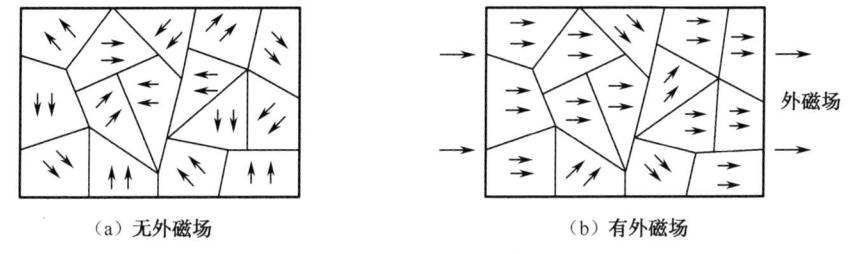

（a）无外磁场　　　　　（b）有外磁场

图 5-2　磁畴取向示意图

当外磁场发生变化时，铁磁物质的磁感应强度也会改变，可用实验方法求得某种铁磁物质的 B 随 H 而变化的曲线，称为磁化曲线，又称 B-H 曲线。如图 5-3 所示，此曲线又称为起始磁化曲线，B 与 H 的关系是非线性的，即铁磁材料的 μ 不是常数，由 $B = \mu H$ 的关系可知，其磁导率 μ 的数值将随磁场强度 H 的变化而变化。

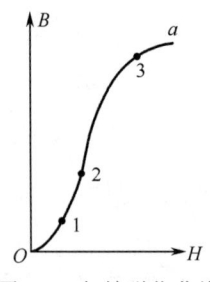

图 5-3　起始磁化曲线

铁磁材料在大小和方向作周期性变化的外磁场作用下进行的磁化，称为反复磁化，得到如图 5-4 所示的磁滞回线。图中的 B_r 称为剩磁，说明在去磁过程中铁磁材料具有保持既有磁性的倾向。当 H 值反向增大使 B 值降到 0 时所对应的磁场强度 H_c，称为矫顽力。铁磁材料在反复磁化的过程中，B-H 的关系将沿着一条闭合曲线 abcda 周而复始地变化。这条闭合曲线称为铁磁材料的磁滞回线，在反复磁化的过程中，铁磁材料内部的磁畴由于来回翻转，消耗了一部分能量，并转化为热能，这部分损耗称为磁滞损耗。理论与实践证明，磁滞损耗与磁滞回线所包围的面积成正比。磁滞损耗是引起铁芯发热的原因之一，所以电机、变压器等设备的铁芯应选用磁滞损耗较小的铁磁材料。

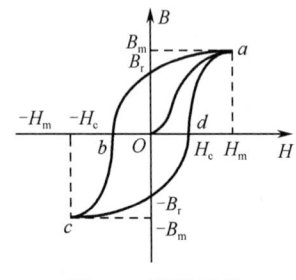

图 5-4　磁滞回线

在工程上应用的铁磁材料按磁性能和用途可分为三类：软磁材料、硬磁材料和矩磁材料，如图 5-5 所示。

（1）软磁材料

其特点为矫顽磁力和剩磁均较小。磁滞回线狭长，磁滞回线包围的面积很小，磁滞损耗小，常用于电机、变压器和电磁铁中。如铁、硅钢、坡莫合金、软磁铁氧体等都是软磁材料。图 5-5（a）是软磁材料的磁滞回线。

（2）硬磁材料

其特点是矫顽磁力和剩磁均较大。磁滞回线包围的面积较大，由于硬磁材料有较强的剩磁，所以硬磁材料适于制造永久磁铁，广泛用于各种磁电式测量仪表、扬声器、永磁电机及通信装置中。如碳钢、钨钢、铝镍合金、铝镍钴合金、硬磁铁氧体等都是硬磁性材料。图 5-5（b）是硬磁材料的磁滞回线。

（3）矩磁材料

其特点是在外磁场作用下很容易达到饱和，去掉外磁场后，磁性仍保持饱和状态。磁滞回线基本是矩形，如图 5-5（c）所示。目前广泛采用锰-镁或锂-锰矩磁铁氧体材料做数字电路中的外部记忆设备，数字电路中通常采用二进制，故可利用矩磁材料的两种状态（+B_r 和 -B_r）分别代表 0 和 1 两个数码，起到记忆作用。

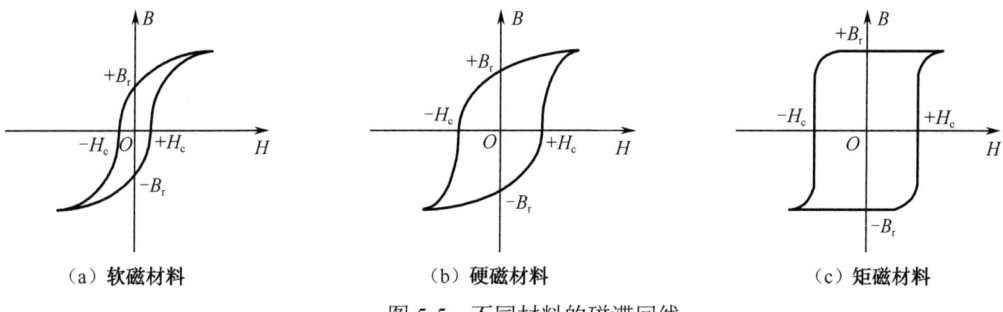

(a) 软磁材料　　　　　　(b) 硬磁材料　　　　　　(c) 矩磁材料

图 5-5　不同材料的磁滞回线

4. 涡流

涡流也是一种电磁感应现象。当变化的磁通穿过整块导体时，产生了感应电动势，形成旋涡形电流，称为涡流，如图 5-6 所示。

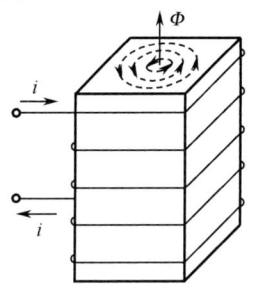

图 5-6　涡流的发生

在交流电气设备中，交变电流产生的交变磁通在铁芯中产生涡流，会使铁芯发热而消耗电功率，称为涡流损耗。它与磁滞损耗合称为铁损。

为了减小铁芯中的涡流，铁芯通常用 0.35～0.5mm 厚的软磁材料硅钢片叠成，如图 5-7 所示。硅钢片间有绝缘层，目的是减小涡流损耗。也可以利用涡流为我们工作，如高频感应电炉利用涡流来加热或冶炼金属。电度表中的转动铝盘就是利用涡流的电磁阻尼作用工作的。

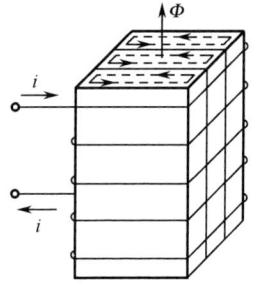

图 5-7　涡流的削弱

任务5.2 交流铁芯线圈电路

图5-8所示为交流铁芯线圈电路,线圈的匝数为N,当在线圈两端加上正弦交流电压u时,就有交变励磁电流i流过,在交变磁动势Ni的作用下产生交变的磁通,其绝大部分通过铁芯,称为主磁通Φ,并有很小部分漏磁通Φ_σ。这两种交变的磁通都将在线圈中产生感应电动势。

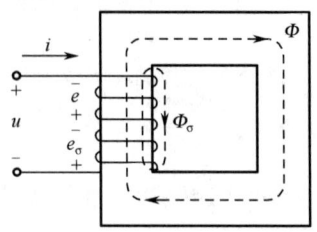

图5-8 交流铁芯线圈电路

设线圈电阻为R,主磁通在线圈上产生的感应电动势为e,漏磁通产生的感应电动势为e_σ,它们与磁通的参考方向之间符合右手螺旋关系。由基尔霍夫电压定律可得铁芯线圈中的电压、电流与电动势之间的关系为

$$u = Ri - e - e_\sigma \tag{5-4}$$

由于线圈电阻上的电压降Ri和漏磁通电动势e_σ与主磁通电动势e比较都很小,可忽略不计,故式(5-4)可写成

$$u \approx -e \tag{5-5}$$

设主磁通$\Phi = \Phi_m \sin\omega t$,则

$$e = -N\frac{d\Phi}{dt} = -N\frac{d(\Phi_m \sin\omega t)}{dt} = -\omega N\Phi_m \cos\omega t \\ = 2\pi f N\Phi_m \sin(\omega t - 90°) = E_m \sin(\omega t - 90°) \tag{5-6}$$

式中$E_m = 2\pi fN\Phi_m$是主磁通电动势的最大值,有效值为

$$E = \frac{E_m}{\sqrt{2}} = \frac{2\pi fN\Phi_m}{\sqrt{2}} \approx 4.44 fN\Phi_m \tag{5-7}$$

故

$$u \approx -e = E_m \sin(\omega t + 90°) \tag{5-8}$$

可见,外加电压的相位超前于铁芯中磁通90°,而外加电压的有效值

$$U \approx E = 4.44 fN\Phi_m \tag{5-9}$$

式(5-9)给出了铁芯线圈在正弦交流电压作用下,铁芯中的磁通最大值与电压有效值的关系。在忽略线圈电阻和漏磁通的条件下,当线圈匝数N和电源频率f一定时,铁芯中的磁通最大值Φ_m与外加电压有效值U成正比,而与铁芯的材料及尺寸无关。这个结论在分析交流电机及变压器的工作原理时是十分重要的。

任务 5.3　变压器的用途与结构

变压器是利用电磁感应原理传输电能或信号的设备，具有变压、变流、变阻抗和隔离的作用。它的种类很多，应用十分广泛，例如，在电力系统中用电力变压器把发电机发出的电压升高后进行远距离输电，到达目的地后再用变压器把电压降低供用户使用；在测量上利用仪用变压器扩大对交流电压、电流的测量范围；用耦合变压器传递信号并隔离电路上的联系等。变压器虽然大小悬殊，用途各异，但基本结构和工作原理是相同的。

变压器由铁芯和绕组两个基本部分构成，图 5-9 是它的结构图和符号。

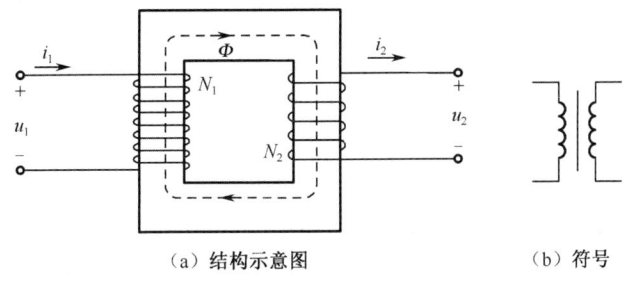

(a) 结构示意图　　(b) 符号

图 5-9　变压器的结构示意图和符号

这是一个简单的双绕组变压器，在一个闭合的铁芯上套有两个绕组，绕组与绕组之间及绕组与铁芯之间都是绝缘的。

绕组通常用铜线或铝线绕成，一个绕组和电源相连，称为原绕组，又称为一次绕组；另一个绕组与负载相连，称为副绕组，又称为二次绕组。

为了减小铁芯中的磁滞损耗和涡流损耗，变压器的铁芯用 0.35～0.5mm 厚的硅钢片叠成，为了降低磁路的磁阻，一般采用交错叠装方式，即将每层硅钢片的接缝错开。图 5-10 为几种常见的铁芯形状。

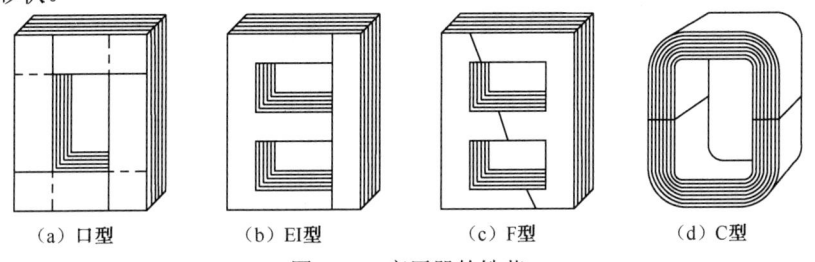

(a) 口型　　(b) EI 型　　(c) F 型　　(d) C 型

图 5-10　变压器的铁芯

变压器按铁芯和绕组的组合方式，可分为心式和壳式两种，如图 5-11 所示。心式变压器的铁芯被绕组所包围，而壳式变压器的铁芯则包围绕组。心式变压器用铁量比较少，多用于大容量的变压器，如电力变压器都采用心式结构；壳式变压器用铁量比较多，但不需要专门的变压器外壳，常用于小容量的变压器，如各种电子设备和仪器中的变压器多采用壳式结构。

(a) 心式　　　　(b) 壳式

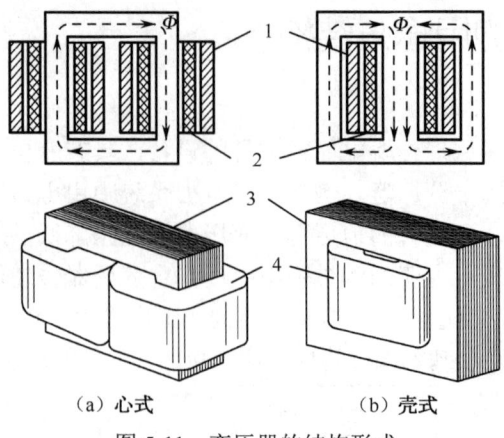

图 5-11　变压器的结构形式

1—高压绕组；2—低压绕组；3—铁芯；4—绕组

任务 5.4　变压器的工作原理

5.4.1　空载运行

变压器原绕组接电源，副绕组开路的工作状态，称为变压器的空载运行，如图 5-12 所示。在外加电压 u_1 作用下，原绕组中通过的空载电流为 i_{10}，又称为励磁电流，i_{10} 产生工作磁通。各量的方向按习惯参考方向选取。

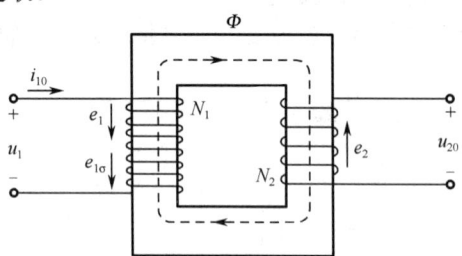

图 5-12　变压器的空载运行

空载运行时原绕组和副绕组的电动势平衡方程式

$$u_1 = i_{10}r_1 + (-e_{1\sigma}) + (-e_1) = i_{10}r_1 + N_1\frac{d\Phi_{1\sigma}}{dt} + N_1\frac{d\Phi}{dt} \tag{5-10}$$

$$u_{20} = e_2 = N_2\frac{d\Phi}{dt} \tag{5-11}$$

式中，u_{20} 为二次绕组的空载电压；r_1 为一次绕组的电阻；Φ 为主磁通；$\Phi_{1\sigma}$ 为一次绕组的漏磁通。

设 $\Phi = \Phi_m\sin\omega t$，由法拉第电磁感应定律可得

$$\begin{cases} e_1 = -N_1 \dfrac{d\Phi}{dt} = -\omega N_1 \Phi_m \sin(\omega t + 90°) = E_{1m} \sin(\omega t - 90°) \\ e_2 = -N_2 \dfrac{d\Phi}{dt} = -\omega N_2 \Phi_m \sin(\omega t + 90°) = E_{2m} \sin(\omega t - 90°) \end{cases} \quad (5\text{-}12)$$

可算出，e_1、e_2 的有效值分别为

$$\begin{cases} E_1 \approx 4.44 f N_1 \Phi_m \\ E_2 \approx 4.44 f N_2 \Phi_m \end{cases} \quad (5\text{-}13)$$

式中，f 为交流电源的频率；Φ_m 为主磁通的最大值。

由于 $i_{10}r_1$ 和 $e_{1\sigma}$ 很小，可忽略，则原、副绕组上电动势的有效值近似等于原、副绕组上电压的有效值，即

$$\begin{cases} U_1 \approx E_1 \\ U_{20} \approx E_2 \end{cases} \quad (5\text{-}14)$$

将式（5-13）代入式（5-14），得

$$\dfrac{U_1}{U_{20}} \approx \dfrac{E_1}{E_2} = \dfrac{4.44 f N_1 \Phi_m}{4.44 f N_2 \Phi_m} = \dfrac{N_1}{N_2} = K \quad (5\text{-}15)$$

式（5-15）表明变压器原、副绕组电压的有效值与原、副绕组的匝数成正比。匝数比 K 称为变压比，简称变比。当原、副绕组匝数不同时，变压器就可以把某一数值的交流电压变换为同频率的另一数值的交流电压，这就是变压器的电压变换作用。当原绕组匝数 N_1 多于副绕组匝数 N_2，即 $K>1$ 时，这种变压器称为降压变压器；反之，若 $N_1<N_2$，即 $K<1$ 时，则为升压变压器。

【例题 5-1】已知某变压器铁芯截面积为 150cm²，铁芯中磁感应强度的最大值不能超过 1.2T，若要用它把 6000V 工频交流电变换为 230V 的同频率交流电，则应配多少匝数的原、副绕组？

【解】铁芯中磁通的最大值

$$\Phi_m = B_m S = 1.2 \times 150 \times 10^{-4} = 0.018 (\text{Wb})$$

原绕组的匝数应为

$$N_1 = \dfrac{U_1}{4.44 f \Phi_m} = \dfrac{6000}{4.44 \times 50 \times 0.018} = 1502$$

副绕组的匝数应为

$$N_2 = \dfrac{U_2}{4.44 f \Phi_m} = \dfrac{230}{4.44 \times 50 \times 0.018} = 58$$

或

$$N_2 = \dfrac{N_1}{K} = \dfrac{N_1}{U_1/U_2} = \dfrac{1502}{6000/230} = 58$$

5.4.2 有载运行

变压器的副绕组接入负载工作，称为有载运行。图 5-13 为变压器有载运行原理图。由式（5-14）可得：

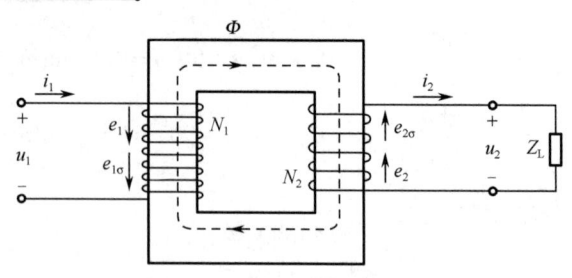

图 5-13 变压器的有载运行

$$U_1 \approx 4.44fN_1\Phi_m \tag{5-16}$$

即不论是空载还是有载，只要加在变压器原绕组的电压和频率保持不变，铁芯中的磁通幅值保持不变。并且磁路磁通的大小不仅与电流有关，还与线圈的匝数成正比。

空载时，磁通是由 $i_{10}N_1$ 产生的。设有载时原、副绕组电流分别为 i_1 与 i_2，而有载时的磁通是由 i_1N_1 与 i_2N_2 合成的。因为空载运行与有载运行时的电压和频率保持不变，因而磁通也保持不变。可用有效值相量表示为

$$\dot{I}_1 N_1 + \dot{I}_2 N_2 = \dot{I}_{10} N_1 \tag{5-17}$$

此关系称为变压器的磁动势平衡方程。

由于空载电流较小，一般不到额定电流的 8%，因此当变压器额定运行时，忽略空载电流后，有

$$\dot{I}_1 N_1 \approx -\dot{I}_2 N_2 \tag{5-18}$$

得变压器原、副绕组电流有效值关系

$$\frac{I_1}{I_2} \approx \frac{N_2}{N_1} = \frac{1}{K} \tag{5-19}$$

即变压器额定运行时，原、副绕组电流比近似等于变比的倒数。

5.4.3 阻抗变换

变压器不仅能变换交流电压、交流电流，还具有变换阻抗的作用。在图 5-13 中，副绕组接入阻抗值为 $|Z_L|$ 的负载，从原绕组看进去的等效阻抗值为 $|Z|$，即

$$|Z| = \frac{U_1}{I_1} = \frac{\frac{N_1}{N_2}U_2}{\frac{N_2}{N_1}I_2} = \left(\frac{N_1}{N_2}\right)^2 \frac{U_2}{I_2} = K^2|Z_L| \tag{5-20}$$

可见，选择不同的变比 K，就可在原绕组侧得到所需要的任何数值。这种阻抗变换的方法称为阻抗匹配。

【例题 5-2】 在图 5-14 中，交流信号源的电动势 $E=120V$，内阻 $r_0=800\Omega$，负载电阻 $R_L=8\Omega$。

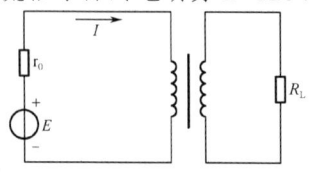

图 5-14 例题 5-2 的电路

（1）当负载 R_L 折算到原绕组侧的等效电阻 $R_L' = r_0$ 时，求变压器的匝数比和信号源输出功率 P_o。

（2）若将负载直接与信号源相连，求信号源输出功率 P_o'。

【解】 （1）变压器的匝数比

$$K = \frac{N_1}{N_2} = \sqrt{\frac{R_L'}{R_L}} = \sqrt{\frac{800}{8}} = 10$$

信号源的输出功率

$$P_o = \left(\frac{E}{r_o + R_L'}\right)^2 R_L' = \left(\frac{120}{800+800}\right)^2 \times 800 = 4.5\text{W}$$

（2）将负载直接与信号源相连，信号源输出功率为

$$P_o' = \left(\frac{120}{800+8}\right)^2 \times 8 = 0.176\text{W}$$

可见，为了使负载能获得最大功率，常采用变压器进行阻抗变换，使负载与电源相"匹配"。

任务 5.5 变压器的外特性

5.5.1 电压变化率

在电源电压不变的情况下，当变压器负载增加时，副绕组中的电流及阻抗压降都相应增加，因而副绕组电压随之降低。电压 U_2 随电流 I_2 变化的关系 $U_2 = f(I_2)$ 称为变压器的外特性，如图 5-15 所示。U_{20} 是副绕组空载电压，U_{2N} 是额定负载时副绕组电压，I_{2N} 为额定运行时副绕组电流。外特性是一条稍微下降的曲线。

端电压的变化程度可用电压变化率 $\Delta U\%$ 来表示，即

$$\Delta U\% = \frac{U_{20} - U_2}{U_{20}} \times 100\% \tag{5-21}$$

电压变化率表明了副绕组电压的稳定性，是衡量变压器的一个重要指标，直接影响供电质量。电压变化率越小越好，一般电力变压器的电压变化率为 5% 左右。

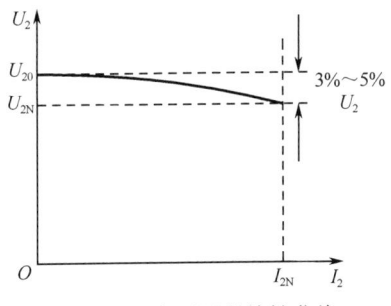

图 5-15 变压器外特性曲线

5.5.2 变压器的效率

变压器负载运行时,二次端电压随负载大小及功率因数的变化而变化,如果电压变化过大,将对用户产生不利影响。变压器的效率反映了其运行的经济性,是一项重要的运行性能指标。由于变压器是一种静止电器,没有机械损耗,它的效率比电动机高,一般中、小型电力变压器效率在95%以上,大型电力变压器效率可达99%以上。

变压器在能量传递过程中会产生损耗,由于变压器由铁芯和线圈组成,所以变压器运行时产生的损耗包括铜损和铁损两部分。

由于变压器原、副绕组分别有电阻 r_1、r_2,当有电流 I_1、I_2 流过时,有一部分电能变成了热能,其值为

$$P_{Cu} = r_1 I_1^2 + r_2 I_2^2 \tag{5-22}$$

这部分损耗称为铜损,会随负载而发生变化,也称为可变损耗。

变压器的另外一部分损耗称铁损,包括磁滞损耗和涡流损耗。频率一定时,损耗不变,因而铁损又称为固定损耗。

变压器的效率是指输出功率和输入功率的比值,即

$$\eta = \frac{P_2}{P_1} \times 100\% = \frac{P_2}{P_2 + P_{Fe} + P_{Cu}} \times 100\% \tag{5-23}$$

式中,P_1 为输入功率;P_2 为输出功率;P_{Fe} 为铁损;P_{Cu} 为铜损。

5.5.3 变压器的额定值及型号

1. 变压器的额定值主要有

(1)额定电压 U_{1N}、U_{2N}

原绕组额定电压 U_{1N} 是根据绝缘强度和允许发热所规定的应加在原绕组上的正常工作电压的有效值。

副绕组额定电压 U_{2N} 是指变压器空载时,原绕组施加额定电压时副绕组的端电压值。

(2)额定电流 I_{1N}、I_{2N}

变压器连续运行时,原、副绕组允许通过的最大电流有效值。

(3)额定容量 S_N

变压器副绕组额定电压和额定电流的乘积,即副绕组的额定视在功率。

单相变压器的额定容量

$$S_N = U_{2N} I_{2N} \tag{5-24}$$

三相变压器的额定容量

$$S_N = \sqrt{3} U_{2N} I_{2N} \tag{5-25}$$

额定容量反映了变压器所能传送电功率的能力,但不可把变压器的实际输出功率与额定容量相混淆。例如,一台额定容量 S_N=1000kVA 的变压器,如果负载的功率因数为1,它能输出的最大有功功率为1000kW;如果负载的功率因数为0.7,则它能输出的最大有功功率为700kW。所以变压器实际使用时的输出功率取决于副绕组端所接负载的大小和性质。

(4)额定频率 f_N

变压器正常工作时应接入的电源频率为变压器的额定频率。我国电力系统工业交流电的

标准频率为 50Hz。

变压器的额定值取决于变压器的构造和所用材料，使用时一般不能超过其额定值。

2. 变压器的型号

国产变压器型号命名由三部分组成，各部分的含义如表 5-1 所示。第一部分用字母表示变压器的主称；第二部分用数字表示变压器的额定功率；第三部分用数字表示产品的序号。

表 5-1 变压器的型号命名及含义

第一部分：主称		第二部分：额定功率	第三部分：序号
字 母	含 义		
CB	音频输出变压器	用数字表示变压器的额定功率	用数字表示产品的序号
DB	电源变压器		
GB	高压变压器		
HB	灯丝变压器		
RB 或 JB	音频输入变压器		
SB 或 ZB	扩音机用定阻式音频输送变压器(线间变压器)		
SB 或 EB	扩音机用定压或自耦式音频输送变压器		
KB	开关变压器		

例如，DB-60-2 表示 60VA 的电源变压器。

任务 5.6　几种常用的变压器

扫一扫，听听解读

5.6.1　三相电力变压器

在电力系统中，用于变换三相交流电压，输送电能的变压器，称为三相电力变压器，如图 5-16 所示。三相电力变压器有 3 个心柱，各套一相的原、副绕组。由于三相原绕组所加的电压是对称的，因此三相磁通也是对称的，副绕组的电压也是对称的。通常铁芯和绕组都浸在装有绝缘油的油箱中，其作用是绝缘和通过液体在油管的流动加快散热的速度。

三相电力变压器的原、副绕组可以根据需要分别接成星形或三角形。三相电力变压器的常见连接方式是 Y、yn（即 Y/Yo）和 Y、d（即 Y/△），如图 5-17 所示。其中 Y、yn 连接常用于车间配电变压器，yn 表示有中性线引出的星形连接，这种接法不仅给用户提供了三相电源，同时还提供了单相电源，通常使用的动力和照明混合供电的三相四线制系统，就是用这种连接方式的变压器供电的；Y、d 连接的变压器主要用在变电站作降压或升压用。

(a) 结构示意图　　　　　　　　　　(b) 外形图

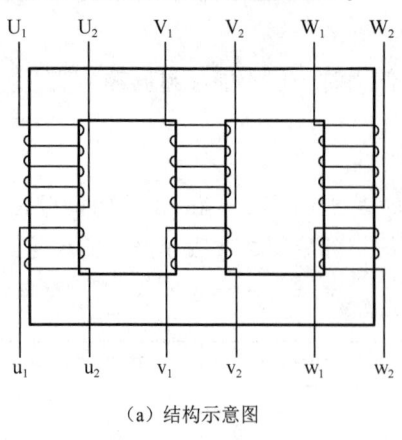

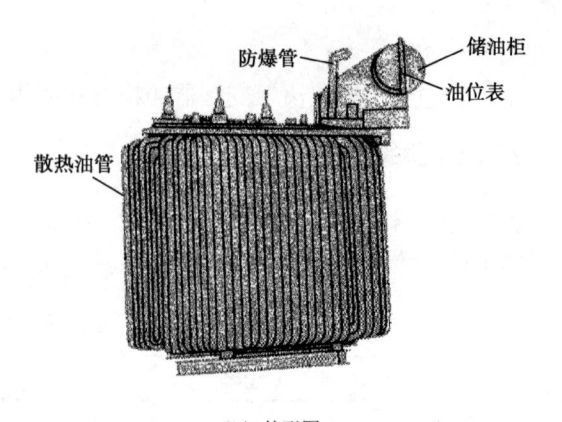

图 5-16　三相电力变压器

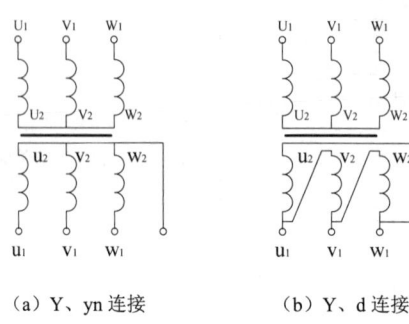

(a) Y、yn 连接　　　　　　　(b) Y、d 连接

图 5-17　三相电力变压器的两种接法

三相电力变压器原、副绕组电压的比值，不仅与匝数比有关，而且与接法有关。设原、副绕组的线电压分别为 U_{L1}、U_{L2}，相电压分别为 U_{P1}、U_{P2}，匝数分别为 N_1、N_2，则作 Y、yn 连接时，有

$$\frac{U_{L1}}{U_{L2}} = \frac{\sqrt{3}U_{P1}}{\sqrt{3}U_{P2}} = \frac{N_1}{N_2} = K \tag{5-26}$$

作 Y、d 连接时，有

$$\frac{U_{L1}}{U_{L2}} = \frac{\sqrt{3}U_1}{U_2} = \sqrt{3}\frac{N_1}{N_2} = \sqrt{3}K \tag{5-27}$$

三相电力变压器的额定值含义与单相变压器相同，但三相电力变压器的额定容量 S_N 是指三相总额定容量，可用式（5-28）进行计算

$$S_N = \sqrt{3}U_{2N}I_{2N} \tag{5-28}$$

三相电力变压器的额定电压 U_{1N}、U_{2N} 和额定电流 I_{1N}、I_{2N} 是指线电压和线电流。其中副绕组额定电压 U_{2N} 是指变压器原绕组施加额定电压 U_{1N} 时副绕组的空载电压。

5.6.2　自耦变压器

原绕组、副绕组共用一个绕组的变压器称为自耦变压器。如图 5-18（a）所示是自耦变压器结构示意图。自耦变压器只有一个绕组，或者是原绕组的一部分兼作副绕组用；或者是副绕组的一部分兼作原绕组用。实质上自耦变压器就是利用一个绕组抽头的办法来实现改变电压的一种变压器。

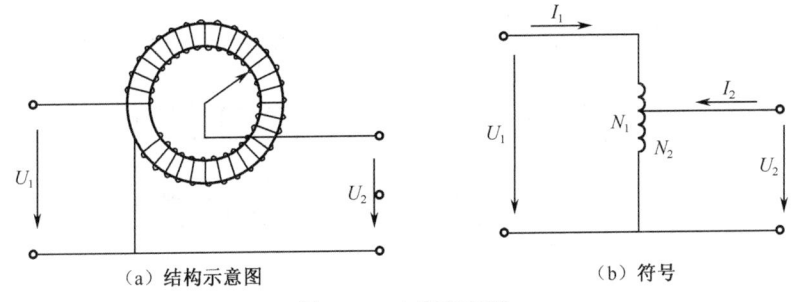

(a) 结构示意图　　　　　　　　(b) 符号

图 5-18　自耦变压器

以图 5-18（b）降压自耦变压器为例，将匝数为 N_1 的原绕组与电源相接，其电压为 U_1；匝数为 N_2 的副绕组与负载相接，其电压为 U_2。自耦变压器的绕组也是套在闭合铁芯的心柱上。其作用原理与普通变压器一样，原绕组和副绕组的电压、电流与匝数的关系仍为

$$\frac{U_1}{U_2}=\frac{N_1}{N_2}=K \tag{5-29}$$

$$\frac{I_1}{I_2}=\frac{N_2}{N_1}=\frac{1}{K} \tag{5-30}$$

通过调整合适的匝数 N_2，在副绕组一侧即可得到所需的电压。

自耦变压器还可以把抽头制成能够沿着线圈自由滑动的触点，可平滑调节副绕组电压。其铁芯制成环形，靠手柄转动滑动触点来调压。副绕组端的电压就可在 0 至 U_1 的范围内连续改变。小型自耦变压器常用来启动交流电动机；在实验室和小型仪器上常用作调压设备；也可用在照明装置上来调节光度。在电力系统上也应用大型自耦变压器作为电力变压器。

自耦变压器的变比不宜过大，因为它的原、副绕组有电的直接联系。一旦公共部分断开，高压将引入低压端，造成危险。通常选择变比 $K<3$。

5.6.3　互感器

在电工测量中，经常测量高电压或大电流。仪用互感器可以完成此项工作。仪用互感器按用途可分为电压互感器和电流互感器。互感器实质上就是损耗低、变比精确的小型变压器。

图 5-19 是接有电压互感器和电流互感器的电路。由图可看出，10kV 的高压电路与测量仪表电路只有磁的耦合而无电的直接联系。为防止互感器原、副绕组之间绝缘损坏时造成危险，铁芯及副绕组的一端应当接地。

电压互感器的原绕组接被测高电压，副绕组接电压表，则有

$$\frac{U_1}{U_2}=\frac{N_1}{N_2} \tag{5-31}$$

为降低电压，$N_1>N_2$，一般规定电压互感器的副绕组电压为 100V。

(a) 电压互感器　　(b) 电流互感器

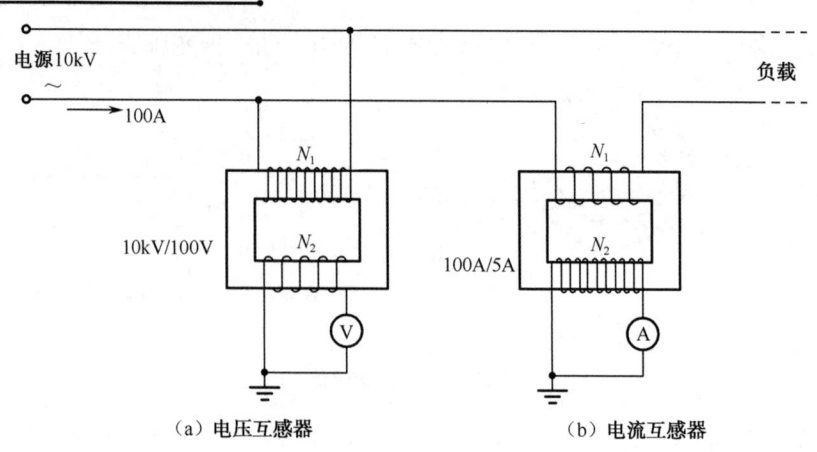

图 5-19　仪用互感器

电流互感器的原绕组接被测大电流,副绕组接电流表,则有

$$\frac{I_1}{I_2}=\frac{N_2}{N_1} \tag{5-32}$$

为减小电流,$N_1<N_2$,一般规定副绕组额定电流为 5A。

使用互感器时,必须注意:由于电压互感器的副绕组电流很大,因此副绕组绝不允许短路;电流互感器的原绕组匝数很少,而副绕组匝数较多,这将在副绕组中产生很高的感应电动势,因此电流互感器的副绕组绝不允许开路。

便携式钳流表就是利用电流互感器原理制成的,图 5-20 是它的外形和原理示意图;其副绕组两端接有电流表,闭合铁芯由两块铁芯构成,用手柄能控制铁芯的张开和闭合。测量电流时,不需要断开待测电路,只需张开铁芯将待测的载流导线钳入,这根导线就成为互感器的原绕组,于是可从电流表直接读出待测电流值。

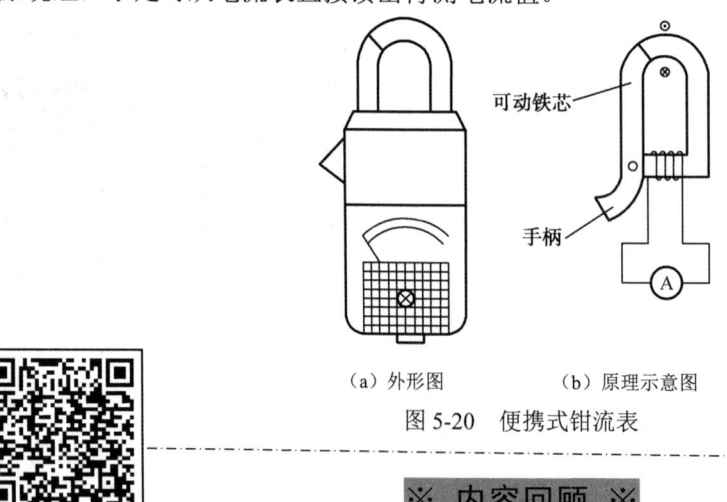

(a) 外形图　　(b) 原理示意图

图 5-20　便携式钳流表

※ 内容回顾 ※

1. 在电气设备中,为了得到较强的磁场,常采用铁磁材料制成一定形状的铁芯,使磁场集中分布于由铁芯构成的闭合路径内,形成磁路。磁场的主要物理量有磁感应强度 B、磁通 Φ、磁导率 μ 和磁场强度 H 等。

铁磁材料分为软磁材料、硬磁材料和矩磁材料三种。

2. 交流铁芯线圈中的交变电流，使铁芯线圈产生交变磁通，基本关系式为 $U \approx 4.44fN\Phi_m$，当外加电压不变时，磁通的幅值不变。

3. 变压器的结构，以闭合铁芯为磁路，原、副绕组分属两个电路，它们之间有磁的耦合，无电的直接联系。原绕组输入交流电，对电源来说相当于负载；副绕组输出频率相同、电压不同的交流电，对负载来说，相当于电源。

4. 变压器的变压、变流、变阻抗的关系式为

$$\frac{U_1}{U_2} = \frac{N_1}{N_2} = K$$

$$\frac{I_1}{I_2} = \frac{N_2}{N_1} = \frac{1}{K}$$

$$|Z_1| = K^2|Z_2|$$

5. 变压器的电压变化率 $\Delta U\% = \frac{U_{20} - U_2}{U_{20}} \times 100\%$，一般电力变压器的电压变化率为 5% 左右。

6. 变压器的损耗

$$\begin{cases} 铁损\ P_{Fe}：固定损耗，包含涡流损耗与磁滞损耗 \\ 铜损\ P_{Cu}：可变损耗，包含原、副绕组线圈分别因有电阻而产生 \end{cases}$$

变压器的额定容量　　　$S_N = U_{2N}I_{2N}$

变压器的功率

$$\begin{cases} 输入功率\ P_1 = U_1I_1\cos\varphi_1 \\ 输出功率\ P_2 = U_2I_2\cos\varphi_2 \end{cases} \quad （\cos\varphi_2\ 决定于负载）$$

变压器的效率

$$\eta = \frac{P_2}{P_1} \times 100\% = \frac{P_2}{P_2 + P_{Fe} + P_{Cu}} \times 100\%$$

7. 常用变压器

三相电力变压器有三个原绕组和三个副绕组，可分别接成星形或三角形，常见的三相绕组接法有"Y，yn"和"Y，d"两种。

自耦变压器原、副绕组之间不仅有磁的耦合，还有电的直接联系。

电压互感器用于测量高电压，电流互感器用于测量大电流。

※ 典型例题解析 ※

【典例 5-1】铁芯线圈的铁芯截面为 4.5cm²，匝数为 2000，接在 220V、50Hz 的交流电源上，求铁芯中的 B_m。

【解】根据 $U=4.44fN\Phi_m$ 得

$220=4.44fNB_m\times S=4.44\times 50\times 2000\times B_m\times 4.5\times 10^{-4}$

$B_m=1.1$（T）

【典例5-2】一只铁芯线圈，其电阻为2Ω，匝数为200，接在127V、50Hz的交流电源上，测得 $I=6A$，$P=172W$，略去漏抗。求（1）线圈的铜损与铁损；（2）功率因数；（3）铁芯中的磁通 Φ_m。

【解】（1）线圈的铜损就是线圈电阻产生的损耗：

$P_{Cu}=I^2R=6^2\times 2=72$（W）

铁损：$P_{Fe}=P-P_{Cu}=172-72=100$（W）

（2）根据 $P=UI\cos\varphi$ 得到功率因数

$\cos\varphi=P/UI=172/(127\times 6)=0.23$

（3）根据 $U\approx 4.44fN\Phi_m$ 得到磁通

$\Phi_m\approx U/4.44fN=127/(4.44\times 50\times 200)=28.6\times 10^{-4}$（Wb）

【典例5-3】单相变压器的额定容量为50kV·A，额定电压为10000/230V，所接负载 $R=0.83\Omega$、$X_L=0.618\Omega$ 时，工作在额定状态下，求原、副绕组的额定电流和电压变化率。

【解】 $S_N=U_{2N}\times I_{2N}\approx U_{1N}\times I_{1N}$

原绕组电流 $I_{1N}\approx S_N/U_{1N}=50\times 10^3/10000=5$ (A)

副绕组电流 $I_{2N}=S_N/U_{2N}=50\times 10^3/230=217$ (A)

$|Z|=\sqrt{R^2+X_L^2}=\sqrt{0.83^2+0.618^2}=1.035$ (Ω)

$U_2=I_{2N}\times |Z|=217\times 1.035=224.6$ (V)

电压变化率

$\triangle U\%=\dfrac{U_{20}-U_2}{U_{20}}\times 100\%=\dfrac{230-224.6}{230}\times 100\%=2.35\%$

【典例5-4】一台180kV·A、6000/230V 单相变压器，空载电流 I_0 为额定电流的4%，满载时副绕组电压为220V，试求：（1）变压器原、副绕组的额定电流；（2）空载电流 I_0；（3）电压变化率。

【解】（1）原绕组电流 $I_{1N}\approx S_N/U_{1N}=180\times 10^3/6000=30$ (A)

副绕组电流 $I_{2N}=S_N/U_{2N}=180\times 10^3/230=782.6$ (A)

（2）空载电流 $I_0=I_{1N}\times 4\%=1.2$ (A)

（3）电压变化率

$\Delta U\%=\dfrac{U_{20}-U_2}{U_{20}}\times 100\%=\dfrac{230-220}{230}\times 100\%=4.35\%$

【典例5-5】Y/△连接的三相变压器，各相电压的变比 $K=2$，如原绕组线电压为380V，试求：（1）副绕组线电压是多少？（2）若副绕组线电流为173A，原绕组线电流是多少？

【分析】对于三相变压器，变压器的变比系数等于原绕组与副绕组的相电压的比值，也等于副绕组与原绕组的相电流的比值。

【解】（1）根据

$$\frac{U_{L1}}{U_{L2}} = \frac{\sqrt{3}U_{P1}}{U_{P2}} = \sqrt{3}\frac{N_1}{N_2} = \sqrt{3}K$$

副绕组线电压

$$U_{L2} = \frac{U_{L1}}{\sqrt{3}K} = \frac{380}{1.732 \times 2} = 110 \text{ (V)}$$

（2）根据

$$\frac{I_{L2}}{I_{L1}} = \frac{\sqrt{3}I_{P2}}{I_{P1}} = \sqrt{3}\frac{N_1}{N_2} = \sqrt{3}K$$

原绕组线电流

$$I_{L1} = \frac{I_{L2}}{\sqrt{3}K} = \frac{173}{\sqrt{3}\times 2} = 50 \text{ (A)}$$

【典例 5-6】 一台单相变压器，S_N=50kV·A，U_{1N}/U_{2N}=6000/230V，且已知 P_{Fe}=0.3kW，P_{Cu}=0.8kW，向 $\cos\varphi$=0.85 的负载供电，满载时，U_2=220V，求变压器效率 η。

【解】 满载时绕组的额定电流 $I_{2N}=S_N/U_{2N}=50\times 10^3/230=217.4 \text{ (A)}$

变压器向 $\cos\varphi$=0.85 的负载供电时输出的功率

$$P_2=U_2I_{2N}\cos\varphi_2=220\times 217.4\times 0.85=40.65 \text{ （kW）}$$

变压器输入功率

$$P_1=P_2+P_{Cu}+P_{Fe}=40.65+0.8+0.3=41.75 \text{ （kW）}$$

变压器的效率

$$\eta = \frac{P_2}{P_1}\times 100\% = \frac{P_2}{P_2+P_{Cu}+P_{Fe}}\times 100\% = \frac{40.65}{41.75}\times 100\% = 97.4\%$$

※ 练习题 ※

1. 单相变压器一次侧额定电压为 3300V，二次侧额定电压为 220V，负载是一台 220/22kW 电炉，试求一次侧电流。

2. 某单相变压器一、二次绕组分别为 1000 匝与 50 匝，一次绕组电流为 1A，负载电阻 R_L=10Ω，试求一次绕组的电压和负载消耗的功率。

3. 在图 5-21 中，已知信号源的电压 U_S=12V，内阻 r_0=1kΩ，负载电阻 R_L=8Ω，变压器的变比 K=10，求负载上的电压 U_2。

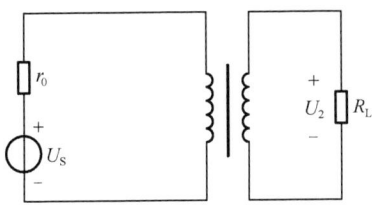

图 5-21 练习题 3 图

4. 已知信号源的交流电动势 E=2V，内阻 R_0=500Ω，通过变压器使信号源与负载完全匹配，若这时负载电阻的电流 I_L=4mA，则负载电阻应为多大？

5. 三相变压器原线圈每相匝数为 N_1=272 匝，副线圈每相匝数为 N_2=17 匝，原绕组线电压 U_1=6kV，求分别采用 Y、yn 和 Y、d 两种接法时副绕组的线电压和相电压。

练习题 参考答案

1. I_1=6.67A
2. 20A　4000V　4kW
3. 0.53V
4. 125Ω
5. Y、yn 接法　U_{2L}=375V　U_{2P}=217V
   Y、d 接法　$U_{2L}=U_{2P}$=217V

※ 复习·提高·检测 ※

一、填空题

1. 变压器是根据_____原理制成的电器，具有_____、_____、_____的作用。
2. 变压器是由_____、_____两部分组成的。
3. 变压器空载运行时一次线圈通过的电流称为_____电流，用_____表示，由于铁芯中的主磁通由此电流产生，也称为_____电流。
4. 变压器有载运行时，铁芯中的磁通 Φ 是由_____产生的，且应与_____产生的主磁通相等。
5. 变压器的额定容量定义为_____与_____的乘积。
6. 自耦变压器一、二次共用_____；电压互感器的特点是变比系数比较_____，用于测量_____。使用时，二次绕组不允许_____；电流互感器特点是变比系数比较_____，用于测量_____。使用时，二次绕组不允许_____。
7. 变压器在使用过程中产生的损耗分为_____与_____两类；_____损耗为固定损耗，_____为可变损耗。变压器的铁芯选用硅钢材料是为了减小_____损耗，将硅钢做成片状且相互绝缘是为了减小_____。

二、选择题

1. 铁磁材料按其磁性能分为软磁材料、硬磁材料和（　　）。
   A. 放磁材料　　B. 磁化材料　　C. 矩磁材料　　D. 铁磁材料
2. 在磁铁（　　），磁力线始于 N 极终止于 S 极。
   A. 外部　　　　　　　　　　　B. 内部
   C. 内部与外部相同　　　　　　D. 无法判定
3. 在磁铁（　　），磁力线始于 S 极终止于 N 极。
   A. 外部　　　　　　　　　　　B. 内部

C．外部与内部相同　　　　　　　　D．无法判定
4．通电线圈插入铁芯后，它的磁场（　　）。
　　A．变强　　　　B．变弱　　　　C．不变　　　　D．无法确定
5．下列不属于变压器作用的是（　　）。
　　A．变换电压　　B．变换频率　　C．变换电流　　D．变换阻抗
6．下列不属于变压器作用的是（　　）。
　　A．变换直流电压　B．变换交流电流　C．变换交流电压　D．变换交流阻抗
7．指出下面正确的说法是（　　）。
　　A．变压器可以改变交流电的电压
　　B．变压器可以改变直流电的电压
　　C．变压器可以改变交流电压，也可以改变直流电压
　　D．变压器可以改变直流电流
8．铁芯是变压器的磁路部分，为了（　　），铁芯采用两面涂有绝缘漆或氧化膜的硅钢片叠装而成。
　　A．增加磁阻减小磁通　　　　　　B．减小磁阻，增加磁通
　　C．减小涡流损耗　　　　　　　　D．减小铜损
9．今有变压器实现阻抗匹配，要求从原绕组看等效电阻是 50Ω，今有 2Ω 电阻一个，则变压器的变比 K 等于（　　）。
　　A．100　　　　B．25　　　　C．0.25　　　　D．5
10．今有变压器实现阻抗匹配，要求从原绕组看等效电阻是 800Ω，今有 8Ω 电阻一个，则变压器的变比 K 等于（　　）。
　　A．10　　　　B．25　　　　C．0.25　　　　D．5
11．变压器原绕组加 220V 电压，测得副绕组开路电压为 22V，变比系数等于（　　）。
　　A．10　　　　B．0.1　　　　C．220　　　　D．22
12．变压器原绕组加 220V 电压，测得副绕组开路电压为 22V，副绕组接负载 $R_2=11Ω$，原绕组等效负载阻抗为（　　）Ω。
　　A．1100　　　B．2200　　　C．10　　　　D．22
13．变压器原绕组加 220V 电压，测得副绕组开路电压为 22V，副绕组接负载 $R_2=11Ω$，副绕组电流 I_2 与原绕组电流 I_1 比值为（　　）。
　　A．0.1　　　　B．1　　　　C．10　　　　D．100
14．铁磁性物质的磁导率（　　）。
　　A．$\mu_r>1$　　B．$\mu_r=1$　　C．$\mu_r<1$　　D．$\mu_r\gg1$
15．变压器原、副绕组的电流和原、副绕组线圈匝数（　　）。
　　A．成正比　　　　　　　　　　　B．成反比
　　C．无关　　　　　　　　　　　　D．可能成正比，也可能成反比
16．一台变压器 $U_1=220V$，$N_1=100$ 匝，$N_2=50$ 匝，则 $U_2=$（　　）V。
　　A．110　　　　B．440　　　　C．220　　　　D．50
17．变压器的额定容量 S_n 表示（　　）。
　　A．输入的视在功率

B. 输出的视在功率

C. 输入的有功功率

D. 输出的有功功率

18. 变压器的变比 $K>1$ 时,变压器为（　　）。

　　A. 升压变压器

　　B. 降压变压器

　　C. 升压降压变压器

　　D. 电流互感器

19. 变压器副绕组负载增加时,变压器的铁损耗（　　）。

　　A. 增大　　　　B. 减小　　　　C. 不变　　　　D. 可能增大也可能减小

20. 变压器在（　　）中,具有变压、变流、变阻抗的作用。

　　A. 直流电路　　B. 交流电路　　C. 串联电路　　D. 并联电路

21. 变压器是根据（　　）制成的电器。

　　A. 欧姆定律　　B. 电磁感应定律　　C. 安培定律　　D. 牛顿定律

22. 两个完全相同的交流铁芯线圈,分别工作在电压相同而频率不同（$f_1>f_2$）的两电源下,此时线圈的磁通 Φ_1 和 Φ_2 关系是（　　）。

　　A. $\Phi_1>\Phi_2$　　B. $\Phi_1<\Phi_2$　　C. $\Phi_1=\Phi_2$　　D. 无法判定

23. 一个信号源的电压 $U_s=40V$,内阻 $R_0=200\Omega$,通过理想变压器接 $R_L=8\Omega$ 的负载。为使负载电阻换算到与变压器原边的阻值相等,以达到阻抗匹配,则变压器的变比 K 应为（　　）。

　　A. 25　　　　　B. 10　　　　　C. 5　　　　　D. 无法判定

24. 一台变压器 $U_1=220V$,$N_1=50$ 匝,$N_2=100$ 匝,则 $U_2=$（　　）V。

　　A. 440　　　　B. 110　　　　C. 220　　　　D. 50

25. 交流铁芯线圈的主磁通与电源电压（　　）。

　　A. 成正比　　　B. 成反比　　　C. 无关　　　　D. 相等

26. 变压器的变比 $K<1$ 时,变压器为（　　）。

　　A. 升压变压器　　B. 降压变压器　　C. 升降压变压器　　D. 电流互感器

27. 油浸式变压器中变压器油的作用是（　　）。

　　A. 绝缘、散热　　B. 灭弧、散热　　C. 绝缘、灭弧　　D. 绝缘、导磁

28. 变压器二次侧的额定电压是指原绕组接在额定电压、额定频率的电源上,副绕组（　　）的端电压。

　　A. 短路时　　　B. 开路时　　　C. 接额定负载时　　D. 接 50%额定负载时

29. 当负载发生变化时,变压器的主磁通（　　）。

　　A. 增大　　　　B. 减小　　　　C. 不变　　　　D. 可能增加也可能减小

30. 若变压器所接电源的频率减小,电压不变,则磁通将（　　）。

　　A. 增大　　　　B. 减小　　　　C. 不确定　　　D. 不变

31. 若变压器所接电源的频率减小,电压不变,则励磁电流将（　　）。

　　A. 增大　　　　B. 减小　　　　C. 不确定　　　D. 不变

32. 变压器在运行中若电源电压降低,其他条件不变,则主磁通将（　　）。

　　A. 增大　　　　B. 减小　　　　C. 不确定　　　D. 不变

33. 变压器在运行中若电源电压降低，其他条件不变，则励磁电流将（　　）。
    A．增大　　　　B．减小　　　　C．不确定　　　　D．不变
34. 为了提高中、小型电力变压器铁芯的导磁性能，减少铁损耗，其铁芯多采用（　　）制成。
    A．0.35mm 厚，彼此绝缘的硅钢片叠装
    B．整块钢材
    C．2mm 厚，彼此绝缘的硅钢片叠装
    D．0.5mm 厚，彼此不需绝缘的硅钢片叠装
35. 变压器负载运行时的外特性是指当原绕组电压和负载功率因数一定时，副绕组电压与（　　）的关系。
    A．时间　　　　　　　　　　　B．主磁通
    C．负载电流　　　　　　　　　D．变压比
36. 一台三相变压器的连接组别为 Y、y0，其中"Y"表示变压器（　　）的。
    A．高压绕组为 Y 形连接
    B．高压绕组为△形连接
    C．低压绕组为 Y 形连接
    D．低压绕组为△形连接
37. 一台三相变压器的连接组别为 Y、yn 其中"yn"表示变压器（　　）的。
    A．低压绕组为有中性线引出的 Y 形连接
    B．高压绕组为有中性线引出的 Y 形连接
    C．低压绕组为△形连接
    D．高压绕组为△形连接
38. 电压互感器属于（　　）。
    A．电力变压器　　B．试验变压器　　C．控制碾压机　　D．特殊变压器
39. 电压互感器的作用是用于（　　）。
    A．配电　　　　B．调压　　　　C．测量与保护　　　　D．整流
40. 变压器油的作用不包括（　　）。
    A．绝缘作用　　B．灭弧作用　　C．润滑作用　　　　D．冷却作用
41. 电力变压器的空载损耗是指（　　）。
    A．铜损　　　　B．铁损　　　　C．电源损耗　　　　D．负载损耗
42. 电流互感器的工作原理和（　　）相同。
    A．发电机　　　B．电动机　　　C．电容器　　　　D．变压器
43. 电流互感器一、二次绕组相比，（　　）。
    A．一次绕组匝数多　　　　　　B．二次绕组匝数多
    C．一、二次绕组匝数相同　　　D．一次绕组匝数是二次绕组匝数的两倍
44. 为降低变压器铁芯中的（　　），叠片间要互相绝缘。
    A．无功损耗　　B．空载损耗　　C．涡流损耗　　　　D．短路损耗

三、判断题

1. 变压器原、副绕组电流有效值之比与原副绕组匝数成正比。　　　　　　（　）
2. 变压器能变换任何电压。　　　　　　　　　　　　　　　　　　　　（　）
3. 变压器的高压侧因为电压较高,所以要用粗导线绕组,而低压侧则要用细导线绕组。
　　　　　　　　　　　　　　　　　　　　　　　　　　　　　　　　（　）
4. 变压器空载运行时,铁芯中的磁通是由原绕组电流产生的。　　　　　　（　）

复习·提高·检测　参考答案

一、填空题

1. 电磁感应　变压　变流　边阻抗
2. 铁芯、绕组
3. 空载电流　i_{10}　励磁电流
4. $i_1N_1+i_2N_2$　空载时一次侧励磁电流　$i_{10}N_1$
5. 副绕组额定电压 U_N　副绕组额定电流 I_N
6. 一个绕组　大　高电压　短路　小　大电流　开路
7. 铜损　铁损　铁损　铜损　磁滞损耗　涡流损耗

二、选择题

1. C　2. A　3. B　4. A　5. B　6. A　7. A　8. C　9. D　10. A
11. A　12. A　13. C　14. D　15. B　16. A　17. B　18. B　19. C　20. B
21. B　22. B　23. C　24. A　25. A　26. A　27. A　28. C　29. C　30. A
31. A　32. B　33. B　34. A　35. C　36. A　37. A　38. D　39. C　40. C
41. B　42. D　43. B　44. B

三、判断题

1. ×　2. ×　3. ×　4. √

模块 6　电动机控制技术

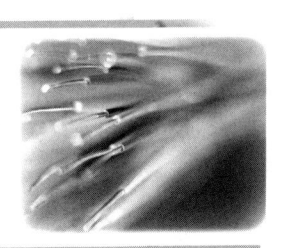

任务 6.1　三相异步电动机的结构与工作原理

6.1.1　三相异步电动机的结构

电动机的结构主要由两个基本部分组成，固定不动的部分称为定子，转动的部分称为转子，此外还有端盖、轴承、风冷装置和接线盒等。图 6-1 是三相异步电动机的总体结构图。

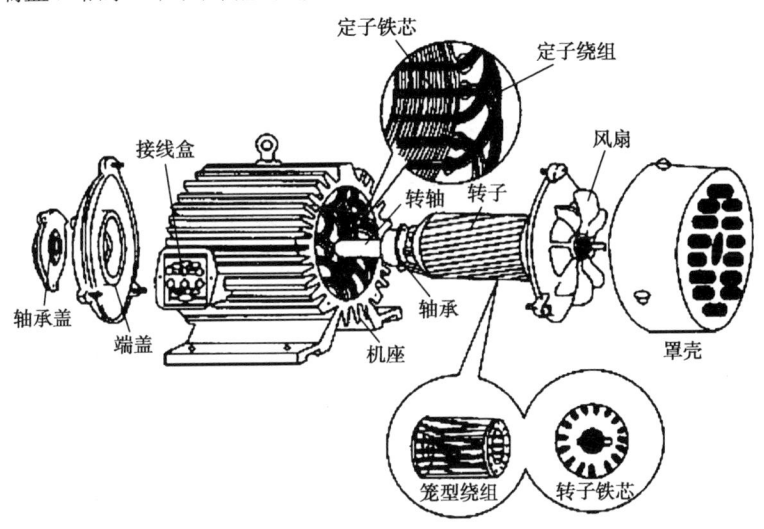

图 6-1　三相异步电动机的总体结构

1. 定子

定子由机座、定子铁芯、定子绕组和端盖组成。它是电动机的固定部分，如图 6-2 所示。

（1）机座是电动机的外壳，通常用铸铁或铸钢制成，用来固定和安装定子铁芯，转子通过轴承、端盖固定在机座上。为了增加散热能力，一般封闭式机座表面都装有散热筋，防护式机座两侧开有通风孔。

（2）定子铁芯的作用：一是导磁，二是安放绕组。为了减小涡流损耗，铁芯通常采用导磁性能较好、厚度一般为 0.5mm、表面涂有绝缘漆的硅钢片叠压成筒形铁芯。铁芯内圆周上有许多均匀分布的线槽,用来放置对称三相绕组。

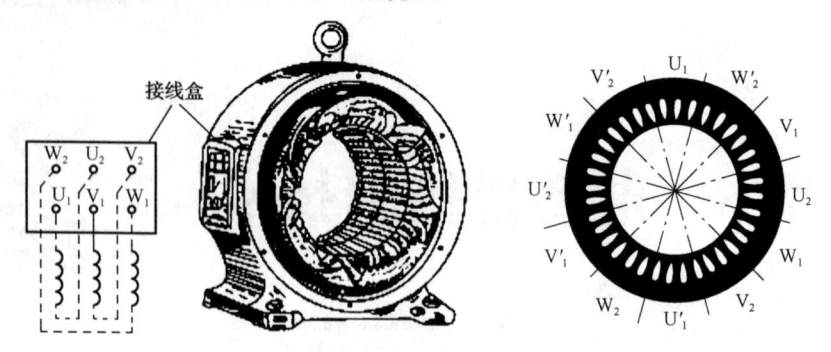

图 6-2　三相异步电动机定子的实际结构

（3）定子绕组是定子的电路部分,是由高强度漆包铜线或铝线绕成的线圈,分为三组;按规律接好线,分布在定子铁芯槽内,通入三相交流电,产生旋转磁场。并把三相绕组的 6 个出线端引到电动机机座的接线盒内。使用时可按需要将其接成星形或三角形,如图 6-3 所示。

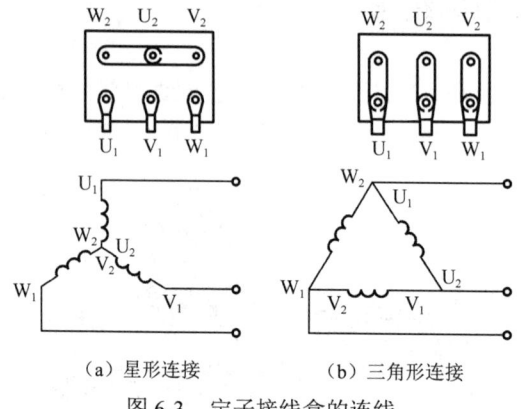

（a）星形连接　　　（b）三角形连接

图 6-3　定子接线盒的连线

2. 转子

转子由转子铁芯、转子绕组、转轴、风扇等组成,它是电动机的转动部分。

（1）转子铁芯的作用与定子铁芯相同,也是导磁与安放定子绕组。同样由 0.5mm 厚、表面涂有绝缘漆且外圆冲槽的硅钢片叠成,铁芯固定在转轴或转子支架上,整个转子铁芯的外表面成圆柱形。

（2）转子绕组的作用是产生电磁转矩。三相异步电动机的转子绕组根据结构的不同分为笼型和绕线型两种。

① 笼型转子由嵌放在转子铁芯槽中的导电条组成。在转子铁芯的两端各有一个导电端环,分别把所有导电条的两端连接起来,形成短接的回路,转子导体产生感应电动势及感应电流,对于转轴产生电磁转矩。如果去掉铁芯,转子绕组的外形就像一个笼,故称为笼型转子。笼型转子的结构如图 6-4 所示。

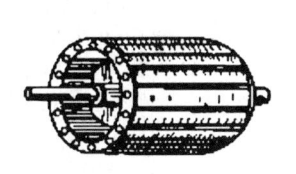

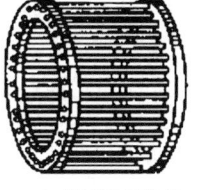

（a）笼型转子　　　　　（b）笼型转子绕组　　　　（c）铸铝的笼型转子

图 6-4　笼型转子

② 绕线型转子的绕组与定子绕组相似，也是一个对称三相绕组，通常这三相绕组连接成星形，三个绕组的三个尾端连接在一起，三个首端分别接装在转轴上的三个铜制滑环上，通过电刷与外电路的可变电阻器相连接，用于启动与调速，如图 6-5 所示。

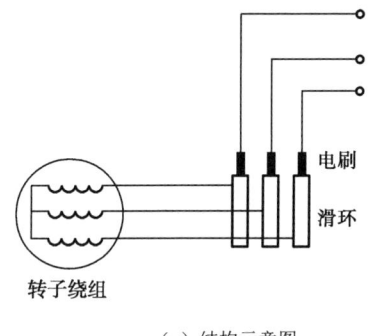

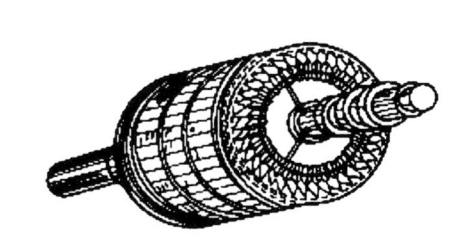

（a）结构示意图　　　　　　　　（b）绕线型转子形状

图 6-5　绕线型转子

6.1.2　三相异步电动机的工作原理

下面先做一个实验，通过它来揭示三相异步电动机的运转原理。如图 6-6 所示，将一马蹄形磁铁按逆时针方向转动，在蹄形磁铁的磁极间放一个可以自由转动的线圈，随着磁极旋转，线圈导体切割磁力线产生感应电动势 e 及感应电流 i（右手定则），既然导体中有了感应电流，而且它仍处在磁场中，因而这个载流导体将受到安培力的作用而转动（左手定则），且受力方向与磁场旋转方向一致。由此可见，旋转磁场能带动闭合线圈沿同一方向旋转。电动机的工作原理与此相同。

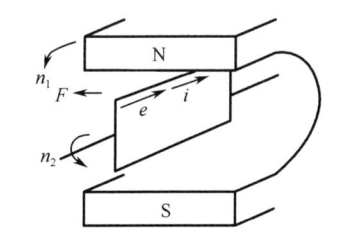

图 6-6　三相异步电动机的工作原理

1. 旋转磁场的产生

如图 6-7（a）所示，有 U_1-U_2、V_1-V_2、W_1-W_2 3 个彼此互差 120°的线圈分布在定子铁芯内圆的圆周上，构成了对称三相绕组。将三相对称电流分别通入三相对称绕组，即

$i_U = I_m \sin\omega t$　　　　　（通入 U_1-U_2 线圈）

$i_V = I_m \sin(\omega t - 120°)$　　（通入 V_1-V_2 线圈）

$i_W = I_m \sin(\omega t + 120°)$　　（通入 W_1-W_2 线圈）

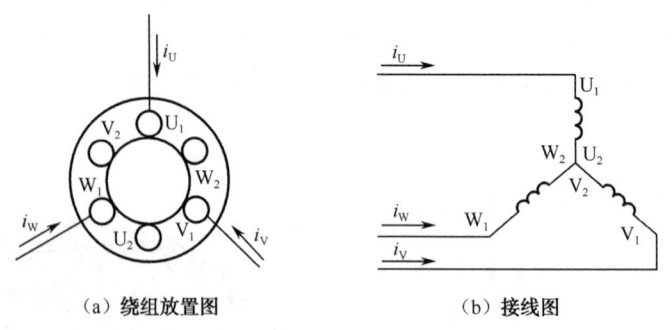

（a）绕组放置图　　　　　（b）接线图

图 6-7　定子绕组放置与接线图

图 6-7（b）中的电流方向是电流的参考方向。为了考查对称三相电流产生的合成磁效应，这里选择了几个特定的瞬间，以窥全貌。并规定，当电流为正值时，从每个线圈的首端（U_1、V_1、W_1）流入，末端（U_2、V_2、W_2）流出，电流为负值时，从每个线圈的末端流入，由首端流出，用符号⊙表示流出，⊗表示流入。

当 $\omega t = 0$ 时，如图 6-8（a）所示，$i_U = 0$，即 U_1-U_2 线圈中无电流；$i_V = -\dfrac{\sqrt{3}}{2}I_m$，即电流从 V 线圈末端 V_2 流入，从首端 V_1 流出；$i_W = \dfrac{\sqrt{3}}{2}I_m$，即电流从 W 线圈首端 W_1 流入，由末端 W_2 流出。根据右手螺旋定则，可以确定该瞬间 3 个绕组通电后所形成的合成磁场可以等效为一对磁极的磁场，并且上为 N 极，下为 S 极。

当 $\omega t = 90°$ 时，$i_U > 0$，即电流从 U 线圈首端 U_1 流入，从末端 U_2 流出；$i_V < 0$，电流从 V 线圈首端 V_1 流出，由末端 V_2 流入；$i_W < 0$，电流从 W 线圈首端 W_1 流出，由末端 W_2 流入。根据右手螺旋定则，可以确定该瞬间 3 个绕组通电后仍可以等效为一对磁极的磁场。如图 6-8（b）所示，但此时磁极在空间位置上与 $\omega t = 0°$ 的位置相比，已顺时针方向旋转了 90°。

同理，可以证明当 $\omega t = 180°$ 时，合成磁场比 $\omega t = 90°$ 时沿顺时针方向又旋转了 90°，当 $\omega t = 270°$ 时，合成磁场与 $\omega t = 180°$ 时相比，沿顺时针方向又旋转了 90°，如图 6-8（c）与图 6-8（d）所示。

以上分析的是每相只有一个线圈的情况，可以得出以下结论：在定子绕组中通以三相对称电流后，将在空间产生两个磁极（磁极对数 $p=1$）的旋转磁场，且电流按正序变化一周时，合成磁场在空间也将沿顺时针方向旋转 360°。

(a) $\omega t=0°$　　(b) $\omega t=90°$　　(c) $\omega t=180°$　　(d) $\omega t=270°$　　(e) $\omega t=360°$

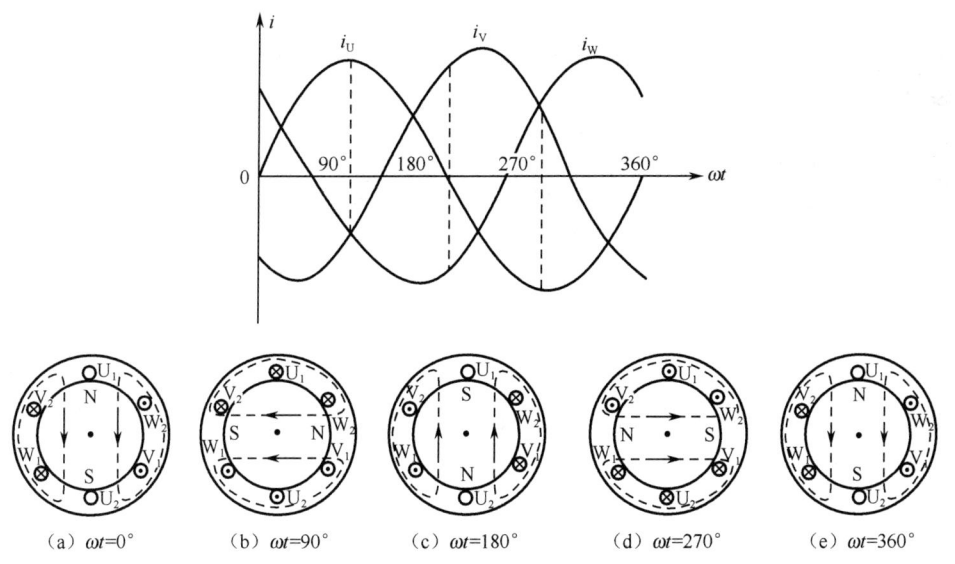

图 6-8　三相交变电流的磁场

2. 旋转磁场的转向

对旋转磁场形成过程分析后还可知，旋转磁场的转向取决于通入三相定子绕组中电流的相序。若要使旋转磁场反转，只需把三相电源线中的任意两根互换（如 U、V 互换），使 V_1-V_2 线圈通入 i_U 相电流，U_1-U_2 线圈通入 i_V 相电流，重新画图后发现，旋转磁场的转动方向发生改变。

3. 旋转磁场的转速

旋转磁场的转速又称为同步转速，用 n_1 表示。设通入定子的三相交流电的频率为 f_1，则一对磁极产生的旋转磁场的转速是 f_1 转/秒，因而每分钟的转速为 $60f_1$（r/min）。

如果线圈数目增加一倍，即每相绕组由两组线圈组成，三相共有 6 个线圈，各线圈放置位置互差 60°，并把两个互差 180°的线圈串联起来作为一相绕组，然后通入三相交流电，便产生两对磁极的磁场，并且当电流变化一次，旋转磁场仅转过 1/2 转，两对磁极绕组放置与接线图如图 6-9 所示，两对磁极的磁场如图 6-10 所示。

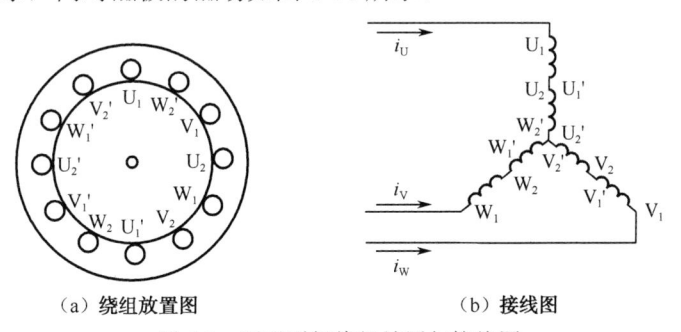

(a) **绕组放置图**　　(b) **接线图**

图 6-9　两对磁极绕组放置与接线图

(a) $\omega t=0°$　　　　　(b) $\omega t=60°$　　　　　(c) $\omega t=180°$　　　　　(d) $\omega t=360°$

图 6-10　两对磁极的磁场

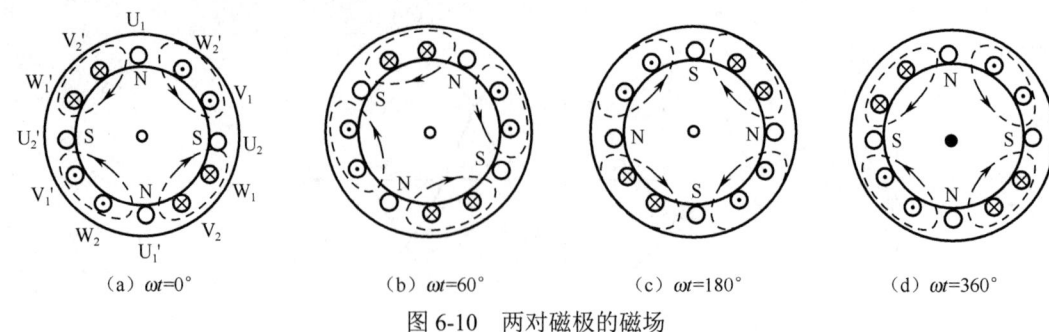

如果将绕组按一定规则排列，可得到 3 对、4 对或 p 对磁极的旋转磁场，用同样的方法去考查旋转磁场的转速 n_1 与磁极对数 p 的关系，可看到它们之间是一种反比例的关系，即具有 p 对磁极的旋转磁场，电流变化一次，磁场转过 $1/p$ 转，由于交流电每秒变化 f_1 次，所以磁极对数为 p 的旋转磁场的转速为

$$n_1 = 60f_1/p \tag{6-1}$$

式中　n_1——旋转磁场的转速（电动机的同步转速）(r/min)；

　　　f_1——定子绕组电流的频率（Hz）；

　　　p——旋转磁场的磁极对数。

4. 三相异步电动机的运转原理

如图 6-11 所示，当定子绕组中接通三相电源后，则定子内部产生一个以同步转速 n_1 顺时针方向旋转磁场。在旋转磁场的作用下，转子导体切割磁力线而产生感应电动势，由于转子绕组是一闭合回路，因此转子绕组在感应电动势的作用下将产生感应电流，感应电动势和感应电流的方向用右手定则确定。

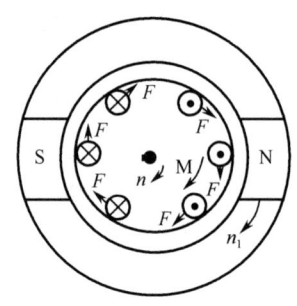

图 6-11　三相异步电动机的运转原理

转子导体中的感应电流在定子电流形成的旋转磁场的作用下，使转子导体受到电磁力 F 的作用，其方向用左手定则确定，这个力对转子的转轴形成电磁转矩，它的方向与磁场旋转方向一致，使转子沿着磁场方向旋转。

电动机转动后，异步电动机的转速 n 只能低于同步转速 n_1。因为若转子转速达到同步转速，则转子与旋转磁场之间没有相对运动，转子导体将不切割磁力线，转子回路将不会产生感应电动势，转子电流和电磁转矩也将不存在，因此转子不可能在同步转速下运行。也就是说，转子转速小于旋转磁场转速是保证转子旋转的必要条件，故称为异步电动机。

5. 转差率

异步电动机的转子转速 n 低于同步转速 n_1，把两者之间的差值，即 $\Delta n_0 = n_1 - n$ 称为转差，是旋转磁场的磁力线切割转子导体的转速。

转差率是转差与同步转速的比值，用 s 表示

$$s = \frac{\Delta n_0}{n_1} = \frac{n_1 - n}{n_1} \tag{6-2}$$

转差率 s 是描述异步电动机运行情况的一个重要参数，其变化范围为 0~1，异步电动机额定运行时，s 为 0.02~0.06；空载运行时，则 s 为 0.0005~0.005。

【例题 6-1】 一台异步电动机的额定转速 n_N =730r/min，电流频率 f =50Hz。问其额定转差率 s_N 是多少？

【解】 因为异步电动机的额定转速必须低于和接近同步转速，而略高于 730r/min 的同步转速为 750r/min，所以它的额定转差率为

$$s_N = \frac{n_1 - n}{n_1} = \frac{750 - 730}{750} = 0.0267$$

6.1.3 三相异步电动机的铭牌

每台电动机的机座上都装有一块铭牌。上面标出该电动机的主要性能和主要技术数据，可供选择电动机时参考。图 6-12 中给出了 Y112M-4 电动机的铭牌。

三相异步电动机	
Y112M-4	编号
4.0kW	8.8A
380V　　1440r/min	LW82dB
接法△　防护等级IP44	50Hz　45kg
标准编号　工作制S1	B级绝缘　年　月
□　□　电　机　厂	

图 6-12 三相异步电动机的铭牌

三相异步电动机的铭牌上各数据的意义如下。

（1）型号：用来表示电动机的产品代号、规格代号和特殊环境代号。例如，Y112M-4 的含义如下：

异步电动机 Y　112　M-4
　　　　　　　　　　　　磁极数
机座中心高（mm）　　　机座长度代号

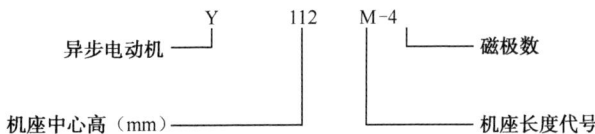

其中，机座长度代号：S—短机座；M—中机座；L—长机座。

（2）额定功率 P_{2N}（4.0kW）：是指电动机在额定运行时转轴上输出的机械功率。

（3）额定电压 U_N（380V）：是指额定运行时电网加在定子绕组上的线电压。

（4）额定电流 I_N（8.8A）：是指电动机在额定电压下，输出额定功率时，定子绕组中的线

电流。

（5）额定转速 n_N（1440r/min）：是指额定运行时电动机的转速。

（6）额定频率 f_N（50 Hz）：是指电动机所接交流电源的频率。

（7）接法：电动机三相定子绕组的连接方法有三角形和星形连接，小型电动机（3kW以下）多采用星形连接，大、中型电动机（4kW以上）采用三角形连接。

（8）其他：铭牌上还有防护等级、绝缘等级等。

任务6.2 三相异步电动机的应用

6.2.1 三相异步电动机的电磁转矩

异步电动机的转子电流与旋转磁场相互作用而产生电磁力，电磁力对转轴形成电磁转矩，使电动机带动生产机械旋转而输出机械功率。

由电磁转矩 T 与转差率 s 之间的关系 $T=f(s)$ 可以推导得出。

$$T = KU_1^2 \frac{sR_2}{R_2^2 + s^2 X_{20}^2} \tag{6-3}$$

式中　K——电磁转矩的参数；
　　　U_1——加在定子绕组上的电源电压；
　　　R_2——转子电路的电阻；
　　　X_{20}——转子静止时每相绕组的感抗。

式（6-3）称为电动机的转矩特性，由电磁转矩 T 与转差率 s 之间的关系可绘出转矩曲线，如图6-13所示。

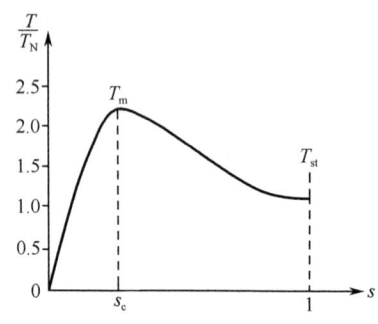

图6-13　异步电动机的转矩曲线

异步电动机的最大转矩 T_m 及产生最大转矩时的转差率 s_c，可用数学方法求得。

临界转差率
$$s_c = \frac{R_2}{X_{20}} \tag{6-4}$$

最大转矩
$$T_m = KU_1^2 \frac{1}{2X_{20}} \tag{6-5}$$

不同转子电阻时的转矩曲线如图6-14所示，转矩与电源电压的关系曲线如图6-15所示。

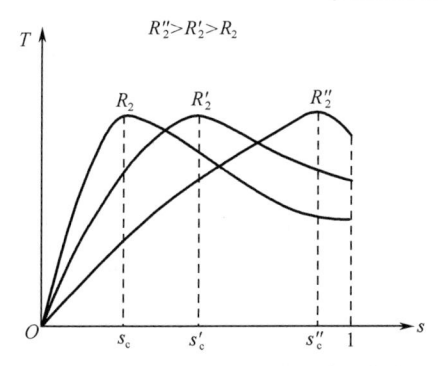

图 6-14 不同转子电阻时的转矩曲线

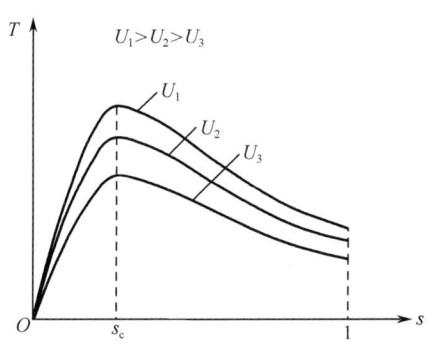

图 6-15 转矩与电源电压的关系曲线

当电动机在额定状态下运行，输出额定功率时，求得电动机的额定转矩 T_N 为

$$T_N = 9550\frac{P_N}{n_N}(\text{N}\cdot\text{m}) \tag{6-6}$$

式中　P_N——电动机输出的额定功率（kW）；

　　　n_N——电动机转子的额定转速（r/min）。

6.2.2　三相异步电动机的启动

异步电动机从接入电源开始到稳定运转的过程称为启动。

启动过程所需要的时间很短，对于小型电动机需几秒钟，大型电动机则需几十秒甚至十几秒，大型电动机在启动过程中由于启动电流很大，将导致供电线路电压在电动机启动瞬间突然降低，以致影响同一线路上的其他电器设备正常工作。异步电动机的启动性能主要是指启动转矩和启动电流。异步电动机的启动转矩一般为额定转矩的 1.4~2.2 倍，但是启动电流却很大。因为接通电源的瞬间，旋转磁场和转子导体之间的相对速度最大（$s=1$），转子导体的感应电动势和感应电流都很大，根据法拉第电磁感应定律，定子电流也很大，此时的电流称为启动电流，约为电动机额定电流的 4~7 倍，由于启动时间很短，对电动机本身危害不大，却会影响同一线路的其他设备的正常工作。

三相异步电动机有以下几种启动方式。

1. 全压启动（直接启动）

10kW 以下的电动机一般可以直接启动，直接启动的电动机，其容量不超过动力供电变压器容量的 30%；频繁启动的异步电动机，其容量不应超过动力供电变压器的 20%；能符合下列经验公式

$$\frac{I_{st}}{I_{1N}} \leq \frac{1}{4}\left[3 + \frac{供电变压器容量(kV \cdot A)}{启动电动机容量(kW)}\right] \tag{6-7}$$

式中　I_{st}——异步电动机的启动电流；
　　　I_{1N}——异步电动机定子绕组的额定电流。

电动机的直接启动如图 6-16 所示。

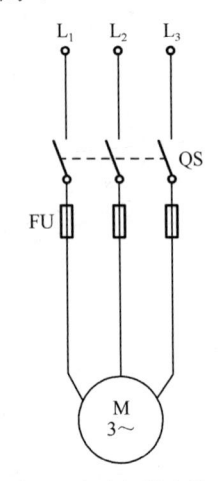

图 6-16　电动机的直接启动

2. 降压启动

容量较大的笼型异步电动机通常利用附加设备降低定子电压来减小启动电流。这种方法一般适用于空载或轻载的情况。笼型异步电动机常用的降压启动方法如下。

（1）Y-△换接启动法

如图 6-17 所示，此法只适用于正常工作时，定子绕组为△形连接的电动机。启动时，先把定子绕组接成 Y 形，待转速达到一定值后，再改为正常的△形连接。这仅需要一只 Y-△启动器，用手动或自动，启动开始时，定子绕组的相电压降低到额定相电压的 $1/\sqrt{3}$，因此启动电流是原来 1/3，但因 $T \propto U_1^2$，所以启动转矩降低为额定电压时的启动转矩的 1/3。

（2）自耦变压器启动法

如图 6-18 所示，启动时，将 QS$_1$ 闭合，QS$_2$ 置于降压启动的位置。这时，定子绕组承受的是自耦变压器的副绕组电压。由于变压器 $K<1$，故电动机降压启动，定子电流较全压启动时减小，待启动完毕后，将开关 SQ$_2$ 切换到全压运行位置上，电动机正常工作。

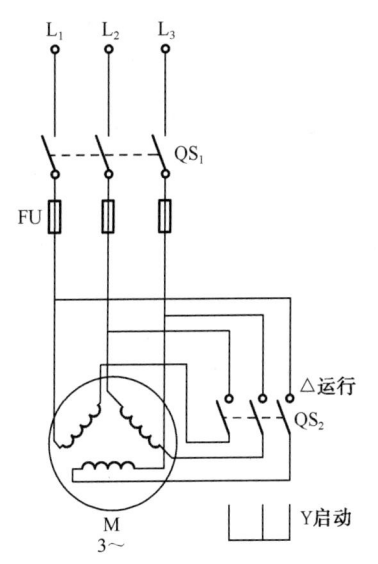

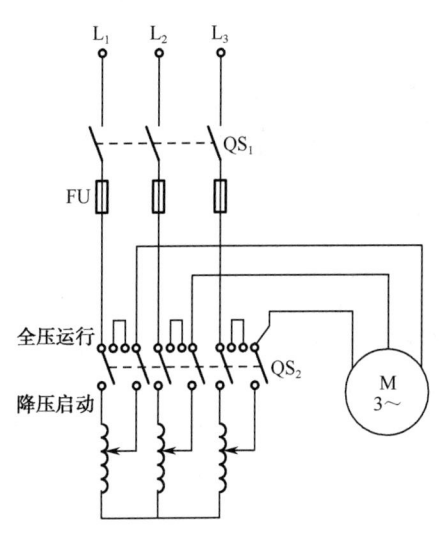

图 6-17 应用 Y-△启动笼型异步电动机的接线图　图 6-18 应用自耦变压器启动笼型异步电动机的接线图

3. 绕线型转子串接电阻启动

笼型异步电动机采用降压启动虽然降低了启动电流但转矩明显下降。有些工作机械如卷扬机、吊车和起重机等要求重载启动，为此，常选用绕线型异步电动机。采用转子串接电阻启动电路，如图 6-19 所示。启动时，先将三相启动变阻器的电阻调到最大，闭合 QS₁ 使电动机启动，随着转速上升逐步减小启动电阻，当接近额定转速时，切除全部电阻，使转子电路短接起来。

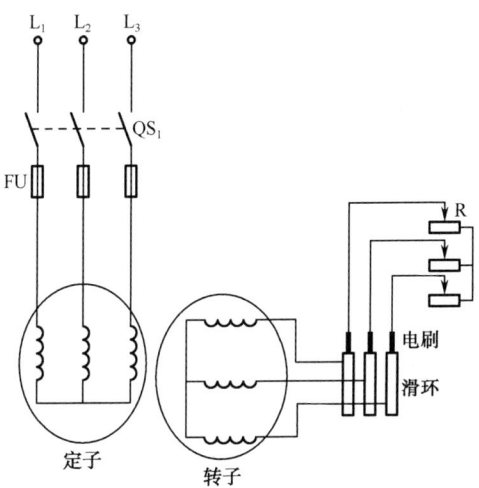

图 6-19 绕线转子电动机启动时的接线图

绕线型异步电动机的转子电路串接电阻可以达到两个目的：一是转子回路电阻增大，使转子启动电流减小，从而限制了定子的启动电流；二是转子回路电阻增大，可以增大启动转矩，可谓一举两得。

6.2.3 三相异步电动机的调速

调速就是在同一负载下能得到不同的转速，以满足生产过程的要求。由转差公式 $\Delta n_0 = n_1 - n$ 和同步转速公式 $n_1 = 60f_1/p$，可得出转子转速

$$n = n_1(1-s) = 60f_1(1-s)/p \tag{6-8}$$

可以看出，改变 p、f_1、s 三者中的任一变量，都能改变电动机的转速。下面介绍 3 种调速方法。

（1）变频调速

异步电动机的同步转速与电源的频率呈正比，随着电力电子技术的发展，由晶闸管整流器和晶闸管逆变器组成的变频设备，可以把 50Hz 的交流电源转换为频率可调的交流电源，可以实现范围较宽的无极调速。变频调速装置的原理如图 6-20 所示。

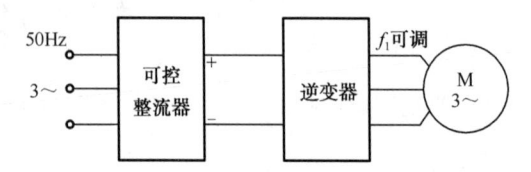

图 6-20 变频调速装置的原理

（2）变极调速

由式（6-1）可知，如果磁极对数 p 减少一半，则旋转磁场的转速 n_1 可增加一倍，转子的转速也差不多提高一倍。在制造电动机时，设计了不同的磁极对数，根据需要只要改变定子绕组的连接方式，就能改变磁极对数，使电动机得到不同的转速。

（3）变转差率调速

实际上在电动机的转子电路串接调速变阻器改变电阻的大小后，就可以在一定范围内得到平滑调速。这种方法一般只适用于绕线型异步电动机。

6.2.4 三相异步电动机的制动

当切断电动机电源后，因为电动机及生产机械的转动部分有转动惯性，所以停电后仍继续旋转，要经过较长的时间才能停转，这对某些生产机械来说是允许的，例如，常用的砂轮机、风机等，这种停电后，不加强制的停转称为自由停车。

但是，许多机械要求电动机能迅速停转，即进行制动，以提高生产率，制动的方法很多，这里仅将常用的反接制动和能耗制动简介如下。

（1）反接制动：当电动机电源被切断后，立即将接到电源的三根端线中的任意两根对调，旋转磁场会立即反向旋转，转子中的感应电动势和电流也都反向，使其转子受相反方向的作用力而迅速停转，如图 6-21 所示。由于反接制动时流过定子绕组中的电流很大，故该种方法只适用于小功率的三相异步电动机。

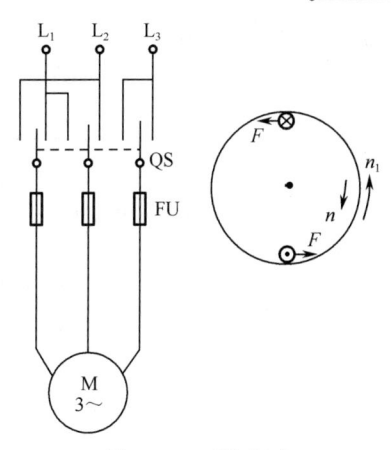

图 6-21 反接制动

（2）能耗制动：当电动机脱离三相电源时，立即在两相定子绕组之间接入一个直流电源，直流电在定子绕组中产生一个固定的磁场，旋转着的转子中感应出电动势和电流，从而获得制动转矩，强制转子迅速停转，如图 6-22 所示。

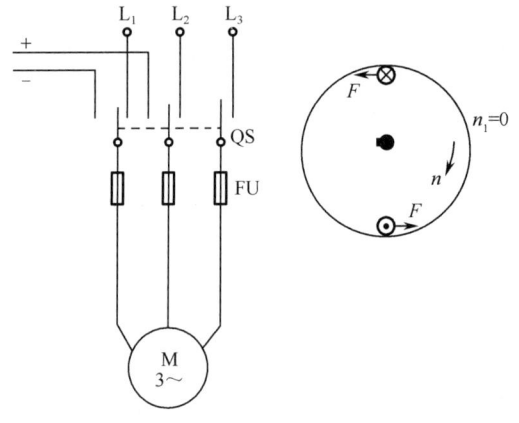

图 6-22 能耗制动

（3）发电反馈制动：电动机（如起重机）在下放重物时，由于重力作用，转子的转速超过旋转磁场的转速，这时产生的转矩是制动转矩。由于外力或惯性使电动机转速大于同步转速时，转子电流和定子电流的方向都与电机作为电动机运行时相反，所以此时电动机不从电源吸收能量，而是将重物的位能和转子的动能转变为电能并反馈给电网，电机变为发电机运行，因而称为发电反馈制动，如图 6-23 所示。

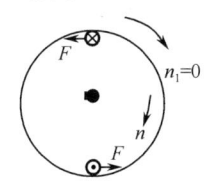

图 6-23 发电反馈制动

任务 6.3 三相异步电动机的控制

演示器件	电动机一台、起子、导线、万用表、尖嘴钳、开关、热继电器、交流接触器、开关等					三相异步电动机的正、反转控制
操作人	教师演示					
演示结果	按下按钮	SB$_2$	SB$_3$	SB$_1$		
	电动机	正转	反转	停转		

问题 1：通过教师的操作，观察三相异步电动机运转状况。
问题 2：了解所用器件的名称及作用。
问题 3：观察控制电路所用到的各种元件的结构。

图 6-24 电动机正、反转控制演示图

6.3.1 常用低压控制电器

低压控制电器是指工作在交流 1200V 以下或直流 1500V 以下电路中的电器，低压控制电器种类繁多、用途广泛，这里主要介绍电气控制系统中的常用低压控制电器。

1. 开关

（1）瓷底胶盖刀开关

瓷底胶盖刀开关主要用于频率为 50Hz、电压小于 380V、电流小于 60A 的电力电路中。常用于不频繁操作的低压电路中，用于接通和切断电源，或用来将电路与电源隔离。用于照明电路和控制小容量电动机（功率小于 5.5kW）的直接启动与停机。并借助于熔丝起过载保护作用。

HK2 系列开启式负荷开关（又称瓷底胶盖刀开关）的结构如图 6-25 所示。

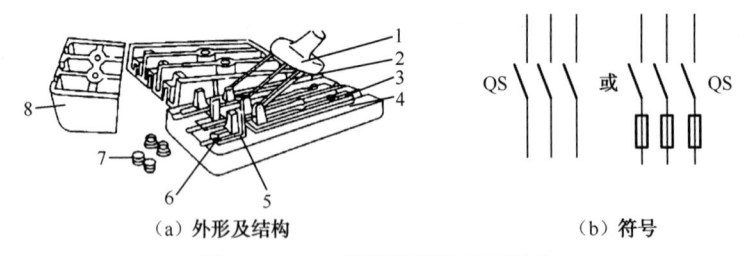

(a) 外形及结构　　　(b) 符号

图 6-25 HK2 系列瓷底胶盖刀开关

1—瓷柄；2—动触点；3—出线座；4—瓷底；5—静触点；6—进线座；7—胶盖紧固螺钉；8—胶盖

（2）封闭式负荷开关（铁壳开关）

将带有熔断器的刀开关装在铁壳内，称为铁壳开关，如图 6-26 所示。为了安全，铁壳盖上有一凸筋，其作用是手柄推上开关闭合时，凸筋使铁壳盖不能打开。只有当开关断开后，手柄拉下，铁壳盖才能打开。铁壳盖打开后，凸筋挡住手柄，此时开关无法闭合。铁壳开关常用来控制 15kW 以下不频繁启动和停车的三相异步电动机。

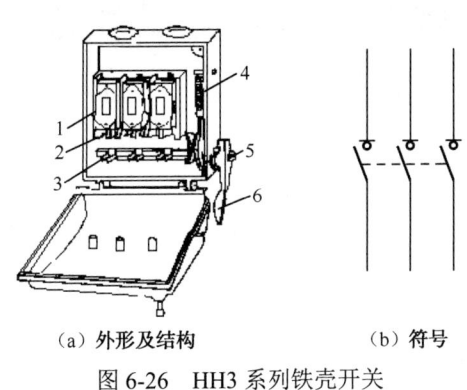

(a) 外形及结构　　(b) 符号

图 6-26　HH3 系列铁壳开关

1—熔断器；2—静夹座；3—U 形开关触刀；4—弹簧；5—转轴；6—操作手柄

（3）转换开关（组合开关）

如图 6-27 所示是 HZ10 系列组合开关，也称为转换开关，它有多对动触片和静触片，分别装在由绝缘材料隔开的胶木盒内。其静触片固定在绝缘垫片上；动触片套装在有手柄的绝缘转轴上，转动手柄就可改变触片的通断位置，达到接通或断开电路的目的。组合开关可用于小容量电动机（1kW 以下）的启动控制。在机床设备上常用它作为电源的引入开关及照明电路的控制。

（4）自动空气断路器（自动空气开关）

DZ20 系列自动空气开关（又称为自动空气断路器）的结构如图 6-28 所示。

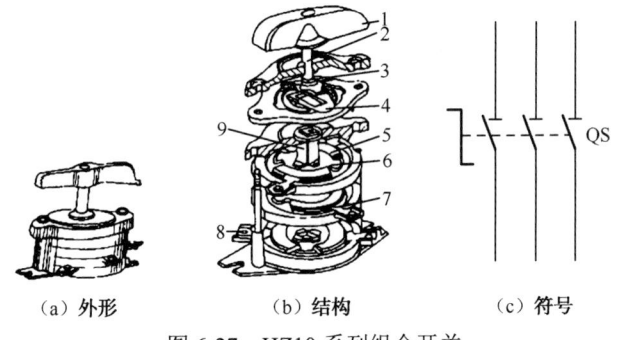

(a) 外形　　(b) 结构　　(c) 符号

图 6-27　HZ10 系列组合开关

1—手柄；2—转轴；3—弹簧；4—凸轮；5—绝缘垫片；
6—动触片；7—静触片；8—接线柱；9—绝缘杆

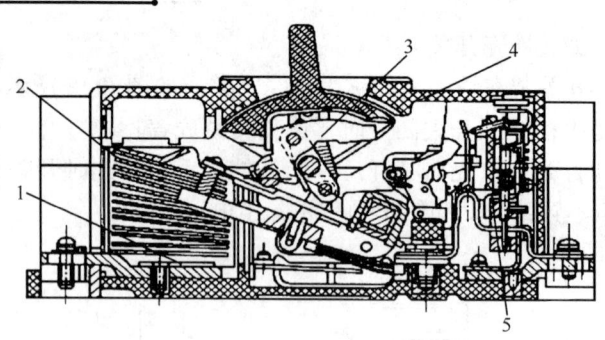

图 6-28　DZ20 系列自动空气开关结构

1—触点；2—灭弧罩；3—机构；4—外壳；5—脱钩器

自动空气断路器是低压配电网络和电力拖动系统中非常重要的一种电器，它具有短路、过载、欠压（失压）等保护装置，故广泛应用在低压配电网络和电力拖动系统中及建筑物内作电源线路（照明电路）的保护等。其工作原理如图 6-29 所示。

自动空气断路器的工作原理：过载时热元件使双金属片受热向上弯曲，杠杆推动搭钩脱开，锁扣在反作用力弹簧的作用下向左移动带动主触点断开。由于双金属片受热有一定的延时，适用于过载保护。短路时电磁脱扣器的电磁铁吸起衔铁，触动杠杆，杠杆推动搭钩断开电路。电磁脱扣器为瞬时动作，适用于短路保护。在电源电压过低或停电时，欠压脱扣器的电磁铁释放，衔铁被拉力弹簧拉向上方，同样触动杠杆使电路断开。欠压保护可以在电压过低不能正常运行时自动切断电路，还可以在电源停电后又重新恢复供电时，不至于在无准备的情况下使线路上的所有负载同时通电启动造成事故。

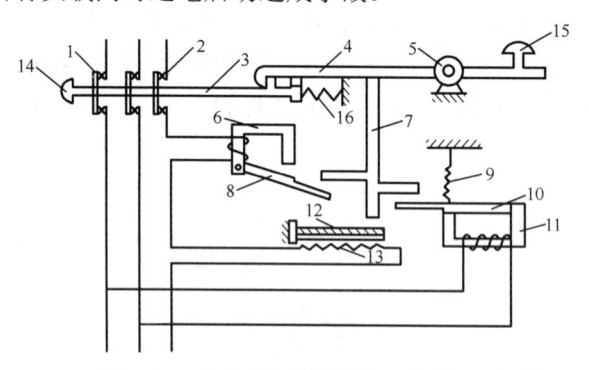

图 6-29　自动空气断路器的工作原理示意图

1—动触点；2—静触点；3—锁扣；4—搭钩；5—转轴座；6—电磁脱钩器；7—杠杆；
8—电磁脱钩器衔铁；9—拉力弹簧；10—欠压脱钩器衔铁；11—欠压脱钩器；
12—双金属片；13—热元件；14—接通按钮；15—停止弹簧；16—压力弹簧

2. 熔断器

（1）RC1A 系列磁插式熔断器

图 6-30 为 RC1A 系列磁插式熔断器的外形结构。该熔断器结构简单、价格低廉，更换熔体方便，一般用于 500V 以下、200A 以内的电路作短路保护。使用时，电源线与负载线可分别接于熔断器瓷座的接线柱上，瓷盖动触点装上熔丝，将瓷盖插入瓷座即可。

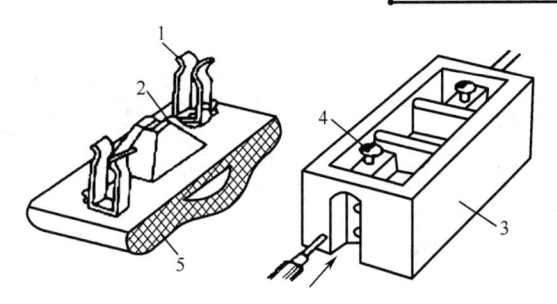

图 6-30　RC1A 系列磁插式熔断器

1—触点；2—熔丝；3—外壳；4—螺钉；5—瓷盖

（2）RL1 系列螺旋式熔断器

RL1 系列螺旋式熔断器的外形及结构如图 6-31 所示。主要适用于控制箱、机床设备及振动较大的场所；也可用于 500V 以下、200A 以内的电路，作为短路保护元件。在熔断管内放置熔体并填充石英砂（石英砂用于熄灭电弧）。熔断管上有熔体熔断的信号指示装置（安装时信号指示点在上面），熔体熔断后，色点自动脱落，便于发现更换。

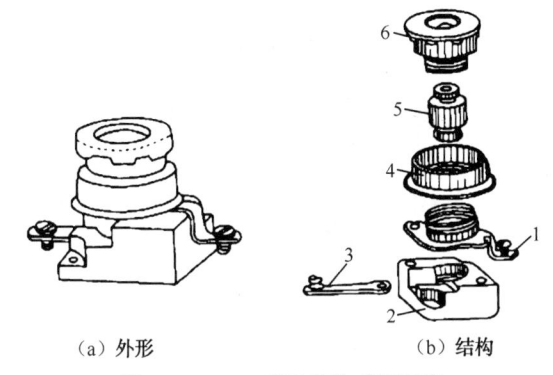

（a）外形　　　（b）结构

图 6-31　RL1 系列螺旋式熔断器

1—上接线端；2—瓷底；3—下接线端；4—瓷套；5—熔体；6—瓷帽

（3）RM10 系列无填料封闭管式熔断器

RM10 系列无填料封闭管式熔断器的外形及结构如图 6-32 所示。一般适用于低压电网和成套配电装置中，作为导线、电缆及较大容量电气设备的短路和连续过载保护用。

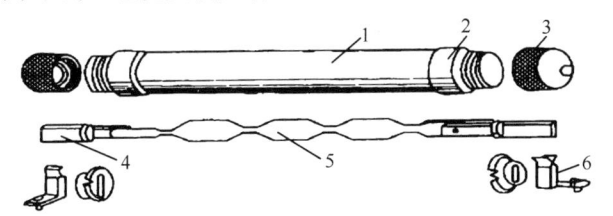

图 6-32　RM10 系列无填料封闭管式熔断器

1—钢纸管；2—黄铜管；3—黄铜帽子；4—插刀；5—熔体；6—夹座

（4）RT0 系列有填料封闭管式熔断器

RT0 系列有填料封闭管式熔断器外形及结构如图 6-33 所示。熔体放在全封闭的瓷管内，管内填充石英砂，主要用于短路电流很大的电力网络或低压配电装置中。

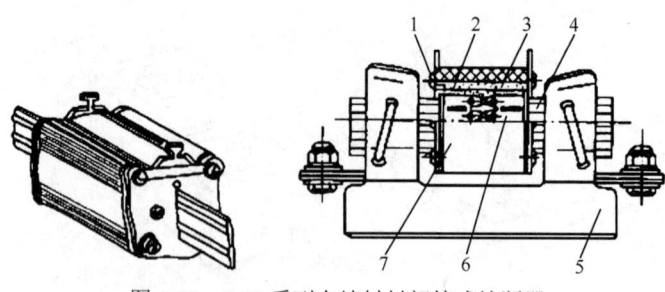

图 6-33 RT0 系列有填料封闭管式熔断器

1—熔断指示器；2—石英砂填料；3—指示器熔丝；4—插刀；5—底座；6—熔体；7—熔管

3. 交流接触器

交流接触器是利用电磁吸力及弹簧的反力作用，使触点闭合或断开的自动开关。它不仅可用来频繁地接通或断开带有负载的电路，而且能实现远距离控制，还具有失压保护的功能。接触器常用来作为电动机的电源开关，是自动控制的重要电器。

图 6-34 是交流接触器外形及结构示意图。它主要由电磁部分、触点部分及灭弧罩组成。

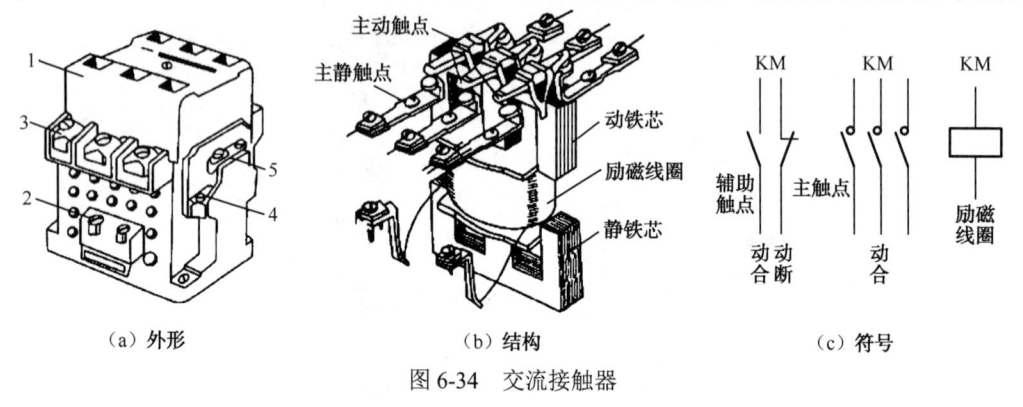

（a）外形　　　（b）结构　　　（c）符号

图 6-34 交流接触器

1—灭弧罩；2—励磁线圈接线端；3—主触点接线端；4—动合辅助触点接线端；5—动断辅助触点接线端

电磁部分由线圈、静铁芯（下铁芯）和动铁芯（上铁芯）组成。

触点部分包括主触点和辅助触点，主触点用于通断主电路，通常为三对常开触点（动合触点），辅助触点用于控制电路，起电气连锁作用，一般常开（动合）、常闭（动断）各两对。

灭弧罩用陶瓷制成，盖在 3 个主触点上，使产生的电弧迅速熄灭，不会外溅。

交流接触器的动作过程为：当线圈通电后，产生电磁吸力，使动静铁芯吸合，并带动动触点向下运动，常闭（动断）触点断开，使常开（动合）触点闭合。当线圈失电时，磁力消失，动铁芯在弹簧的作用下自动复位，各触点又恢复到原来的位置。

4. 主令电器

按钮、行程开关是在自动控制系统中发出指令或信号的操纵电器，其作用是用来切换控制电路，使电路接通或断开，实现对电力拖动系统的控制。

（1）按钮

按钮开关的外形及结构如图 6-35 所示。其中启动按钮是常开的，用手按下时接通电路；停止按钮是常闭的，按下时即切断电路。按钮内部有复位弹簧，当松手去掉外力后，按钮恢复原状。

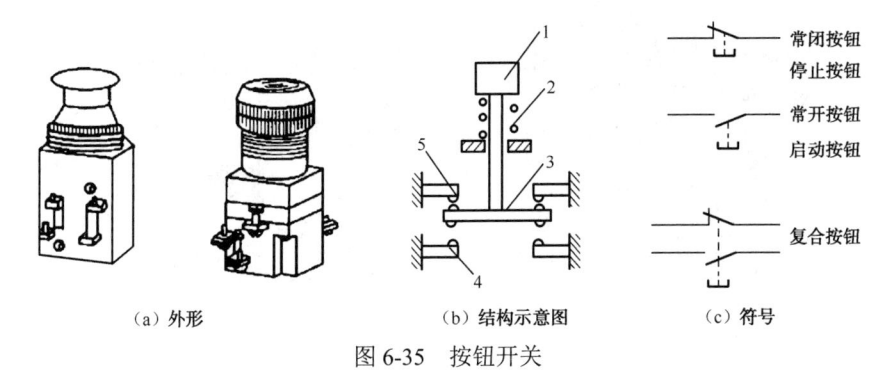

(a) 外形　　(b) 结构示意图　　(c) 符号

图 6-35　按钮开关

1—按钮帽；2—复位弹簧；3—动触点；4—常开触点的静触点；5—常闭触点的静触点

(2) 行程开关

行程开关又称为位置开关或限位开关，和按钮一样有常开和常闭触点各一个，靠被控制对象的运动部件碰压而动作。主要用来限制机械运动的位置或行程，使运动机械按一定位置或行程自动停止、变速运动或自动往返运动等。JLXK1 系列行程开关的外形及结构如图 6-36 所示。

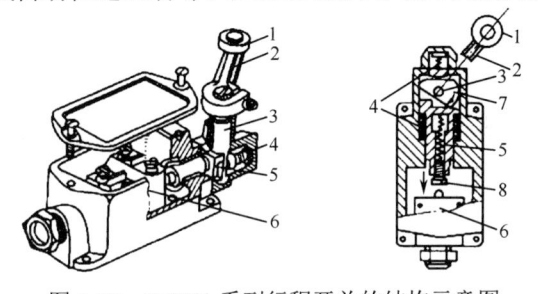

图 6-36　JLXK1 系列行程开关的结构示意图

1—滚轮；2—杠杆；3—转轴；4—复位弹簧；5—撞块；6—微动开关；7—凸轮；8—调节螺钉

行程开关一般安装在某一固定的基座上，其触点接到有关的控制电路中。被它控制的生产机械运动部件上装有"撞块"。当撞块与行程开关的推杆（或滚轮）相撞时，推杆（或滚轮）被压下，经传动杠杆把行程开关内部的微动开关快速换接，便发出触点通断的信号，使电动机转向，或者改变转速，或者停止运转。

5. 继电器

继电器是一种根据电或非电信号的变化来接通或断开小电流电路的自动控制电器。常用的主要有 JS7 系列时间继电器、JR16 系列热继电器等。

(1) JS7 系列时间继电器

JS7 系列空气阻尼式时间继电器的外形及结构如图 6-37 所示。主要适用于需要按时间顺序进行控制的电气控制系统中，它接收控制信号后，使触点能够按要求延时动作。

(a) 外形　　　　　　　　　　　(b) 结构示意图

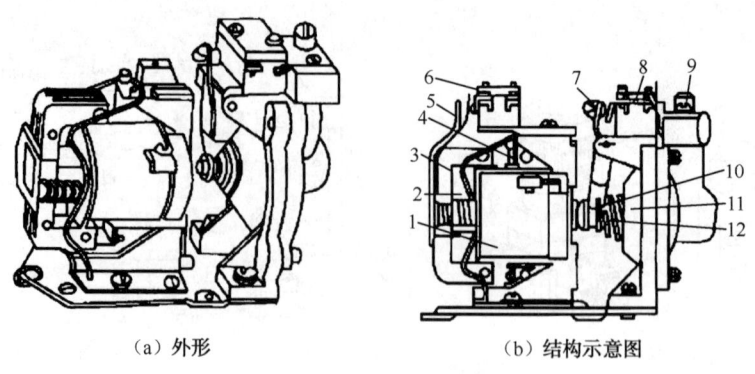

图 6-37　JS7 系列时间继电器

1—线圈；2—反作用弹簧；3—衔铁；4—铁芯；5—弹簧片；6—瞬时触点；
7—杠杆；8—延时触点；9—调节螺钉；10—推板；11—推杆；12—宝塔弹簧

时间继电器有通电延时和断电延时两种，JS7 系列空气阻尼式通电延时继电器的动作过程是：当吸引线圈通电后，静铁芯将吸引衔铁向下运动，使衔铁与杠杆之间有了空气隙，顶杆在释放弹簧的作用下，带动活塞向下移动。由于活塞下方固定有一层橡皮膜，因此当活塞向下移动时，橡皮膜上方空气变稀薄，压力减小，而下方的压力增大，限制了活塞的下移速度。随着空气从进气孔的缓慢进入，活塞不断地慢慢下移，直至顶杆压下杠杆，使触点动作。可见，从线圈通电开始到触点动作需要经过一段时间，即为继电器的延时时间。旋转调节螺钉，改变进气孔大小，就可调节延时时间的长短。线圈断电后复位弹簧使橡皮膜上升，空气从单向排气孔迅速排出，不产生延时作用。所以触点瞬时复位。

（2）热继电器

热继电器其外形、结构和图形符号如图 6-38 所示。

热元件串联在给电动机供电的主电路中，当电动机过载时，热继电器中的热元件发热，使热膨胀系数不同的双金属片由于温度升高而变形，并向上弯曲，脱离转杆，转杆在弹簧的作用下绕轴逆时针转动，使原来一直处于闭合的动、静触点断开，从而将控制电路切断，使交流接触器主触点断开，电动机停转。

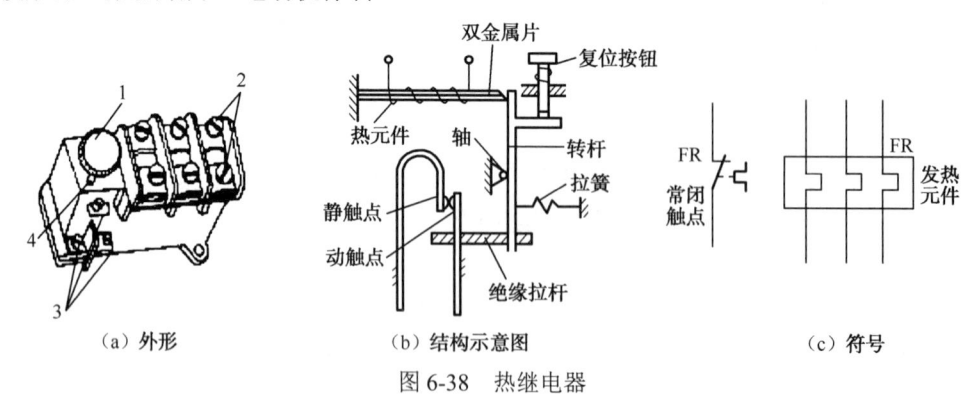

(a) 外形　　　　　　　(b) 结构示意图　　　　　　(c) 符号

图 6-38　热继电器

1—电流调节钮；2—主电路接线端；3—继电器触点接线端；4—复位按钮

热继电器动作后，若电动机故障已排除，继电器可通过手动复位或自动复位使起复位，手动复位或自动复位功能可通过调节复位螺钉切换。

6.3.2 实训器材的准备

常用实训器材如表 6-1 所示。

表 6-1 常用实训器材表

代 号	名 称	数 量	代 号	名 称	数 量
QS	三相漏电开关	1个	FR	热继电器	1个
FU	熔断器	5个	KM	交流接触器	2个
SB	按钮	3个	KT	时间继电器	1个
	电工常用工具	1套		实训控制台	1套
	三相交流异步电动机	1台		端子排、线槽、导线	适量

6.3.3 三相异步电动机基本控制电路

实训一 点动控制与直接启动控制

1. 实训目的

（1）通过实训熟悉三相异步电动机的工作原理。
（2）熟悉按钮、交流接触器、热继电器的工作原理。
（3）熟悉简单的电动机控制方法，并比较两种控制电路的不同之处。

2. 实训要求

先接点动控制线路，然后再接直接启动控制线路；用按钮控制，有过流、过载保护。
（1）根据控制要求，按图 6-39 和图 6-40 所示的电路分别接线。

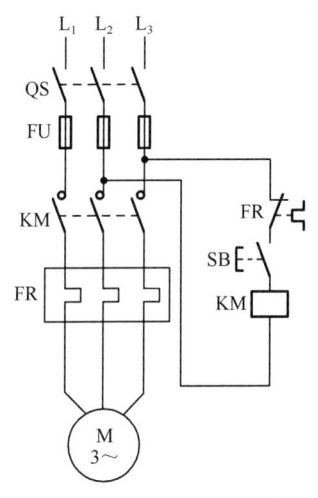

图 6-39 电动机点动控制线路 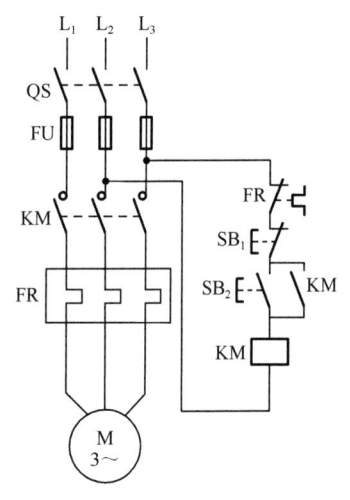   图 6-40 电动机直接启动控制线路

（2）布线要求：先接主电路，后接控制电路；连接各元器件的导线长度适中，裸露部分要少。用螺丝钉压接后裸露长度要小于 1mm，线头连接要牢固到位。

3. 实训步骤和方法

先检查线路，确定无误后通电。电路如图 6-39 所示，控制过程如下。

合上电源开关QS → 按下按钮SB → KM线圈得电 → KM主触点闭合 → 电动机转动

↓

松开按钮SB → KM线圈失电 → KM主触点断开 → 电动机停转

电路如图 6-40 所示，控制过程如下。

合上电源开关QS → 按下按钮SB$_2$ → KM线圈得电 → [KM主触点闭合 / KM辅助触点闭合] → 电动机转动

↓

按下按钮SB$_1$ → KM线圈失电 → [KM主触点断开 / KM辅助触点断开] → 电动机停转

4. 实训报告

（1）根据实训过程总结两种控制方法的不同之处。

（2）总结启动按钮与停止按钮在控制线路中连接方式有什么不同。若想对一台电动机进行多地点控制，控制线路应该怎样改进？

实训二　三相异步电动机正、反转控制电路

1. 实训目的

（1）通过实训掌握三相异步电动机的工作原理。

（2）想想采用电气互锁的目的，若不采用电气互锁有可能发生的严重后果。

2. 实训要求

先接用交流接触器实现互锁控制的电动机正、反转控制电路；再接用复式按钮实现互锁控制的电动机正、反控制电路，并有过流、过载保护。

（1）根据控制要求，按图 6-41 与图 6-42 所示的电路分别接线。

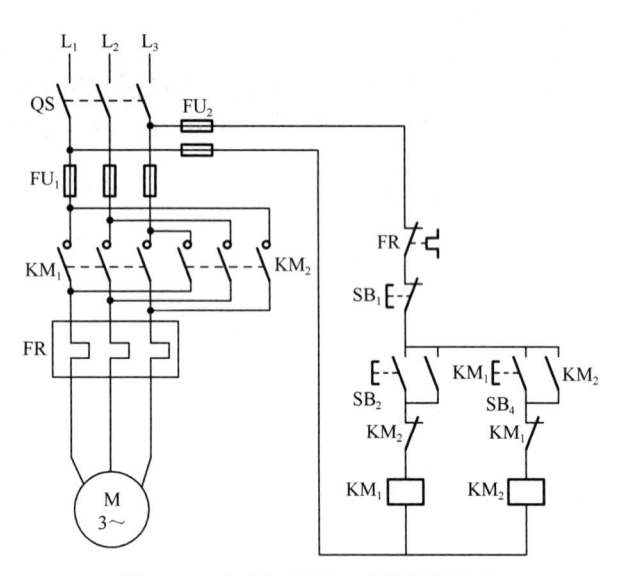

图 6-41　电动机的正、反转控制电路

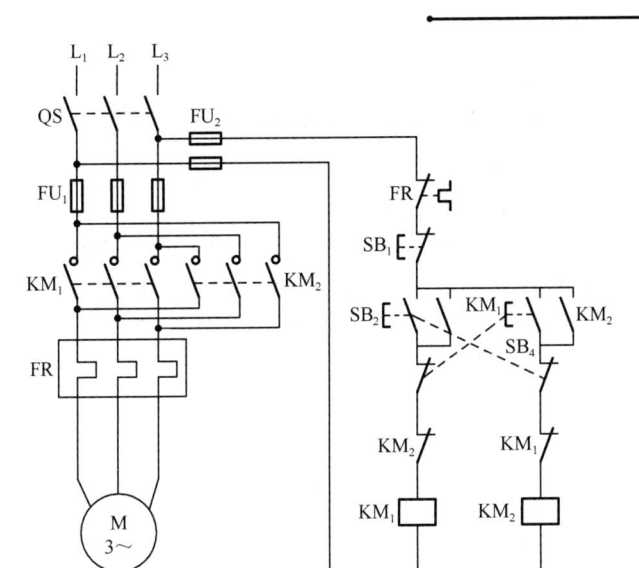

图 6-42 直接改变转向的正、反转控制电路

（2）布线要求：先接主电路，后接控制电路；连接各元器件的导线长度适中，裸露部分要少。用螺丝钉压接后裸露长度要小于 1mm，线头连接要牢固到位。

3. 实训步骤和方法

先检查线路，确定无误后通电，控制过程如下。

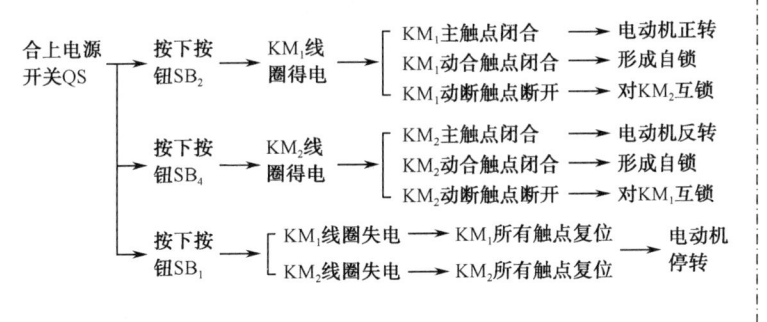

```
合上电源     按下按     KM₁线      ┌ KM₁主触点闭合  → 电动机正转
开关QS   →   钮SB₂  →  圈得电  →  ├ KM₁动合触点闭合 → 形成自锁
                                 └ KM₁动断触点断开 → 对KM₂互锁

            按下按     KM₂线      ┌ KM₂主触点闭合  → 电动机反转
         →  钮SB₄  →  圈得电  →  ├ KM₂动合触点闭合 → 形成自锁
                                 └ KM₂动断触点断开 → 对KM₁互锁

            按下按     ┌ KM₁线圈失电 → KM₁所有触点复位 ┐  电动机
         →  钮SB₁  →  └ KM₂线圈失电 → KM₂所有触点复位 ┘  停转
```

4. 实训报告

（1）根据实训过程总结两种互锁控制方法的不同之处。
（2）熟悉电动机正、反控制电路，并比较用两种互锁控制电路的不同之处，启动按钮与停止按钮在控制线路中连接方式有什么不同。

实训三　三相异步电动机的延时控制电路

1. 实训目的

（1）通过实训熟悉时间继电器的工作原理。
（2）熟悉三相异步电动机的 Y-△ 降压启动工作原理和接线方法。

227

2. 实训要求

用交流接触器和时间继电器实现三相交流异步电动机 Y-△降压启动。要求：Y 形与△形两种连线实现互锁；有过流、过载保护。

（1）根据控制要求，按图 6-43 所示接线。

（2）布线要求：先接主电路，后接控制电路；连接各元器件的导线长度适中，裸露部分要少。用螺丝钉压接后裸露长度要小于 1mm，线头连接要牢固到位。

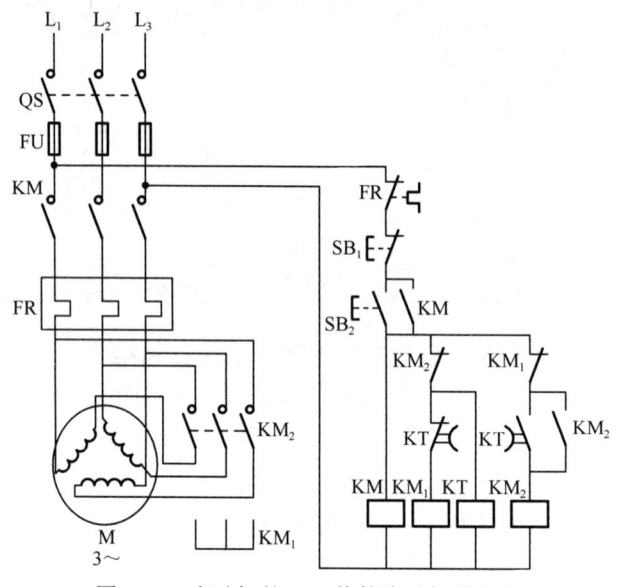

图 6-43 电动机的 Y-△换接启动控制电路

3. 实训步骤和方法

先检查线路，确定无误后通电。

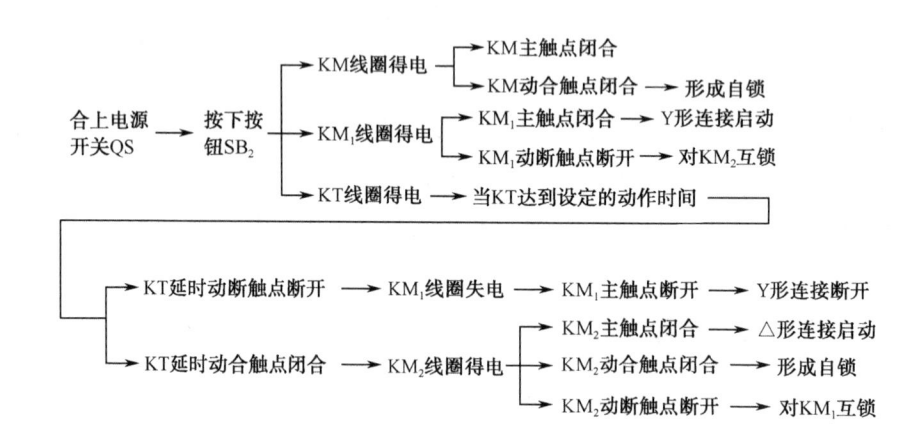

```
                    ┌─→ KM线圈失电  → KM₁所有触点复位
                    │
                    ├─→ KM₁线圈失电 → KM所有触点复位         电动机
按下按钮SB₂ ────────┤                                    ─→
                    ├─→ KM₂线圈失电 → KM₂所有触点复位         停转
                    │
                    └─→ KT线圈失电  → KT所有触点复位
```

※ 内容回顾 ※

1. 三相异步电动机的基本结构及工作原理

（1）结构：定子是由硅钢片叠成的环形铁芯，沿轴向开槽，嵌入三相对称绕组，6个绕组端头引到机壳一侧的接线盒中，可星形连接或三角形连接。转子是内圆上开槽的硅钢片叠成的，槽内放导体条，两头短接，形成笼型短路绕组，通常为铸铝转子。

旋转磁场：空间上互差120°放置的三相对称绕组通入三相对称电流即可产生旋转磁场。旋转磁场的转动方向由三相电流的相序决定，因此将三相电源线中任意两相对调，电动机的转向即改变。旋转磁场的转速

$$n_1 = \frac{60f_1}{p}$$

（2）转动原理：转子导体在旋转磁场中切割磁力线产生感应电动势，因转子绕组短路而产生感应电流，电流在磁场中受力，对转轴形成转矩使转子转动。为保持转子导体在旋转磁场中切割磁力线，转子转速总是低于旋转磁场的转速，即 $n<n_1$，称为"异步电动机"或"感应电动机"。

转差率

$$s = \frac{n_1 - n}{n_1}$$

2. 三相异步电动机的应用

（1）三相异步电动机的特性

电磁转矩

$$T = KU_1^2 \frac{sR_2}{R_2^2 + s^2 X_{20}^2}$$

由此可得出异步电动机的转矩特性曲线。

可根据额定转矩 $T_N = 9550\frac{P_N}{n_N}(\text{N}\cdot\text{m})$ 和启动能力及过载系数，求出最大转矩和启动转矩。

机械特性：机械特性曲线上有两个运行区域，分为稳定区与不稳定区，电动机正常运行是在稳定区工作，能适应负载的变化自动调整转速和转矩，维持稳定运行从空载到满载转速 n 一般降低1%~7%，变化很小，称为硬机械特性。外加电源电压的波动对电动机的转矩有明显的影响，则 $T \propto U^2$。

（2）三相异步电动机的启动

直接启动（全压启动）：方法简单，启动电流大，启动转矩尚可，一般用于容量10kW以下电动机的启动。

降压启动：先低压启动，后全压运行。启动电流将随降压而减小，但启动转矩与电压的平方成正比，降低幅度较大，对启动不利，因此降压幅度必须适当。常用降压方法有 Y-△换接、自耦变压器降压等。

（3）三相异步电动机的调速

变频调速：可以做到宽范围平滑调速，用晶闸管变频电源供电，是日益被广泛应用的方法。

变极调速：只能实现分级调速，一般为双速，最多四速。

变转差率调速：只有很小的调速范围。

（4）三相异步电动机的制动

能耗制动：电动机切断工作电源后迅速接到直流电源上，至电动机停转将直流电源切断。

反接制动：电动机切断工作电源后，迅速接入相序相反的电源，电动机停转必须立即切断电源以免反转。

（5）三相异步电动机的铭牌参数

主要参数：型号、额定输出机械功率 P_{2N}、额定电压 U_N、额定电流 I_N、额定转速 n_N、额定频率 f_N、功率因数 $\cos\varphi_N$、效率 η_N、接法等。主要关系式

$$P_{1N} = \sqrt{3}\, U_N I_N \cos\varphi_N$$

$$\eta_N = \frac{P_{2N}}{P_{1N}} \times 100\%$$

此外还有性能参数：启动能力 T_{ST}/T_N、过载能力 $\lambda = T_m/T_N$ 等。

铭牌上除标注上述主要参数外，还常有以下参数：绝缘材料等级、防护等级、工作制、噪声等级等。

3. 常用低压控制电器

（1）常用开关：有开启式负荷开关（瓷底胶盖闸刀开关）、封闭式负荷开关（铁壳开关）、转换开关（组合开关）、自动空气断路器（自动空气开关），它有过载、短路、失压保护功能。

（2）熔断器：内装熔体，主要用于短路保护。熔体的额定电流应小于或等于熔断器的额定电流。常用的有 RC1A 瓷插式、RL1 螺旋式、RM10 系列无填料封闭管式熔断器、RT0 有填料封闭管式熔断器等。

（3）交流接触器、继电器（热继电器、时间继电器）。

（4）按钮、行程开关等主令电器。

（5）继电接触控制电路。

（6）点动控制电路、电动机直接启动控制电路、正、反转控制电路、用行程开关实现位置控制的电路、用时间继电器实现延时控制的电路。

※ 典型例题解析 ※

【典例 6-1】有一台六极三相交流异步电动机，试问它的旋转磁场在交流电变化一周期的时间内转过空间角度为多少？旋转磁场的转速为多大？若满载转速为 950r/min，试求额定负

载时的转差率。

【解】 根据题意,得到磁极对数 $P=3$。

旋转磁场在交流电变化一周期的时间内转过的空间角度为

$$\varphi = \frac{360°}{P} = \frac{360°}{3} = 120°$$

旋转磁场的转速 $n_1 = \frac{60f}{P} = \frac{60 \times 50}{3} = 1000$ (r/min)

转差率 $s = \frac{n_1 - n}{n_1} = \frac{1000 - 950}{1000} = 0.05$

【典例6-2】 三相异步电动机的 P_N=12kW,n_N=980r/min,I_N=24.6A,U_N=380V,△接法,$\cos\varphi = 0.83$,T_{st}/T_N=1.8,T_m/T_N=2.0,求 η_N、T_N、T_{st}、T_m。

【解】 输入功率 $P_1 = \sqrt{3}U_1 I_1 \cos\varphi = \sqrt{3} \times 380 \times 24.6 \times 0.83 = 13.44$ (kW)

电动机效率 $\eta_N = \frac{P_{2N}}{P_{1N}} \times 100\% = \frac{12 \times 10^3}{13.44 \times 10^3} \times 100\% = 89.3\%$

电动机额定转矩

$$T_N = 9550 \frac{P_N}{n_N} = 9550 \frac{12}{980} = 116.9 \text{ (N·m)}$$

电动机启动转矩

$$T_{st} = 1.8 \times T_N = 1.8 \times 116.9 = 210.5 \text{ (N·m)}$$

电动机最大转矩

$$T_m = 2 \times T_N = 2 \times 116.9 = 233.8 \text{ (N·m)}$$

【典例6-3】 有一台异步电动机,其 P_N=11kW,n_N=1460r/min,U_N=380V,△接法,η_N=88%,$\cos\varphi_N$=0.84,T_{st}/T_N=2,I_{st}/I_N=7。试求:(1) I_N 和 T_N;(2) 用 Y-△法启动时的启动电流和启动转矩;(3) 问当负载转矩为额定转矩的70%和60%时,电动机能否 Y 形启动?

【解】(1)输入功率 $P_1 = \frac{P_{2N}}{\eta_N} = \frac{11}{0.88} = 12.5$ (kW)

根据 $P_1 = \sqrt{3}U_{N1}I_{1N}\cos\varphi_N = \sqrt{3} \times 380 \times I_{1N} \times 0.84 = 12.5$ (kW)

得 $I_N = 22.6$ (A)

额定转矩

$$T_N = 9550 \frac{P_N}{n_N} = 9550 \frac{11}{1460} = 72 \text{ (N·m)}$$

(2)△接法
启动电流 $I_{st}=7I_N=7\times 22.6=158.2$ (A)
启动转矩 $T_{st}=2T_N=2\times 72=144$ (N.m)
Y 接法
启动电流 $I_{stY} = \frac{1}{3}I_{st\triangle} = \frac{1}{3} \times 158.2 = 52.7$ (A)

231

启动转矩 $T_{stY}=\dfrac{1}{3}T_{st\triangle}=\dfrac{1}{3}\times 144=48$ （N·m）

（3）当负载转矩为额定转矩的70%时，$T_{L1}=0.7T_N=0.7\times 72=50.4$(N·m)

由于 $T_{stY}<T_{L1}$，电动机不能 Y 形启动。

当负载转矩为额定转矩的60%时，$T_{L2}=0.7T_N\times 0.6\times 72=43.2$(N·m)

由于 $T_{stY}>T_{L2}$，电动机能 Y 形启动

【**典例 6-4**】分析图 6-44 中控制电路是否有错，若有错，请改正。

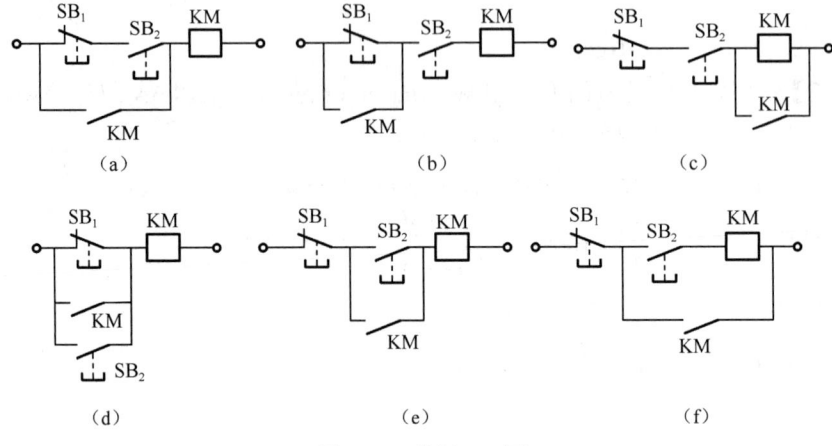

图 6-44 典例 6-4 图

【**答**】图 6-44（a）的错误是交流接触器得电后 KM 常开触点闭合，使启动按钮 SB$_2$ 与停止按钮 SB$_1$ 不起作用。

图 6-44（b）的错误是交流接触器得电后 KM 常开触点闭合，使停止按钮 SB$_1$ 不起作用。

图 6-44（c）的错误是交流接触器得电后 KM 常开触点闭合，使交流接触器线圈失电。

图 6-44（d）的错误是启动按钮 SB$_2$ 不起作用

图 6-44（e）正确

图 6-44（f）的错误是交流接触器得电后 KM 常开触点闭合，使交流接触器线圈失电。

图 6-45 是图 6-44（a）、(b)、(c)、(d)、(f) 的改正图

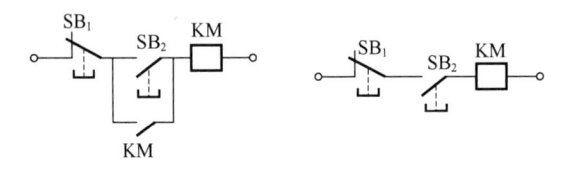

(a) 启、停控制电路　　　(b) 点动控制电路

图 6-45 改正图

【**典例 6-5**】图 6-46 是电动机正反转控制电路，指出图中的错漏，并加以改正。

(a)

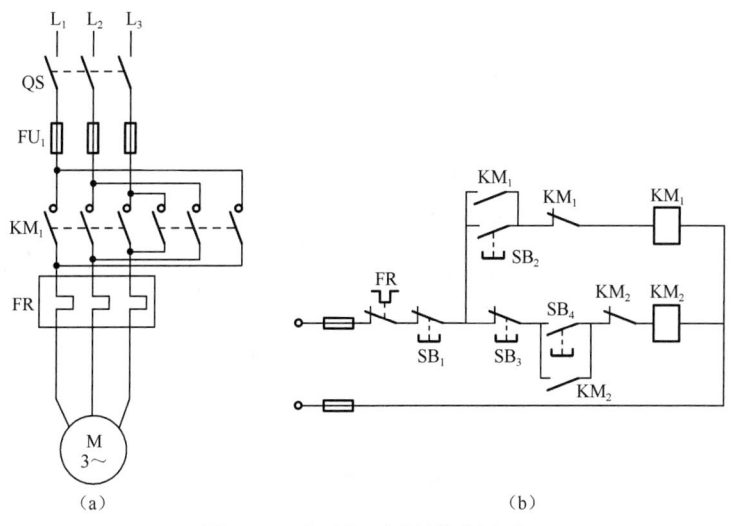

(b)

图 6-46 电动机正反转控制电路

【答】图 6-46（a）的主电路，KM_1、KM_2 常开触点闭合，电动机的转动方向一样。

图 6-46（b）的错误是不能使交流接触器的线圈得电。

改正图如图 6-47 所示，主电路[图 6-47（a）]可以实现电动机的正、反转；控制电路[图 6-47（b）]可以实现双重互锁控制。

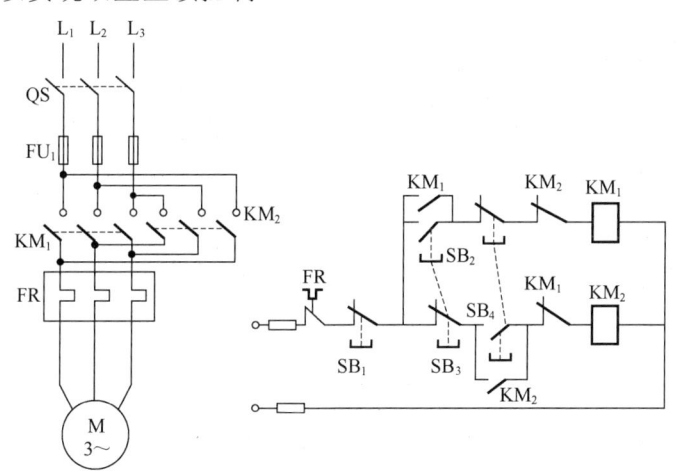

图 6-47 改正图

【典例 6-6】电路如图 6-48 所示，合上开关 QS，并按下启动按钮 SB_2 后，发现下列情况：（1）接触器 KM 不动作；（2）接触器 KM 动作，但电动机不转动；（3）电动机转动，但一松手电动机就停止，试分析其原因。

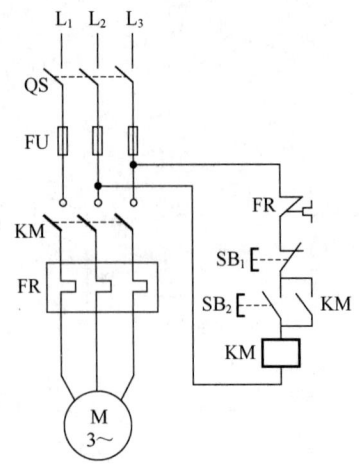

图 6-48 典例 6-6 图

【答】(1) 控制电路可能的故障如图 6-49 所示。

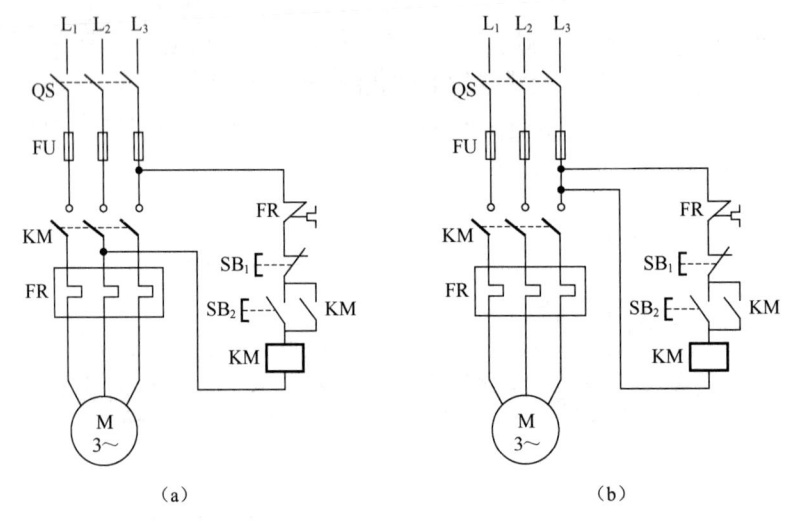

(a)　　　　　　　　(b)

图 6-49 接触器 KM 不动作,可能的故障

(2) 接触器 KM 动作,但电动机不转动的电路如图 6-50 所示。

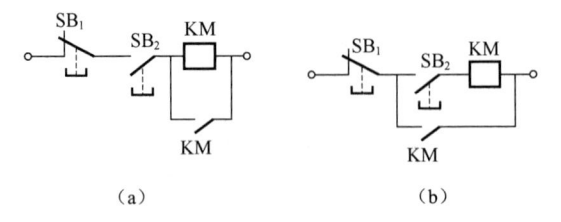

(a)　　　　　　　　(b)

图 6-50 接触器 KM 动作,电动机不动可能的故障

(3) 电动机转动,但一松手电动机就停的电路如图 6-51 所示。

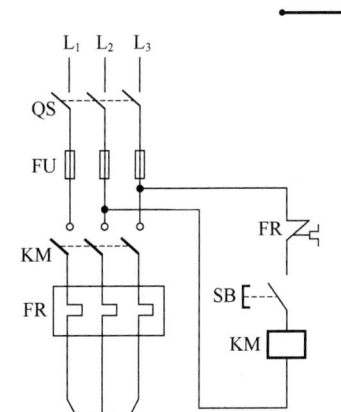

图 6-51　电动机转动，但一松手电机就停的故障

※ 练习题 ※

1．三相异步电动机的 P_N=12kW， n_N=980r/min， I_N=24.6A， U_N=380V，△接法，$\cos\varphi$=0.83，求 η_N、T_N。

2．有 Y112M-2 型和 Y160M-8 型三相异步电动机各一台，额定功率 P_N 都是 4kW，但前者的额定转速 n_{N1}=2890r/min，后者的额定转速 n_{N2}=720r/min。它们的额定转矩分别是多少？它们分别是几极电动机？它们的转差率分别是多少？

练习题　参考答案

1．89.3%　　T_N=116.9N·m

2．T_{N1}=13.2N·m　　T_{N2}=53.1N·m　　2 极　　8 极　　3.7%　　4%

※ 复习·提高·检测 ※

一、填空题

1．三相交流异步电动机是根据_____定律制成的电器，主要由_____、_____、_____三部分组成。

2．三相交流异步电动机的定子与转子的铁芯是由_____，其作用是_____。

3．根据三相交流异步电动机转子绕组的不同，电动机分为_____、_____。

4．三相交流异步电动机是三相对称负载，机座上有一接线盒，根据需要可以改变_____绕组的接线方式，使_____绕组分别接成_____与_____。

5．三相交流异步电动机定子绕组中通入三相交流电，会产生_____磁场，_____磁场的转动方向与定子绕组的接线顺序有关。

6．Y112M-4 的三相交流异步电动机的转速是 1460r/min，此电动机是_____电动机，同步转速是_____，转差是_____，转差率是_____。

7．三相交流异步电动机在启动的瞬间，转差率 $s=$ _____，在正常转动过程中 s 的取值范围为_____。

8．三相交流异步电动机的启动分为直接启动与降压启动两种，_____以下的电动机适用于直接启动，或者容量不超过动力供电变压器容量_____的电动机；不超过动力供电变压器容量_____的频繁启动异步电动机，均可直接启动。三相交流异步电动机降压启动分为_____、_____两种，绕线型电动机一般用_____启动。

9．三相交流异步电动机的调速方法有_____、_____、_____。

10．三相交流异步电动机的制动方法有_____、_____、_____。

11．三相交流异步电动机的电磁转矩与_____的平方成正比，全压启动方式下，Y 形连接的电磁转矩是△形连接的_____。

12．开关是一种用来_____、_____、_____、_____的控制电器；常用的开关有_____、_____、_____。

13．常用的刀开关_____、_____，按极数分为_____、_____、_____。

14．自动空气断路器具有_____、_____、_____作用。

15．熔断器主要由_____、_____两部分组成，具有_____、_____保护的作用。

二、选择题

1．有一台六极三相交流异步电动机，试问它的旋转磁场在交流电变化一周期的时间内转过空间角度是（　　）。

    A．360°　　　　B．180°　　　　C．120°　　　　D．90°

2．有一台六极三相交流异步电动机，它的旋转磁场的转速是（　　）。

    A．3000r/min　　B．1500r/min　　C．1000r/min　　D．960r/min

3．三相交流异步电动机的转速为 1440r/min，其转差率与转差分别是（　　）。

    A．4%　　60r/min　　　　　　　B．48%　　1560r/min

    C．3%　　1000r/min　　　　　　D．28%　　560r/min

4．额定功率相等的两台异步电动机，额定转矩与额定转速的关系正确的是（　　）。（多选）

    A．额定转矩与转速无关，只与功率有关

    B．转速高的额定转矩低，转速低的额定转矩高

    C．转速高的额定转矩高，转速低的额定转矩低

    D．额定转矩与转速、功率有关

5．带负载稳定运行的三相异步电动机，下列说法正确的是（　　）。（多选）

    A．电网电压降低，电动机的转速变慢

    B．电动机的负载减小，电动机的转速变快

    C．电动机转子电路串接电阻，电动机转速变慢

    D．电动机转子电路串接电阻，电动机转速变快

6. 正常运行时定子绕组为 Y 形接法的异步电动机误接成△形，下列说法正确的是（   ）。（多选）
   A．启动转矩减小，启动电流减小
   B．启动转矩与启动电流无变化
   C．△形启动转矩是 Y 形启动转矩的 3 倍，△形启动电流是 Y 形启动电流的 3 倍
   D．启动转矩增大，启动电流增大
7．常用的过载保护电器是（   ）。
   A．接触器   B．继电器
   C．热继电器   D．自动空气断路器
8．常用的短路保护电器是（   ）。
   A．接触器   B．继电器
   C．热继电器   D．自动空气断路器
9．在三相笼型电动机的正反转控制电路中，为了避免主电路的电源两相短路采取的措施是（   ）。
   A．自锁   B．互锁   C．接触器   D．热继电器
10．在三相笼型异步电动机的 Y-△启动控制电路中，电动机定子绕组接为 Y 形是为了实现电动机的（   ）启动。
    A．降压   B．升压   C．增大电流   D．减小阻抗
11．在电动机的连续运转控制中，其控制关键是（   ）的应用。
    A．自锁触点   B．互锁触点   C．复合按钮   D．机械联锁
12．在电动机的继电器－接触器控制电路中，热继电器的正确连接方法应当是（   ）。
    A．热继电器的发热元件串接在主电路内，而把它的动合触点与接触器的线圈串联接在控制电路内
    B．热继电器的发热元件串接在主电路内，而把它的动断触点与接触器的线圈串联接在控制电路内
    C．热继电器的发热元件并接在主电路内，而把它的动断触点与接触器的线圈并联接在控制电路内
13．热继电器的常闭触点应接在（   ）中，以对电路起到保护作用。
    A．电动机定子电路   B．信号电路   C．接触器线圈电路
14．热继电器的热元件应（   ）于电动机定子绕组支路。
    A．并联   B．串联   C．串并联
15．当电源频率恒定时，三相异步电动机的电磁转矩 T 与电源电压 U 的关系是（   ）。
    A．$T \propto U^2$ B．$T \propto U$ C．无关
16．在额定电压下运行的三相异步电动机，当负载在满载范围以内变动时，其转速将（   ）。
    A．稍有变化   B．变化显著   C．保持不变
17．三相异步电动机正在运行时，转子突然被卡住了，这时电动机的电流会（   ）。
    A．增加   B．减少   C．等于 0
18．下列电器中不能实现短路保护的是（   ）。

A．熔断器　　　　B．热继电器　　　　C．空气开关

19．下列不是自动电器的是（　　）。
A．组合开关　　　B．继电器　　　　C．热继电器

20．接触器的常态是指（　　）。
A．线圈未通电情况　　　　　　B．线圈带电情况
C．触点断开　　　　　　　　　D．触点动作

21．由接触器、按钮等构成的电动机直接启动控制回路中，如漏接自锁环节，其后果是（　　）。
A．电动机无法启动　　　　　　B．电动机只能点动
C．电动机启动正常，但无法停机　　D．电动机无法停止

22．在继电器接触器控制电路中，自锁环节触点的正确连接方法是（　　）。
A．接触器的动合辅助触点与启动按钮并联
B．接触器的动合辅助触点与启动按钮串联
C．接触器的动断辅助触点与启动按钮并联

23．在图 6-52 所示电路中，SB 是按钮，KM 是接触器，若先按动 SB_1，再按 SB_2，则（　　）。
A．只有接触器 KM_1 通电运行　　B．只有接触器 KM_2 通电运行
C．接触器 KM_1 和 KM_2 都通电运行

24．如图 6-53 所示的控制电路中，具有（　　）保护功能。
A．短路和过载　　B．过载和零压　　C．短路，过载和零压

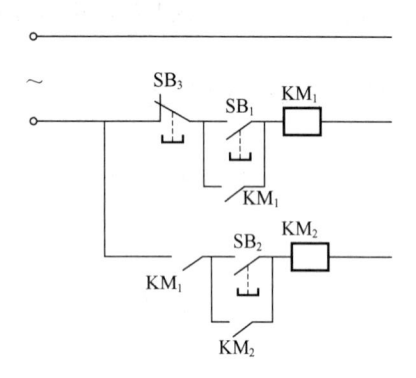

图 6-52　选择题 23 图

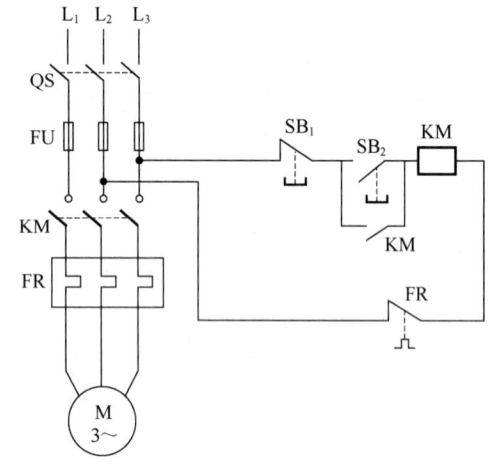

图 6-53　选择题 24 图

25．在电动机的继电器接触器控制电路中，自锁环节的功能是（　　）。
A．具有零压保护
B．保证启动后持续运行
C．兼有点动功能

26．在电动机的继电器接触器控制电路中，热继电器的功能是实现（　　）。
A．短路保护　　　B．零压保护　　　C．过载保护

27．图 6-54 所示的三相异步电动机控制电路接通电源后的控制作用是（　　）。

A．按下 SB₂，电动机不能运转

B．按下 SB₂，电动机点动

C．按动 SB₂，电动机启动连续运转；按动 SB₁，电动机停转

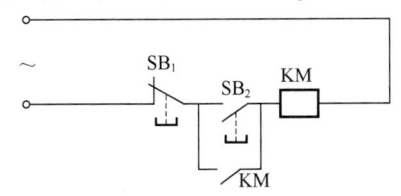

图 6-54　选择题 27 图

28．在电动机的正、反转，继电器接触器控制电路中，互锁环节的功能是（　　）。

A．保证 KM₁ 和 KM₂ 的线圈不能同时通电

B．保证启动后持续运行

C．兼有点动功能

29．在三相异步电动机的正、反转控制电路中，正转接触器 KM₁ 和反转接触器 KM₂ 之间的互锁作用是由（　　）连接方法实现的。

A．KM₁ 的线圈与 KM₂ 的动断辅助触点串联，KM₂ 的线圈与 KM₁ 的动断辅助触点串联

B．KM₁ 的线圈与 KM₂ 的动合触点串联，KM₂ 的线圈与 KM₁ 动合触点串联

C．KM₁ 的线圈与 KM₂ 的动断触点并联，KM₂ 的线圈与 KM₁ 的动断触点并联

30．热继电器在电动机控制电路中不能作（　　）。

A．短路保护　　B．过载保护　　C．过载保护和缺相保护

31．使用刀开关时，正确的安装方法应使刀开关的手柄（　　）。

A．向下　　B．水平　　C．向上

32．热继电器用作电动机的过载保护，适用于（　　）。

A．重载间断工作的电动机　　B．频繁启动与停止的电动机

C．连续工作的电动机　　D．任何工作制的电动机

33．热继电器金属片弯曲是由于（　　）造成的。

A．机械强度不同　　B．热膨胀系数不同

C．温度变化　　D．温差效应

34．按下复合按钮时，（　　）。

A．动合触点先闭合　　B．动断触点先断开

C．动合、动断触点同时动作　　D．无法确定

35．常用低压过载保护电器为（　　）。

A．刀开关　　B．熔断器　　C．接触器　　D．热继电器

36．手动切换电器为（　　）。

A．继电器　　B．接触器　　C．组合开关

37．降低电源电压后，三相异步电动机的启动转矩将（　　）。

A．降低　　B．不变　　C．提高　　D．无法确定

38．旋转磁场的转速与磁极对数有关，以 4 极电动机为例，交流电变化一个周期时，其

旋转磁场在空间旋转了（　　）。

　　A．2周　　　　B．4周　　　　C．1/2周

39．三相异步电动机旋转磁场的方向是由三相电源的（　　）决定的。

　　A．相序　　　　B．相位　　　　C．频率

40．旋转磁场的转速与（　　）。

　　A．电压、电源成正比

　　B．频率和磁极对数成正比

　　C．频率成正比，与磁极对数成反比

41．三相异步电动机的额定功率是指电动机（　　）。

　　A．输入的视在功率　　　　　　B．输入的有功功率

　　C．产生的电磁功率　　　　　　D．输出的机械功率

42．熔断器主要由（　　），熔断管及导电部件等组成。

　　A．底座　　　　B．导轨　　　　C．熔体　　　　D．螺栓

43．电动机控制的主电路是从（　　）到电动机的电路，其中有刀开关、熔断器、接触器主触点、热继电器发热元件与电动机等。

　　A．主电路　　　B．电源　　　　C．接触器　　　D．热继电器

44．当负荷电流达到熔断器熔体的额定电流时，熔体将（　　）。

　　A．立即熔断　　　　　　　　　B．长延时后熔断

　　C．短延时后熔断　　　　　　　D．不会熔断

45．热继电器的动作时间随着电流的增大而（　　）。

　　A．急剧延长　　B．缓慢延长　　C．缩短　　　　D．保持不变

46．低压电器一般是指交流额定电压（　　）及以下的电器。

　　A．36V　　　　B．220V　　　　C．380V　　　　D．1200V

47．热继电器的感应元件是（　　）。

　　A．电磁机构　　B．易熔元件　　C．双金属片　　D．控制触点

48．热继电器属于（　　）电器。

　　A．主令　　　　B．开关　　　　C．保护　　　　D．控制

49．交流接触器本身可兼作（　　）保护。

　　A．缺相　　　　B．失压　　　　C．短路　　　　D．过载

50．热继电器在电路中主要用于（　　）保护。

　　A．过载　　　　B．短路　　　　C．失压　　　　D．漏电

51．低压熔断器主要用于（　　）保护。

　　A．防雷　　　　B．过电压　　　C．欠电压　　　D．短路

52．与热继电器相比，熔断器的动作延时（　　）。

　　A．短得多　　　B．差不多　　　C．长一些　　　D．长得多

53．当三相异步电动机的机械负载增加时，如定子端电压不变，其转子的转速（　　）。

　　A．增加　　　　B．减少　　　　C．不变

54．当三相异步电动机的机械负载增加时，如定子端电压不变，其定子电流（　　）。

　　A．增加　　　　B．减少　　　　C．不变

55．当三相异步电动机的机械负载增加时，如定子端电压不变，其输入功率（　　）。
　　A．增加　　　　B．减少　　　　C．不变
56．三相异步电动机在一定的负载转矩下运行，若电源电压降低，电动机的转速将（　　）。
　　A．增大　　　　B．降低　　　　C．不变
57．有两台三相异步电动机，它们的额定功率相同，但额定转速不同，则（　　）。
　　A．额定转速小的那台电动机，其额定转矩小。
　　B．额定转速小的那台电动机，其额定转矩大。
　　C．两台电机的额定转矩相同
58．降低电源电压后，三相异步电动机的启动电流将（　　）。
　　A．降低　　　B．不变　　　C．提高　　　D．无法确定
59．三相异步电动机旋转磁场的转向与（　　）有关。
　　A．电源频率　　B．转子转速　　C．电源相序
60．当电源电压恒定时，三相异步电动机在满载和轻载下的启动转矩是（　　）。
　　A．完全相同的　　B．完全不同的　　C．基本相同的
61．当三相异步电动机的机械负载增加时，如定子端电压不变，其旋转磁场速度（　　）。
　　A．增加　　　　B．减少　　　　C．不变
62．鼠笼型异步电动机空载运行与满载运行相比，其电动机的电流应（　　）。
　　A．空载电流大　　B．空载电流小　　C．相同
63．鼠笼型异步电动机空载启动与满载启动相比：启动转矩（　　）。
　　A．大　　　　B．小　　　　C．不变
64．三相异步电动机形成旋转磁场的条件是（　　）。
　　A．在三相绕组中通以任意的三相电流
　　B．在三相对称绕组中通以三个相等的电流
　　C．在三相对称绕组中通以三相对称的正弦交流电流
65．三相异步电动机在稳定运转情况下，电磁转矩与转差率的关系为（　　）。
　　A．转矩与转差率无关　　　　B．转矩与转差率平方成正比
　　C．转差率增大，转矩增大　　D．转差率减小，转矩增大
66．某三相异步电动机的额定转速为735r/min，相对应的转差率为（　　）。
　　A．0.265　　　B．0.02　　　C．0.51　　　D．0.183
67．异步电动机启动电流大的原因是（　　）。
　　A．电压太高　　B．与旋转磁场相对速度太大　　C．负载转矩过大
68．三相异步电动机在一定的负载转矩下运行，若电源电压降低，定子电流将（　　）。
　　A．增大　　　　B．降低　　　　C．不变
69．三相异步电动机在一定的负载转矩下运行，若电源电压降低，电动机的转速将（　　）。
　　A．增大　　　　B．降低　　　　C．不变
70．从降低启动电流来考虑，三相异步电动机可以采用降压启动，但启动转矩将（　　），因而只适用空载或轻载启动的场合。
　　A．降低　　　　B．升高　　　　C．不变
71．从降低启动电流来考虑，三相异步电动机可以采用降压启动，但启动转矩将降低，

因而只适用（　　）或轻载启动的场合。
  A．重载   B．超载   C．空载

72．从降低启动电流来考虑，三相异步电动机可以采用降压启动，但启动转矩将降低，因而只适用空载或（　　）启动的场合。
  A．空载   B．轻载   C．重载

73．工频条件下，三相异步电动机的额定转速为1420 转/分，则电动机的磁对数为（　　）。
  A．1 B．2 C．3 D．4

74．一台磁极对数为3的三相异步电动机，其转差率为3%，则此时的转速为（　　）。
  A．2910 B．1455 C．970

75．三相异步电动机的最大转矩为900 N·m，额定转矩为450 N·m，则电动机的过载倍数 λ 是（　　）。
  A．0.5 B．1 C．1.5 D．2

76．鼠笼型异步电动机空载启动与满载启动相比，启动电流（　　）。
  A．大 B．小 C．不变 D．无法确定

77．鼠笼型异步电动机空载运行与满载运行相比，最大转矩（　　）。
  A．大 B．小 C．不变 D．无法确定

78．一台三相异步电动机，其铭牌上标明额定电压为220/380V，其接法应是（　　）。
  A．Y/△ B．△/Y C．△/△ D．Y/Y

二、判断题

1．电动机绕组的最高允许温度为额定环境温度加电动机额定温升。（　　）
2．只要看国产三相异步电动机型号中的最后一个数字，就能估算出该电动机的转速。（　　）
3．国产三相异步电动机型号中的最后一个数字是4，该电动机是4极电机。（　　）
4．国产三相异步电动机型号中的最后一个数字是4，该电动机是2极电机。（　　）
5．三相异步电动机型号为Y200L-8，其中L表示电动机的中心高。（　　）
6．三相异步电动机型号为Y200L-8，其中L表示电动机铁芯长度等级。（　　）
7．三相异步电动机型号为Y200L-8，其200表示电动机铁芯长度等级。（　　）
8．三相异步电动机型号为Y200L-8，其中200表示电动机的中心高。（　　）
9．三相异步电动机的转子转速不可能大于其同步转速。（　　）
10．三相异步电动机在电动机工作状态下，转子转速不可能大于其同步转速。（　　）
11．产生圆形旋转磁场的条件是：绕组对称，绕组中所通电流对称。（　　）
12．只要电动机绕组对称，就能产生旋转磁场。（　　）
13．只要电动机所通电流对称，就能产生旋转磁场。（　　）
14．只要电动机所通电流对称，无论绕组对称与否，就能产生旋转磁场。（　　）
15．旋转磁场的转速为 $n_1=60f_1/P$。（　　）
16．一台4极三相异步电动机，接在50Hz的三相交流电源上，其旋转磁场的转速为1500 转/分。（　　）
17．一台4极三相异步电动机，接在50Hz的三相交流电源上，其旋转磁场的转速为

750 转/分。( )
18. 一台 4 极三相异步电动机，接在 50Hz 的三相交流电源上，其旋转磁场的转速为 3000 转/分。( )
19. 旋转磁场的转速为 $n=n_1(1-s)$。( )
20. 旋转磁场的转向取决于电动机所接电源的相序。( )
21. 旋转磁场的转向由绕组的结构决定。( )
22. 旋转磁场的转向由电动机所带负载决定。( )
23. 三相交流异步电动机的转差率为 $s=(n_1-n)/n_1$。( )
24. 三相交流异步电动机在电动机状态下运行，转差率的值为 $0<s\leqslant 1$。( )
25. 三相交流异步电动机在额定状态下运行时其转差率为 0.02～0.06。( )
26. 三相交流异步电动机启动时 $s=1$。( )
27. 三相交流异步电动机启动时 $s=0$。( )
28. 三相交流异步电动机反接制动时 $s>1$。( )
29. 三相交流异步电动机反接制动时 $s<0$。( )
30. 三相交流异步电动机回馈制动时 $s<1$。( )
31. 三相交流异步电动机回馈制动时 $s<0$。( )
32. 三相交流异步电动机回馈制动时 $s>1$。( )
33. 三相交流异步电动机无论在什么状态下运行，其转差率为 0～1。( )
34. 三相交流异步电动机的转速取决于电源频率和磁极对数，而与转差率无关。( )
35. 在三相交流异步电动机的三相相同绕组中，通以三相相等电流，可以产生圆形旋转磁场。( )
36. 三相交流异步电动机转子的转速越低，电动机的转差率就越大，转子电流频率就越高。( )
37. 三相交流异步电动机转子的转速越低，电动机的转差率就越大，转子电流频率就越低。( )
38. 三相交流异步电动机转子电流的频率 $f_2=sf_1$。( )
39. 三相交流异步电动机定子铁芯的作用是导磁、嵌放绕组。( )
40. 三相交流异步电动机转子绕组的作用是产生转子感应电流和产生电磁转矩。( )
41. 三相交流异步电动机笼型转子绕组是短路绕组。( )
42. 三相交流异步电动机绕线转子绕组是三相对称绕组。( )
43. 三相交流异步电动机绕线转子绕组是短路绕组。( )
44. 交流接触器与中间继电器既有相同又有不同之处。( )
45. 交流接触器不具有欠压保护的功能。( )
46. 按钮开关可以作为一种低压开关使用，通过手动操作完成主电路的接通和分断。( )
47. 动断按钮可作为停止按钮使用。( )
48. 交流接触器除通断电路外，还具有短路和过载的保护功能。( )
49. 交流接触器线圈通电时，动断触点先断开，动合触点后闭合。( )
50. 交流接触器具有失压和欠压保护功能。( )
51. 三相异步电动机的转速与旋转磁场的转速相同。( )

52．只要改变旋转磁场的旋转方向，就可以控制三相异步电动机的转向。　　（　　）
53．按钮开关应接在控制电路中。　　（　　）
54．热继电器既可作过载保护，又可作短路保护。　　（　　）
55．当负载电流达到熔断器熔体的额定电流时，熔体将立即熔断，从而起到过载保护的作用。　　（　　）
56．熔断器的熔断电流即其额定电流。　　（　　）
57．低压刀开关的主要作用是检修时实现电气设备与电源的隔离。　　（　　）
58．所谓主令电器，是指控制回路的开关电器，包括控制按钮、转换开关、行程开关以及凸轮主令控制器等。　　（　　）
59．熔断器更换熔体管时应停电操作，严禁带负荷更换熔体。　　（　　）
60．交流接触器的主要结构包括电磁系统、触点系统和灭弧装置三大部分。　　（　　）
61．交流接触器的交流吸引线圈不得连接直流电源。　　（　　）
62．刀开关与低压断路器串联安装的线路，应当由低压断路器接通，断开负载。　　（　　）
63．熔断器具有良好的过载保护特性。　　（　　）
64．交流接触器适用于电气设备的频繁操作。　　（　　）
65．交流接触器用来通断大电流电路，同时还具有欠电压或过电压保护功能。　　（　　）
66．一个额定电压为 220V 的交流接触器在交流 220V 和直流 220V 的电源上均可使用。
　　（　　）
67．三相绕线型异步电动机启动时，转子回路接入适量电阻，则能减小启动电流，增大启动转矩。　　（　　）
68．三相异步电动机运行时，如将定子电压降为额定电压的一半，则最大转矩也降一半。
　　（　　）
69．熔断器一般可作过载保护及短路保护。　　（　　）
70．三相异步电动机的合成磁场相对于定子是固定不动的。　　（　　）
71．三相异步电动机通常不用接电源的零线。　　（　　）

复习·提高·检测　参考答案

一、填空题

1．电磁感应　定子　转子　机座
2．0.35～0.5mm 厚的硅钢片叠压而成　安放绕组和导磁
3．鼠笼型　绕线型
4．定子　星形　三角形
5．旋转　旋转
6．四　1500r/min　40r/min　2.7%
7．1　0.02～0.07
8．10kW　30%　20%　Y-△降压启动　自耦调压器降压启动　转子电路串接电阻启动
9．变频调速　变极调速　变转差率调速
10．反接制动　能耗制动　回馈制动

11. 电压　1/3
12. 隔离　转换　接通　分断电路　刀开关　转换开关　自动空气断路器
13. 开启式负荷开关　封闭式负荷开关　单极　双极　三极
14. 短路　过载　欠压
15. 熔管　熔体　过载　短路

二、选择题

1. C　2. C　3. A　4. B D　5. ABC　6. C D
7. C　8. D　9. B　10. A　11. A　12. B　13. C　14. B　15. A　16. A
17. A　18. B　19. A　20. A　21. B　22. A　23. C　24. C　25. B　26. C
27. C　28. A　29. A　30. A　31. C　32. D　33. B　34. B　35. D　36. C
37. A　38. C　39. A　40. C　41. D　42. C　43. B　44. D　45. C　46. D
47. C　48. C　49. B　50. A　51. D　52. A　53. B　54. A　55. A　56. B
57. B　58. A　59. C　60. A　61. C　62. B　63. C　64. C　65. C　66. B
67. B　68. A　69. B　70. A　71. C　72. B　73. B　74. C　75. D　76. C
77. C　78. A

三、判断题

1. √　2. √　3. √　4. ×　5. ×　6. √　7. ×　8. √　9. ×　10. √
11. √　12. ×　13. ×　14. √　15. √　16. √　17. ×　18. ×　19. ×　20. √
21. ×　22. √　23. √　24. √　25. √　26. √　27. √　28. √　29. √　30. √
31. √　32. ×　33. ×　34. √　35. √　36. √　37. ×　38. √　39. √　40. √
41. √　42. √　43. ×　44. √　45. √　46. √　47. √　48. √　49. √　50. √
51. ×　52. √　53. √　54. √　55. √　56. √　57. √　58. √　59. √　60. √
61. √　62. √　63. ×　64. √　65. ×　66. √　67. √　68. ×　69. ×　70. ×
71. √

第 3 部分 低压配电系统

模块 7 低压配电系统

任务 7.1 低压配电系统设计

低压配电系统设计包括负荷的分析计算、确定配电方案、选择电器设备、电路保护、低压配电线路敷设方式等，低压配电系统应保障人身和设备的安全、供电可靠、技术先进和经济合理，维修方便。

1. 低压配电系统的构成

一个供配电系统由电源、输电线路、负荷 3 个部分组成，就某一实训室配电系统而言，可具体概括为建筑分配电箱、输电线路（开关箱）、布电线路（负载、灯具）。

供配电系统的供电方式（按保护接地的形式）采用 TN-S 系统，即三相五线制，如图 7-1 所示。三个相线（L 线）、中性线（N 线）、保护线（PE 线）。中性线即零线。保护线即地线。相线之间的电压（即线电压）为 380V，相线和地线或中性线之间的电压（即相电压）均为 220V。

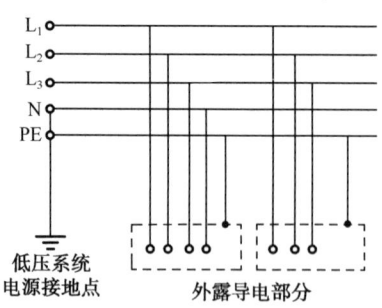

图 7-1 低压配电 TN-S 供电系统

2. 供配电箱

二级配电系统结构形式示意图如图 7-2 所示。

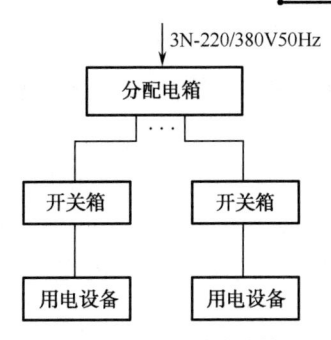

図 7-2　二级配电系统结构形式

（1）配电箱的设置

配电箱应设置在用电设备或负荷相对集中的区域，配电箱与开关箱的距离不得超过 30m。开关箱与其控制的固定用电设备的水平距离不宜超过 3m。开关箱（末级）应有漏电保护且保护器正常，漏电保护装置参数应匹配开关。

配电箱、开关箱内的电器（含插座）应先紧固在金属电器安装板上，不得歪斜和松动，然后方可整体紧固在配电箱、开关箱箱体内。开关箱执行"一机、一闸、一漏、一箱"制原则，安装位置应恰当、周围无杂物以便操作。配电箱内多路配电应有标记，引出线应整齐，配电箱应有门、锁和防雨措施。

每台用电设备必须有各自专用的开关箱，严禁用同一开关箱直接控制两台及两台以上用电设备（含插座）。

配电箱、开关箱内的连接，必须采用铜芯绝缘导线。导线的颜色应为相线 L_1（A）、L_2（B）、L_3（C），相序的颜色依次为黄色、绿色、红色，N 线的颜色为淡蓝色，PE 线的颜色为绿黄双色。导线排列应整齐，导线分支接头不得采用螺栓压接，应采用焊接并做绝缘包扎，不得有外露带电部分。

配电箱的电器安装板上必须分设 N 线端子板和 PE 线端子板，N 线端子板必须和金属电器安装板绝缘；PE 线端子板必须与金属电器安装板作电气连接，如图 7-3 所示。

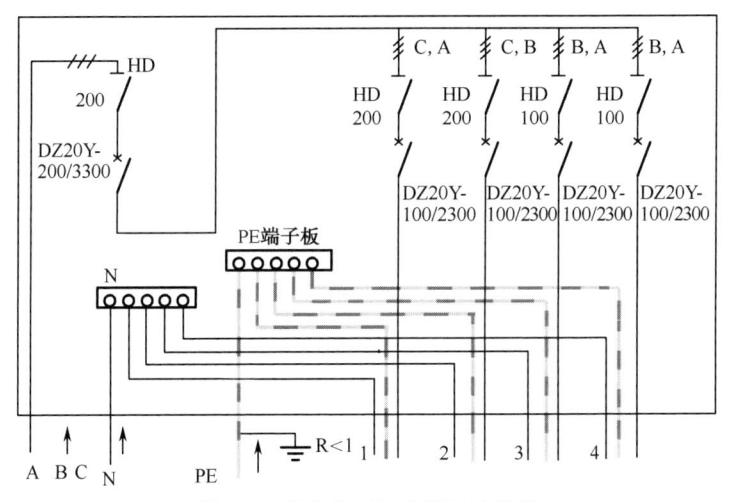

図 7-3　配电箱开关电器及接线图

（2）电器元件的选用配置

① 低压断路器。低压断路器不仅可以接通和分断电路，还具有一定的保护功能，如短路、过载、欠压和漏电保护等。

选择低压断路器时，额定电压大于等于线路额定电压；额定电流和过电流脱扣器的额定电流大于等于线路负荷电流。对于照明电路，低压断路器的额定电流应为电路工作电流的 1.05~1.1 倍。对于控制电机，低压断路器的额定电流应为电路工作电流的 1.5~2.5 倍。开关箱中漏电保护器的额定漏电动作电流不应大于 30mA，额定漏电动作时间不应大于 0.1s。

对于主路，选用塑壳式断路器。对于分路，连接单相设备，空气开关选用 1P 小空气开关；连接三相设备，空气开关选用 3P 小空气开关。主空气开关与支路空气开关配合要合理，主空气开关的规格由各支路空气开关电流之和决定。

主空气开关和支路空气开关配合使用时，支路空气开关的分断能力不必大于主空气开关分断能力。而当支路空气开关跳闸，主空气开关不跳闸，也就是人们常说的选择性。如果短路电流太大，主、支路空气开关可能都承受不了。

断路器选用的一般原则：分断能力>安装点可能出现的最大短路电流。

② 熔断器。熔断器的要求：在电气设备正常运行时，熔断器不应熔断；在短路时应立即熔断；在电流发生正常变动（如电动机启动过程）时，熔断器不应熔断。

熔断器的选用主要包括类型选择、熔体额定电流的确定。熔断器的额定电压要大于或等于电路的额定电压，熔断器的额定电流要依据负载情况而选择。

a. 电阻性负载或照明电路：一般按负载额定电流的 1~1.1 倍选用熔体的额定电流，进而选定熔断器的额定电流。

b. 电动机等感性负载：一般选择熔体的额定电流为电动机额定电流的 1.5~2.5 倍。

③ 插座。通常单相用电设备，特别是移动式用电设备，都应使用三芯插头和与之配套的三孔插座。三孔插座上有专用的保护接零（地）插孔，采用接零保护时，接零线应从电源端专门引来，而不应就近利用引入插座的零线。

a. 插座孔数：实训室设备的插头多分为四芯插式和三芯插式两大类，三相电机均为四芯插式插头，而仪器则大多是三芯插头，因此要根据实训室的需要来实际灵活搭配各种孔数的插座。

b. 插座的数量：根据实训室功能的不同，插座数量也不同。考虑到设备、仪器用电方便，在开关箱内应设多组单相和三相插座，以满足需求。

3. 输配电导线选择

（1）线芯材料的选择

线芯金属材料，必须同时具备的特点：电阻率较低；有足够的机械强度；在一般情况下有较好的耐腐蚀性；容易进行各种形式的机械加工，价格较便宜。铜和铝基本符合这些特点，因此常用铜或铝作导线的线芯。

（2）导线截面的选择

一般考虑 3 个因素：长期工作允许电流、机械强度和电压损失。

① 根据长期工作允许电流选择导线截面。在选择导线时，可依据用电负荷，参照导线的规格型号及敷设方式来选择导线截面，表 7-1 是一般用电设备负载电流计算表。

表 7-1 负载电流计算表

负载类型	功率因数	计算公式	每 kW 电流量/A
电灯、电阻	1	单相：$I_P=P/U_P$	4.5
		三相：$I_L=P/\sqrt{3}U_L$	1.5
荧光灯	0.5	单相：$I_P=P/(U_P\times0.5)$	9
		三相：$I_L=P/(\sqrt{3}U_L\times0.5)$	3
单相电机	0.75	$I_P=P/(U_P\times0.75\times0.75)$	8
三相电机	0.85	$I_L=P/(\sqrt{3}U_L\times0.85\times0.85)$	2

注：公式中 I_P、U_P 为相电流、相电压，I_L、U_L 为线电流、线电压。

② 根据机械强度选择导线

导线安装后和运行中，要受到外力的影响。导线自重和不同的敷设方式使导线受到不同的张力，如果导线不能承受张力作用，会造成断线事故。在选择导线时必须考虑导线截面，一般情况主干线铝芯不小于 35mm²，铜芯不小于 25mm²；支线铝芯不小于 25mm²，铜芯不小于 16mm²。

③ 根据电压损失选择导线截面

在正常情况下，由变压器低压侧至电路末端，电压损失应小于 7%，电动机端电压与其额定电压不得相差±5%。

选择低压导线截面还要考虑电压损耗 $\Delta U\%$，确定 $\Delta U\%$ 的大小，根据电压质量标准的要求来求取，即 10kV 及以下三相供电的用户受电端供电电压允许偏差为额定电压的±7%；对于 380V 则为 354～407V；220V 单相供电，为额定电压的-10%～+5%，即 198～231V。

在计算导线截面时，应通过计算保证电压偏差不低于-7%（380V 线路）和-10%（220V 线路），从而就可满足用户要求。

配线时，一定要考虑不同规格的电线有不同的额定电流，要注意它的额定电流，避免"小马拉大车"，造成线路长期超负荷工作引发的隐患。一般来讲，选择电线时要用铜线，忌用铝线。由于铝线的导电性差，通电过程中电线容易发热甚至引发火灾。如果是铝线，线径要取铜线的 1.5～2 倍。如果铜线电流小于 28A，按每平方毫米 10A 来取，肯定安全。如果铜线电流大于 120A，按每平方毫米 5A 来取。导线的阻抗与其长度成正比，与其线径成反比。请在使用电源时，特别注意输入与输出导线的线材与线径问题。以防止电流过大使导线过热而造成事故。

另外一般 10m 内，导线电流密度 6A/mm² 比较合适；10～50m，导线电流密度为 3A/mm²；50～200m，导线电流密度为 2A/mm²；500m 以上要小于 1A/mm²。从这个角度来讲，如果不是很远的情况下，可以选择 4mm² 的铜线或者 6mm² 的铝线。表 7-2 是铜线不同温度下的线径和所能承受的最大电流。

表 7-2 铜线的最大载流量

线径（大约值）(mm²)	铜线温度（℃）			
	60	75	85	90
	电流（A）			
2.5	20	20	25	25
4.0	25	25	30	30
6.0	30	35	40	40
8.0	40	50	55	55
14	55	65	70	75
22	70	85	95	95
30	85	100	100	110
38	95	115	125	130
50	110	130	145	150
60	125	150	165	170
70	145	175	190	195
80	165	200	215	225
100	195	230	250	260

任务 7.2　低压配电线路安装

低压室内电路配线可分为明敷和暗敷两种。明敷：导线沿墙壁、天花板表面、横梁、屋柱等处敷设。暗敷：导线穿管埋设在墙内、地坪内或顶棚里。

一般来说，明配线安装施工、检查和维修较方便，但室内美观受影响，人能触摸到的地方不十分安全；暗配线安装施工要求高，检查和维护较困难。

配线方式一般分瓷（塑料）夹板配线、绝缘子配线、槽板配线、塑料护套线配线和线管配线等。

1. 配电板的安装

目前配电装置已分体安装，一般电度表供电部门统一安装（安装在室外），统一管理，室内配电装置，主要是电片保护器（熔丝盒）和控制器（总开关）。用电器的保护和控制也分路控制，有照明控制、插座控制、三相插座控制。

配电板安装，配电板布局要整齐、对称、整洁、美观，导线横平、竖直，弯曲成直角。

2. 插座的安装

电源插座之间距离宜控制在 2.5m 左右，一般插座暗设于墙内。安装高度在 1.8m 以下的插座应采用带安全门的防护型产品。

单相三孔插座如何安装才正确？通常，单相用电设备，特别是移动式用电设备，都应使用三芯插头和与之配套的三孔插座。三孔插座上有专用的保护接零（地）插孔，在采用接零保护时，有人常常仅在插座底内将此孔接线桩头与引入插座内的那根零线直接相连，这是极为危险的。因为万一电源的零线断开，或者电源的火（相）线、零线接反，其外壳等金属部分也将带上与电源相同的电压，这就会导致触电。

因此，接线时专用接地插孔应与专用的保护接地线相连。采用接零保护时，接零线应从电源端专门引来，而不应就近利用引入插座的零线。

3. 断路器的安装

漏电断路器的安装接线应按产品使用说明书规定的要求进行，主要注意以下几点。

（1）产品接线端子上标有电源侧和负载侧的，必须按规定接线，不能反接。

（2）漏电断路器只能使用在电源中性线接地的系统中，对变压器中性线与地绝缘的系统不起保护作用。在接线时，不能将漏电断路器输出端的中性线重复接地，否则漏电断路器将发生误动作。

（3）单极两线和三极四线（四极）的漏电断路器产品上标有N极和L极，接线时应将电源的中性线接在漏电断路器的N极上，火线接在L极上。

（4）漏电断路器在第一次通电时，应通过操作漏电断路器上的"试验按钮"，模拟检查发生漏电时能否正常动作，在确认动作正常后，方可投入使用。以后在使用过程中，应定期（厂方推荐每月一次）操作试验按钮，检查漏电断路器的保护功能是否正常。

4. 接地、安全保护

接地体的做法有两种：一是沿建筑物四周敷设镀锌扁钢（40×4），另一种是利用建筑物基础钢筋。应该充分利用建筑物基础钢筋做自然接地体。

接地方式为联合接地。保护接地、工作接地、防雷接地共用同一接地体。接地系统为TN-C，在进户总配电箱处做重复接地。

任务7.3　低压配电线路设计配电箱安装

实训一　低压配电线路设计

1. 实训任务

某一实训室，面积为 $18×10m^2$，其中三相用电负荷量 $10kW·h$，单相用电负荷量 $6kW·h$，照明用电负荷量 $1kW·h$，预留 $5kW·h$ 用电负荷，共计 $24kW·h$ 用电负荷量。为方便用户安全用电，在实训室内应设置多个开关箱，在开关箱内安装三相和单相插座。电源线配线时，所用导线截面积应满足用电设备的最大输出功率。

2. 实训目的

（1）熟悉低压电器的选择。

(2)熟悉供电线路导线的选择。

(3)掌握低压配电线路设计的方法。

3. 实训要求

(1)设计电气平面布置图

实训室设置一个分配电源箱，有电源总进线，通过三级低压断路器分成 4 个回路，提供电源给墙面上的开关箱和插座，开关箱设有三级低压断路器提供三相负载电源，再通过单级低压断路器提供照明和插座电源，照明回路由两个开关控制，如图 7-4 所示。

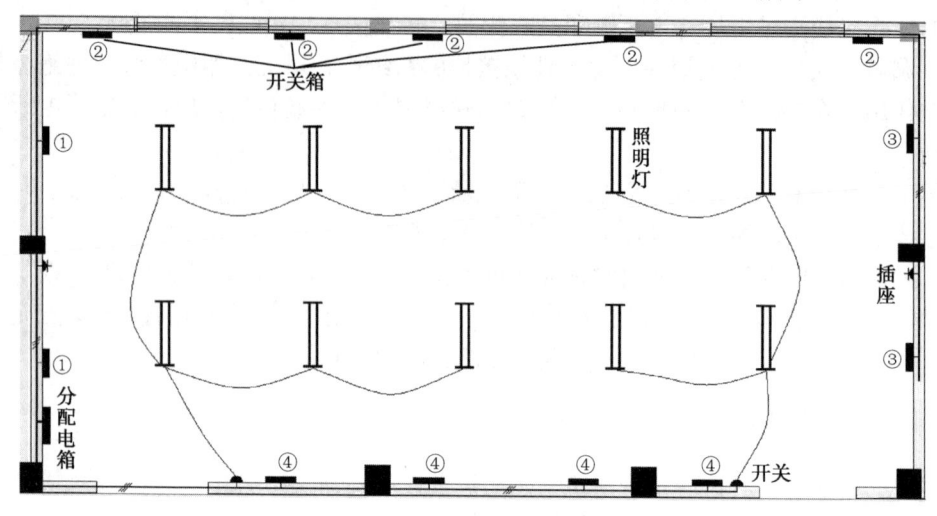

图 7-4 电气线路平面图

(2)设计分配电箱线路

分配电箱由负荷刀开关、熔断器、低压断路器、零线端子板、地线端子板等组成，分配电箱线路如图 7-5 所示。

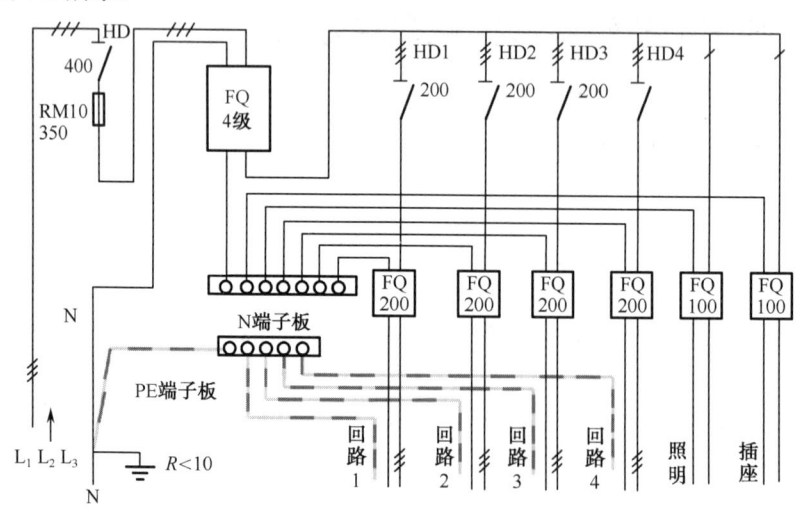

图 7-5 分配电箱线路

(3)选择负荷刀开关、低压断路器、熔断器和导线

① 选择负荷刀开关、低压断路器和熔断器

a. 根据用途选择自动空气开关的形式和极数。

b. 根据最大工作电流来选择自动空气开关的额定电流。

c. 根据需要选择脱扣器的类型、附件的种类和规格。

d. 要注意上下级开关的保护特性，合理配合，防止越级跳闸。

根据以上要求选择主断路器为 DZ10-63/330 I_e=60A 型自动空气开关，4 个回路断路器为 DZ10-25/330 型自动空气开关，照明和插座为 DZ10-5/110 型自动空气开关。

② 电源导线选择

a. 最大负荷电流计算。负荷有电机、日光灯感性负载，给出功率因数 0.9，负载效率 0.85，得

$$I_{js} = \frac{P}{\sqrt{3}U\cos\varphi\eta} = \frac{22}{\sqrt{3}\times 0.38\times 0.9\times 0.85} = 43.7A$$

根据载流量查表得，作为进线电源导线截面积为 10mm²，选择 0.6/1kV3+1 芯或 4 芯聚氯乙烯绝缘及护套电力电缆。

b. 4 个回路到开关箱的出线导线选择。导线截面积是 6mm² 的 0.6/1kV 3+1 芯或 4 芯聚氯乙烯绝缘及护套电力电缆，采用暗线敷设，暗线敷设必须配管。当管线长度超过 15m 或有两个直角弯时，应增设分线盒。同一回路电线应穿入同一根管内，但管内总根数不应超过 8 根，电线总截面积（包括绝缘外皮）不应超过管内截面积的 40%。穿入配管导线的接头应设在暗盒内，接头搭接应牢固，绝缘带包缠应均匀紧密，导线间和导线对地间电阻必须大于 0.5MΩ。

c. 照明和插座回路导线选择，导线截面积是 2.5mm² 的 0.6/1kV 聚氯乙烯绝缘单芯铜线。

（4）开关箱线路设计

如图 7-6 所示，开关箱由负荷刀开关、低压断路器、三相四芯插座和单相三芯插座组成。开关箱与分配电箱的距离不得超过 30m，分支回路采用铜芯导线，导线截面不应小于 4mm²。

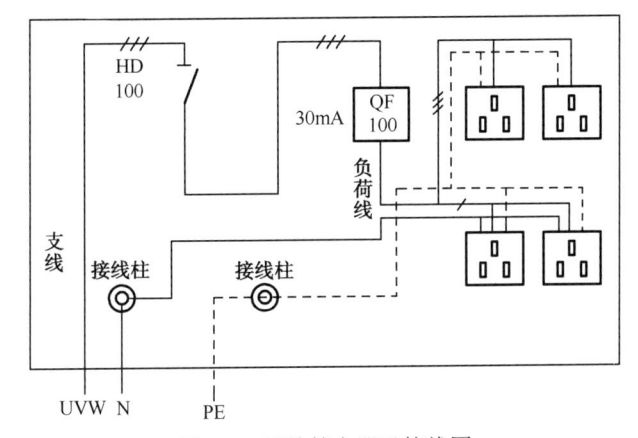

图 7-6　开关箱电器及接线图

4. 实训报告

（1）根据实训要求，绘制低压配电系统电气线路图和配电箱接线图。

（2）通过负荷计算，合理选择低压电器的型号、规格。

（3）通过负荷计算，合理选择导线的型号、规格。

实训二　低压配电线路安装

1. 实训目的

（1）熟悉低压电器的结构。
（2）掌握低压供电线路安装的方法。
（3）掌握低压电器安装的方法。

2. 实训要求

（1）配电箱安装

配电箱、开关箱应采用冷轧钢板制作，钢板厚度为 1.2～2.0mm，其中开关箱箱体钢板厚度不得小于 1.2mm，配电箱箱体钢板厚度不得小于 1.5mm，箱门均应设加强筋，箱体表面应做防腐处理。固定式配电箱、开关箱的中心点与地面的垂直距离应为 1.4～1.6m。配电箱、开关箱内电器安装板上电器元件的垂直方向间距应不小于 80mm；水平方向的间距不小于 20mm。

安装接线要求：布线导线分色；线路通道尽可能短，并行时分路集中；横平竖直，同一平面不交叉重叠，每一接线端点接线不超过两根。每一导线端头连接处两个 90°拐弯，不斜拉，不伤心线；连接端点处长度 5～12mm，多排时不超过 24mm；不错位、反圈、裸露、压绝缘。

① 配电箱体内导轨安装。导轨安装要水平，并与盖板空气开关操作孔相匹配。导轨安装如图 7-7 所示。

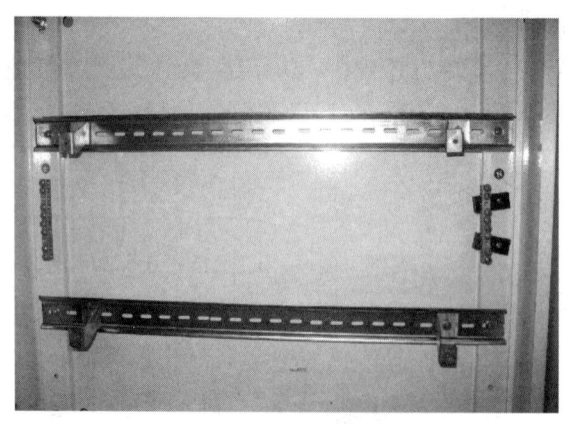

图 7-7　导轨安装

② 配电箱体内低压断路器安装。低压断路器安装时首先要注意箱盖上低压断路器安装孔位置，保证低压断路器位置在箱盖预留位置。其次低压断路器安装时要从左向右排列，低压断路器预留位应为一个整位。预留位一般放在配电箱右侧。第一排总低压断路器与低压断路器之间应预留一个完整的整位，用于第一排低压断路器配线。低压断路器安装如图 7-8 所示。

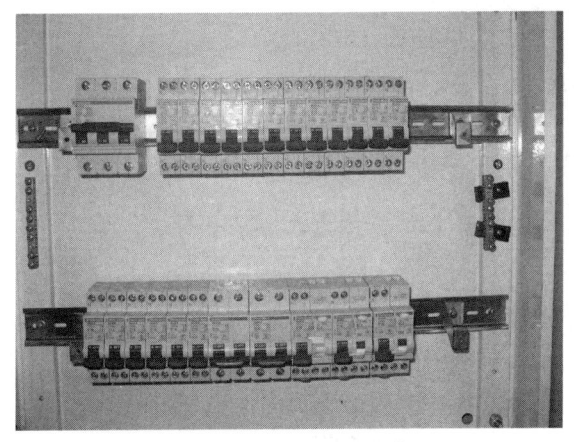

图 7-8　低压断路器安装

③ 低压断路器配线。

a．零线配线。零线颜色要采用蓝色。照明及插座回路一般采用 2.5mm² 导线，每根导线所串联低压断路器数量不得大于 3 个。负载回路一般采用 2.5mm² 或 4.0mm² 导线，一根导线配一个单级低压断路器。不同相之间零线不得共用，如由 U 相配出的第一根黄色导线连接了 2 个 16A 的照明低压断路器，那么 U 相所配低压断路器零线也只能配这两个低压断路器，配完后直接接到零线接线端子上。箱体内总低压断路器与各分低压断路器之间配线一般安装在左侧，配电箱出线一般安装在右侧。箱内配线要顺直，导线要用塑料扎带绑扎，扎带大小要合适，间距要均匀。导线弯曲应一致，且不得有死弯，防止损坏导线绝缘皮及内部铜芯。零线配线如图 7-9 所示。

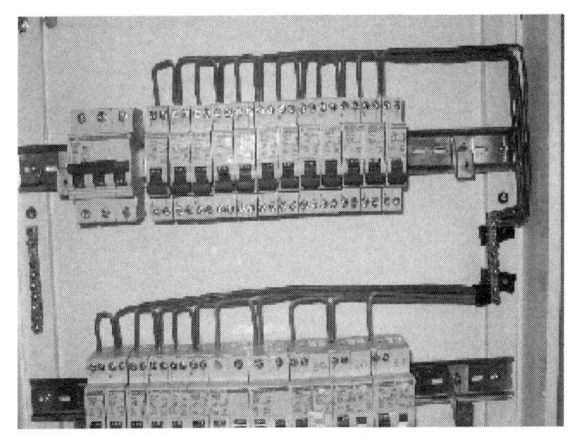

图 7-9　零线配线

b．相线配线。U 相线为黄、V 相线为绿、W 相线为红。照明及插座回路一般采用 2.5mm² 导线，每根导线所串联空气开关数量不得大于 3 个。负载回路一般采用 2.5mm² 或 4.0mm² 导线，一根导线配一个空气开关。每相所配出的每根导线之间零线不得共用，如由 U 相配出的第一根黄色导线连接了 2 个 16A 的照明空气开关，那这两个照明低压断路器一次侧零线也要从这两个低压断路器一次侧配出直接连接到零线接线端子。箱体内总低压断路器与各分低压断路器之间配线一般安装在左侧，配电箱出线一般安装在右侧。箱内配线要顺直，导线要用塑料扎带绑扎，扎带大小要合适，间距要均匀。导线弯曲应一致，且不得有死弯，防止损坏导线绝缘皮及内部铜芯。相线配线如图 7-10 所示。

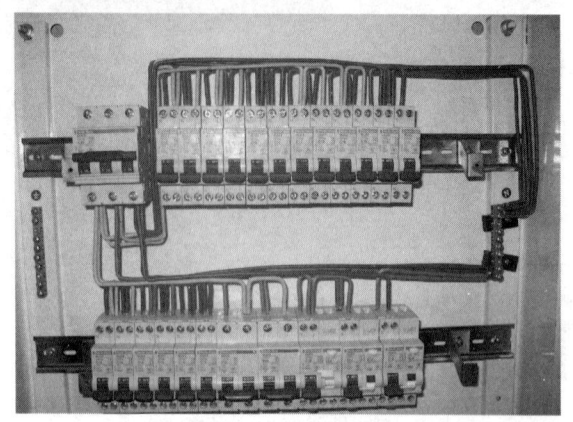

图 7-10　相线配线

④ 导线绑扎。导线要用塑料扎带绑扎，扎带大小要合适，间距要均匀，一般为 100mm。扎带扎好后，不用的部分要用钳子剪掉。导线绑扎如图 7-11 所示。

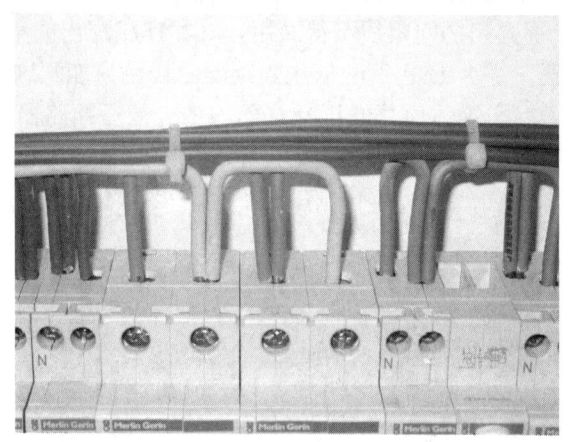

图 7-11　导线绑扎

（2）线路敷设

室内电路配线可分为明敷和暗敷两种。

明敷：导线沿墙壁、天花板表面、横梁、屋柱等处敷设。

暗敷：导线穿管埋设在墙内、地坪内或吊顶里。

一般来说，明配线安装施工、检查和维修较方便，但室内美观受影响，人能触摸到的地方不十分安全；暗配线安装施工要求高，检查和维护较困难。

配线方式一般分瓷（塑料）夹板配线、绝缘子配线、槽板配线、塑料护套线配线和线管配线等。室内电路配线常用的是线管配线。

线管配线操作步骤如下。

① 定位：首先要根据用电的功能进行线路定位，例如，哪里要安装开关、哪里要安装插座、哪里要安装灯等。线路定位如图 7-12 所示。

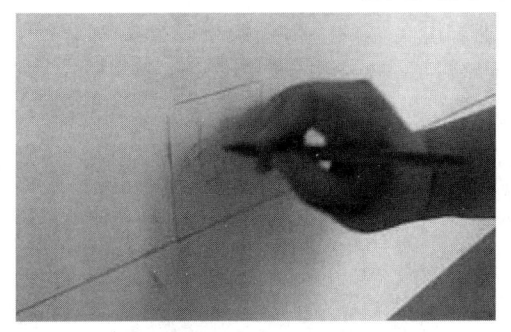

图 7-12　线路定位

② 开槽：定位完成后，电工根据定位和电路走向，开布线槽，线路槽很有讲究，要横平竖直，不过，规范的做法，不允许开横槽，因为会影响墙的承受力。线路开槽如图 7-13 所示。

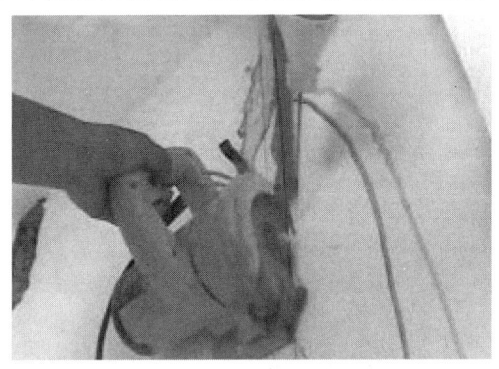

图 7-13　线路开槽

③ 布线：布线一般采用线管暗埋的方式。线管有冷弯管和 PVC 管两种，冷弯管可以弯曲而不断裂，是布线的最好选择，因为它的转角是有弧度的，线可以随时更换，而不用开墙。

④ 弯管：冷弯管要用弯管工具，弧度应该是线管直径的 10 倍，这样穿线或拆线，才能顺利。管内导线总截面面积要小于保护管截面面积的 40%，如 20 管内最多穿 4 根 2.5mm^2 的线；当布线长度超过 15m 或中间有 3 个弯曲时，在中间应该加装一个接线盒，因为拆装电线时，太长或弯曲多了，线从穿线管过不去。线管弯管如图 7-14 所示。

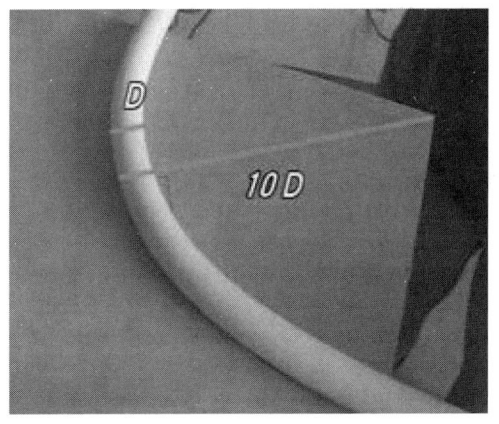

图 7-14　线管弯管

⑤ 导线连接：导线剥削长度合理，不得损伤线芯；接头处采用一字连接，导线材料长短合适，裸露部分要少，用螺丝钉压接后裸露线长度应小于 1mm，线头连接要牢固到位。必须要结实牢固；接好的线，要立即用绝缘胶布包好。导线连接如图 7-15 所示。

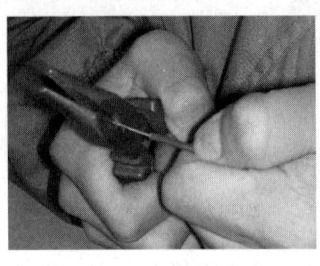

（a）导线剥削　　　　　　（b）导线连接　　　　　　（c）绝缘恢复

图 7-15　导线连接

⑥ 插座连接：开关、插座面对面板，应该左侧零线，右侧火线。插座连接如图 7-16 所示。

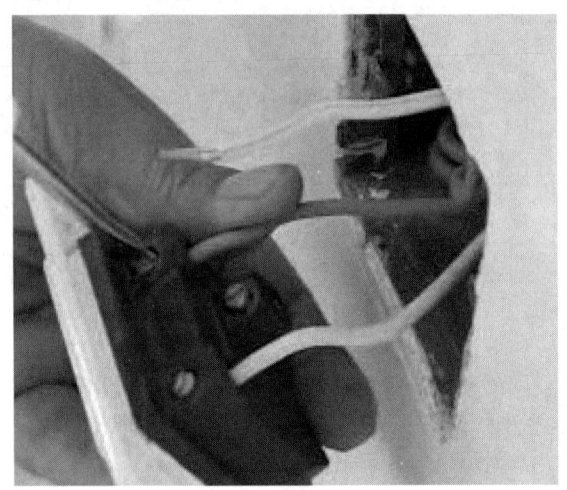

图 7-16　插座连接

3. 实训报告

（1）根据实训要求，总结实训过程，写出实训报告。
（2）总结电路安装、调试过程中遇到的问题与解决方法。

任务 7.4　安全用电常识

　　安全用电包括供电系统安全、用电设备安全及人身安全 3 个方面，它们是密切相关的。供电系统的故障可能导致设备的损坏和人身伤亡等重大事故。当发生人身触电时，轻则烧伤，重则伤亡；当发生设备事故时，轻则损坏电器设备，重则引起火灾或爆炸。导致电力系统局部或大范围停电，造成严重的社会灾难。为此，必须掌握一定的安全用电知识，采取各种安全保护措施，防止可能发生的用电事故，确保安全。

1. 安全操作规程

国家级有关部门颁布了一系列的电工安全规程规范，各地区电业部门及各单位主管部门也对电气安全有明确规定，电工必须认真学习，严格遵守。为避免违章作业引起触电，首先应熟悉以下电工基本的安全操作要点。

（1）上岗时必须穿戴好规定的防护用品，不同岗位安全用具及防护用品有所不同。

（2）一般不允许带电作业，如确需带电作业，应采取必要的安全措施，如尽可能单手操作、穿绝缘靴、将导电体与接地体用橡胶毡隔离等，并需专人监护。

（3）在线路、设备上工作时要切断电源，经测电笔测试无电，并挂上警告牌（如有人操作、严禁合闸）后方可进行工作，任何电气设备在未确认无电以前，均作有电状态处理。

（4）按规定接临时线，敷设时应先接地线、拆除时应先拆相线，拆除的电线要及时处理好，带电的线头需用绝缘带包扎好。严禁乱拉临时线。

（5）使用电烙铁时，安放位置不得有易燃物或靠近电气设备，用完后要及时拔掉插头。

（6）高空作业时应系好安全带。扶梯应有防滑措施。

2. 安全用电的基本措施

（1）合理选用导线和熔丝

各种导线和熔丝的额定电流值可以从手册中查得。在选用导线时应使其载流能力大于实际输电电流。熔丝额定电流应与最大实际输电电流相符，切不可用导线或铜丝代替。并按表 7-3 规定依电路选择导线的颜色。

表 7-3 特定导线的标记及规定

电路及导线名称		标 记		颜 色
^	^	电源导线	电器端子	^
交流三相电路	1 相	L_1	U	黄色
^	2 相	L_2	V	绿色
^	3 相	L_3	W	红色
零线或中性线		N		淡蓝色
直流电路	正极	L_+		棕色
^	负极	L_-		蓝色
^	接地中间线	M		淡蓝色
接地线		E		^
保护接地线		PE		黄和绿双色
保护接地线和中性线共用一线		PEN		^
整个装置及设备的内部布线一般推荐			黑色

（2）正确安装和使用电气设备

认真阅读使用说明书，按规程使用安装电气设备。例如，严禁带电部分外露、注意保护绝缘层、防止绝缘电阻降低而产生漏电、按规定进行接地保护等。

（3）开关必须接相线

单相电器的开关应接在相线（俗称火线）上，切不可接在零线上。以便在开关分断状态下维修及更换电器，而减少触电的可能。

（4）合理选择照明灯电压

在不同的环境下按规定选用安全电压，在工矿企业一般机床照明灯电压为 36V，移动灯具等电源的电压为 24V，特殊环境下照明灯电压还有 12V 或 6V。

（5）防止跨步电压触电

应远离断落地面的高压线 8～10m，不得随意触摸高压电气设备。

3. 触电的原因及危害

（1）触电的原因

① 违章作业，不遵守有关安全操作规程和电气设备安装及检修规程等规章制度。

② 误接触到裸露的带电导体。

③ 接触到因接地线断路而使金属外壳带电的电气设备。

④ 偶然性事故，如电线断落触及人体。

（2）触电的危害

① 电击。电击是指电流通过人体内部，影响心脏、呼吸和神经系统的正常功能，造成人体内部组织的损坏，甚至危及生命。

电击是由电流流过人体而引起的，它造成伤害的严重程度与电流大小、频率、通电的持续时间、流过人体的路径及触电者本身的情况有关。流过人体的电流越大，触电时间越长，危险就越大。当电流通过心脏、脊椎和中枢神经等要害部位时，触电的伤害最为严重，通常认为从左手到右脚是最危险的途径，从一只手到另一只手也是很危险的。对于工频交流电，根据通过人体电流的不同状态，可将电流分为感知电流、摆脱电流和致命电流三级。

a. 感知电流：能引起人知觉的最小电流。成人身体通过工频 1mA 的电流就会有麻木的感觉。

b. 摆脱电流：人触电后能自主摆脱电源的最大电流，成人约为 10mA。根据国家标准，漏电保护器、家用电器均将 10mA 作为脱扣（断开电源）电流临界值。

c. 致命电流：在短时间内危及生命的最小电流。国际电工委员会将 30mA 作为实用的安全电流临界值。

② 电伤。电伤是指人体外部受伤，如电弧灼伤、与带电体接触后的电斑痕以及在大电流下熔化而飞溅的金属末对皮肤的烧伤等。

（3）常见触电方式

触电大致可归纳为单线触电、双线触电及跨步电压触电 3 种。

① 单线触电。人体接触三相电源中的某一根相线，而其他部位同时和大地相接触，就形成了单线触电。此时电流自相线经人体、大地、接地极、中性线形成回路，如图 7-17 所示。因为现在广泛采用三相四线制供电，且中性线一般都接地，所以发生单线触电的机会最多。此时人体承受的电压是相电压，在低压动力线路中为 220V。

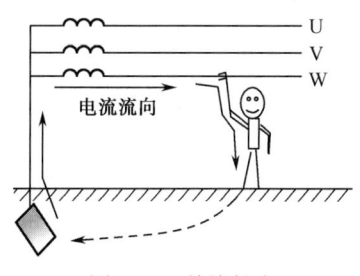

图 7-17 单线触电

② 双线触电。如图 7-18 所示，人体同时接触三相电源中的两根相线就形成了双线触电。人体承受的电压是线电压，在低压动力线路中为 380V。此时通过人体的电流将更大，而且电流的大部分流经心脏，所以比单线触电更危险。

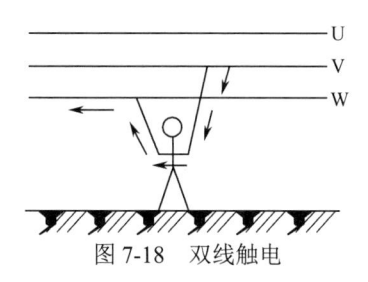

图 7-18 双线触电

③ 跨步电压触电。高压电线接触地面时，电流在接地点周围 15～20m 的范围内将产生电压降，当人体接近此区域时，两脚之间承受一定的电压，此电压称为跨步电压。由跨步电压引起的触电称为跨步电压触电，如图 7-19 所示。跨步电压一般发生于高压设备附近，人体离接地体越近，跨步电压越大。因此在遇到高压设备时应慎重对待，避免受到电击。

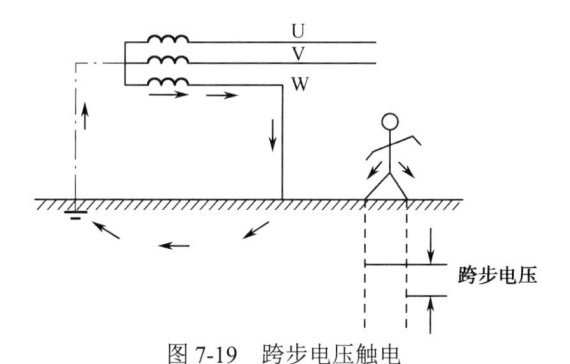

图 7-19 跨步电压触电

【例题 7-1】在 380/220V 的供电线路上，接有家用电器（如电冰箱及洗衣机），它们都有接零保护。如果零线在两者之间发生断线，洗衣机一相有碰壳，如图 7-20 所示。当人触及洗衣机外壳时是否会触电？为什么？应采取怎样的措施？

【答】当人触及洗衣机外壳时会发生单相触电事故，电路如图 7-21 所示。

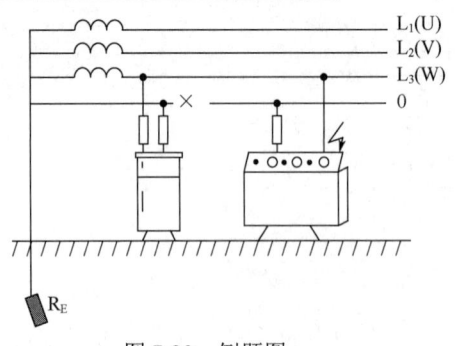

图 7-20 例题图

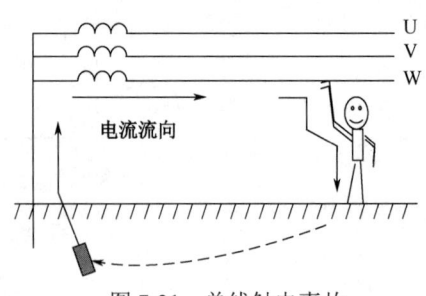

图 7-21 单线触电事故

如果洗衣机内部由于绝缘损坏而碰壳使外壳带电,由于洗衣机外壳接地,所以人体虽然触及带电外壳,由于人体电阻远大于接地电阻,因而通过人体的电流非常小,避免触电事故的发生。电路如图 7-22 所示。

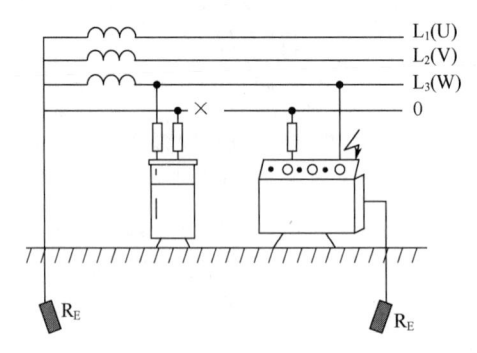

图 7-22 洗衣机防止触电线路

※ 练习题 ※

一、填空题

1. 安全工作规程中规定：设备对地电压高于_____为高电压；在_____以下为低电压；安全电压为_____以下；安全电流为_____以下。

2. 配电盘应垂直安装,垂直度偏差小于_____。

3. 相线 L_1、L_2、L_3 相序的颜色依次为黄、绿、红色,零线 N 的颜色为_____,PE 线的颜色为绿黄双色。

4. 低压断路器的额定电流应为电路工作电流的_____倍。

5. 常见的触电方式有_____、_____、_____。

6. 发生触电事故时,电流对人体的伤害主要有_____、_____。

7. 单相电器的开关应接在_____,不可接在_____上。

8. 安全电压一般为_____,在潮湿的环境下为_____或_____。

9. 人体通过工频电流_____ mA 就会有麻木的感觉；_____ mA 为摆脱电流；人体通过 50mA 及以上电流,就会有生命危险；国际电工委员会将_____ mA 作为实用的安全工作电流临界值；根据国家标准,漏电保护器、家用电器均将_____ mA 作为脱扣（断开电源）电流的临界值。

10．人体接触三相电源中的_____相线，而其他部位同时和大地相接触，就形成了_____线触电，在低压动力线路中，人体承受的为_____V。人体接触三相电源中的_____相线，就形成了_____线触电，人体承受的为_____V。因此_____触电比_____触电危害大。

二、选择题

1．我国用电标准：一般为三相四线制，其中线电压和相电压分别为（　　）。
　　A．220V/380V　　　　　　　　B．380V/220V
　　C．230V/400V　　　　　　　　D．400V/230V

2．线损是指电能从发电厂到用户的输送过程中不可避免地发生的（　　）损失。
　　A．电压　　　　　　B．电流　　　　C．功率　　D．电阻

3．地面设备接地电阻不得超过（　　）Ω。
　　A．2　　　　B．4　　　　C．8　　　　D．10

4．铜接地线明敷裸导体不得小于（　　）。
　　A．2mm^2　　B．4mm^2　　C．6mm^2　　D．10mm^2

5．标志断路器开合短路故障能力的数据是（　　）。
　　A．额定短路开合电流的峰值　　　B．最大单相短路
　　C．断路电压　　　　　　　　　　D．最大运行负荷电流

6．将金属外壳、配电装置的金属构架等外露可接近导体与接地装置相连称为（　　）。
　　A．保护接地　　B．工作接地　　C．防雷接地　　D．直接接地

7．聚氯乙烯塑料电缆的使用电压范围是（　　）。
　　A．1～10kV　　B．10～35kV　　C．35～110kV　　D．110kV 以上

8．穿管敷线时，同一回路电线应穿入同一根管内，但管内总根数不应超过（　　）根。
　　A．4　　　　B．6　　　　C．8　　　　D．10

9．10kV 以下配电线路允许的电压偏差为（　　）。
　　A．±5%　　　B．±6%　　　C．±7%　　　D．±10%

10．机床设备上的照明属于局部照明，应选用的工作电压为_____。
　　A．380V　　　B．220V　　　C．110V　　　D．36V

练习题　参考答案

一、填空题

1．250V　250V　36V　10mA
2．5°
3．淡蓝色
4．1.5～2.5
5．单线触电　双线触电　跨步电压触电

6. 电击　电伤
7. 相线　零线
8. 36V　24V　12V
9. 1　10　30　10
10. 一根　单　220V　两根　双　380V　双线　单线

二、选择题

1. B　2. A　3. B　4. B　5. A　6. A　7. A　8. C　9. C　10. D

附录A 自我检测题

自我检测题一

一、填空题（每空2分，50分）

1. 如自检图1-1所示电路,以B为参考点。S断开时,$V_A=$_____;$V_B=$_____;$U_{AB}=$_____。

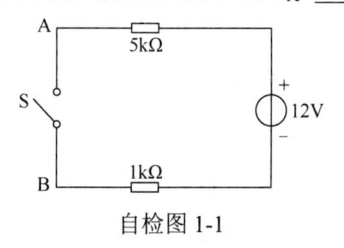

自检图1-1

2. 如自检图1-2所示电路。$U=$_____。

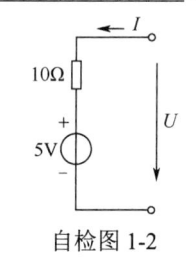

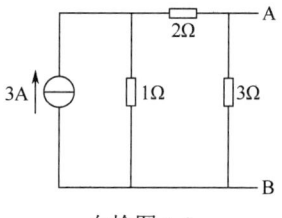

自检图1-2

3. 如自检图1-3所示电路,AB端戴维南等效电路,$E=$_____;$R_0=$_____。

自检图1-3

4. 已知电流$i=\sqrt{2}\sin(\omega t+45°)$A。通过一纯电感电路,感抗为$X_L$,$u$、$i$正方向相同,则电感电压解析式为$u=$_____。

5. 设$u_1=10\sqrt{2}\sin\omega t$V,$u_2=10\sqrt{2}\sin(\omega t+90°)$V,试求：
（1）$u_1+u_2=$_____；（2）画矢量图。

6. 求下列自检图 1-4 所示电路中电压表读数分别为 U=_____；U=_____；U=_____。

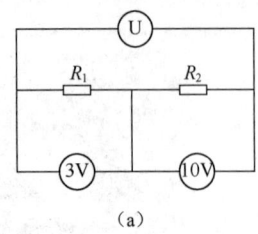

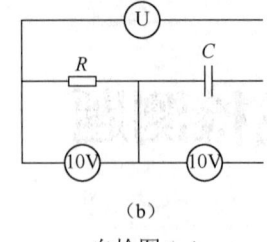

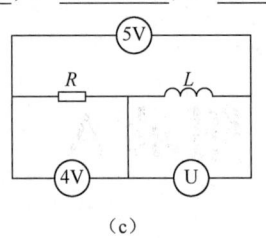

(a)   (b)   (c)

自检图 1-4

7. 电路 $R=6\Omega$，$X=8\Omega$ 串联接入 10V 的正弦交流电源上，电路的 P=_____；Q=_____；$\cos\varphi$ =_____。

8. 日光灯电路，并联电容器 C 的作用是_____，若将电容器去掉，电路中的电流将（变大\变小）_____，有功功率（变\不变）_____。

9. 三相对称负载接成星形时，中线电流为_____。

10. 已知单相变压器的容量为 3kVA，电压是 220/110V，则副绕组额定电流为_____，如果副绕组电流是 26A，则原绕组电流为_____。

11. 给三相异步电动机定子绕组中通入_____就会产生旋转磁场，同步转速为_____。

12. 有三个电阻 $R_1>R_2>R_3$，将它们串联接到电压为 U 的电源上，取用电功率最大的电阻为_____。

13. 三相异步电动机的调速方法有_____。

二、计算题（共 50 分）

1. 一台小功率的单相交流电动机，其通电部分是一只电感线圈，它的电感 $L=0.78$H，电阻 $R=50\Omega$，今接到 220V 工频电压上，求（1）流过电动机线圈中的电流 I 是多少；（2）电压的有功分量 U_a、电压的无功分量 U_r 各是多少；（3）功率因数 $\cos\varphi$；（4）总的有功功率 P、总的无功功率 Q、总的视在功率 S 各是多少？（12 分）

2. 有一台 JO_3-6_2-4 型异步电动机，其额定数据如下：$P_N=10$kW，$n_N=1460$r/min，电源电压 $U_N=380$V，$\eta_N=0.868$，$\cos\varphi_N=0.88$，$T_{st}/T_N=1.5$，$I_{st}/I_N=6.5$，连接方式为 △形连接。求：（1）额定电流 I_N；（2）额定转矩 T_N；（3）启动转矩 T_{st}；（4）用 Y-△降压启动后，启动电流 I'_{st}、启动转矩 T'_{st}；（5）当负载转矩为额定值的 60%时，电动机能否选用 Y 启动，为什么？（共 15 分）

3. （10 分）线电压为 380V 的供电线路上，接一三角形连接方式的感性三相对称负载，若 $R=4\Omega$，$X_L=3\Omega$，求：

（1）每相电压；

（2）流过每相负载的相电流；

（3）流过端线的线电流；

（4）总有功功率。

4. 如自检图 1-5 所示电路，求 I。（6 分）

自检图 1-5

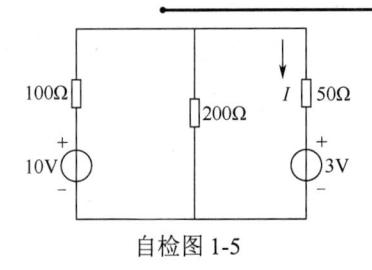

5．试设计两地控制同一台电动机的控制电路。（7 分）

自我检测题二

一、判断题（共 8 分）

1．自感电动势的大小与产生它的电流成正比。（   ）
2．当负载作星形连接时,三相负载越接近对称,中线电流就越小。（   ）
3．对称负载作星形接法时,线电流一定等于相电流。（   ）
4．对称负载作三角形接法时,负载的相电压等于电源的相电压。（   ）
5．RLC 串联电路发生谐振时,电路的阻抗$|Z|=R$,$U_L=U_C$。（   ）
6．由于正弦电压和电流均可用相量表示,所以复阻抗也可用相量表示。（   ）
7．电容器具有隔直流通交流的作用。（   ）
8．复阻抗相等的三相负载,称为三相对称负载。（   ）

二、填空题（共 32 分，每空 2 分）

1．如自检图 2-1 所示的电路中，$U=20V$，$R=5\Omega$，电流 $I=$____A。
2．计算自检图 2-2 所示电路中电流源的端电压 $U_1=$____，5Ω 电阻两端的电压 $U_2=$____。
3．如自检图 2-3 所示电路，等效为一个电压源与一电阻串联电路，$U_{OC}=$____V，$R_0=$____Ω。

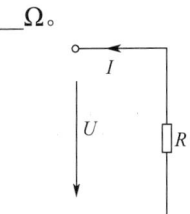

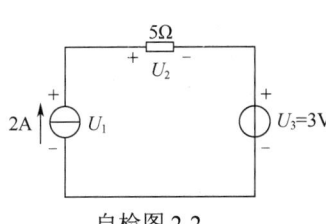

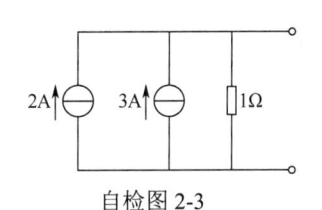

自检图 2-1　　　自检图 2-2　　　自检图 2-3

4．若电容元件中电流 $i=I_m\sin(\omega t+30°)$A，则电容 C 两端的电压相量 $\dot{U}_C=$_____。
5．已知正弦量 $u=220\sin(100\pi t+60°)$V，它的三要素分别为_____。
6．RLC 串联电路产生谐振的条件是_____。
7．三相四线制供电线路中中线的作用是_____。
8．RLC 串联电路，总电压 u 的相位超前于电流 i 的相位，则电路称为____性电路。
9．对称三相电路中，中线的电流 $\dot{I}_N=\dot{I}_A+\dot{I}_B+\dot{I}_C=$_____

10. 如自检图 2-4 所示电路中，已知电流表 A_1、A_2 都是 10 A，求电流表 A 的读数____。

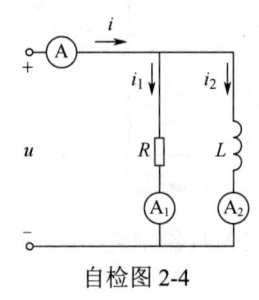

自检图 2-4

11. 三相对称负载与三相对称电源连接，负载作三角形连接时，线电流是相电流的____倍。

12. 在关联参考方向下，电容元件的伏安关系式为_____，其储能为_____。对直流而言，电容相当于_____。

三、计算题（共 50 分）

1. 自检图 2-5 二端网络 N 中含有独立源及电阻。当 $R=0$ 时，$I=3A$；当 $R=2\Omega$ 时，$I=1.5A$；则 $R=1\Omega$ 时，I 为多少？（10 分）

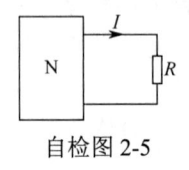

自检图 2-5

2. 自检图 2-6 所示正弦稳态电路中，已知 $i_1 = 0.5\sqrt{2}\cos\omega t$ A，f=50Hz，求 U_C、i_2。（10 分）

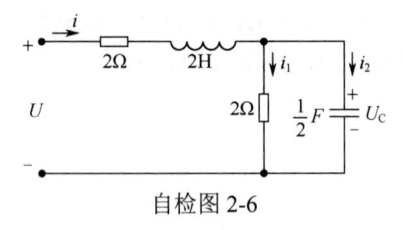

自检图 2-6

3. 如自检图 2-7 所示，已知 $u_s = 50\cos\omega t$ V，5Ω 电阻的功率为 10W，则电路的功率因数为多少？（10 分）

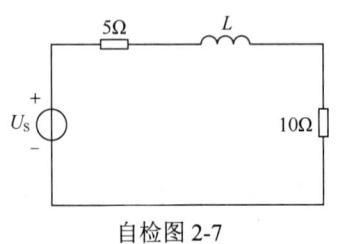

自检图 2-7

4. 自检图 2-8 所示电路中，求总电流 i。已知 $i_1 = 100\sin(\omega t + 45°)$ A，$i_2 = 60\sin(\omega t - 30°)$ A。（10 分）

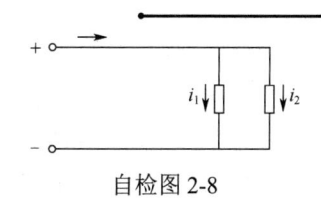

5. 如自检图 2-9 所示，N 为二端网络，已知 $u = 160\cos(\omega t + 10°)$ V, $i = 5\cos(\omega t - 20°)$ A，则 N 的无功功率为多少？（10 分）

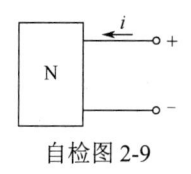

自检图 2-9

四、问答题（共 10 分，每题 5 分）

1．什么是三相电源的相电压？什么是线电压？对于星形接法的正序的三相交流电源，相电压与线电压有什么关系？（5 分）

2．提高负载功率因数有什么重要的意义？一般采用什么方法来提高负载的功率因数？（5 分）

自我检测题三

一、选择题（共 18 分）

1．在纯电感电路中，下列各式正确的是（   ）。
   A．$i=u/X_L$ B．$I=U/L$ C．$I=U/X_L$

2．交流电路中各种功率的关系为（   ）。
   A．$S = P+Q$ B．$S = \sqrt{P+Q}$ C．$S = \sqrt{P^2+Q^2}$

3．已知某三相四线制电路的线电压 $\dot{U}_{AB}=380\angle 13°$ V，$\dot{U}_{BC}=380\angle -107°$ V，$\dot{U}_{CA}=380\angle 133°$ V，当 $t=12s$ 时，三个相电压之和为（   ）。
   A．380V   B．0V   C．$380\sqrt{2}$ V

4．在一 RLC 串联正弦交流电路，已知 $X_L=X_C=20\Omega$，$R=20\Omega$，总电压有效值为 220V，则电感上电压为（   ）。
   A．0V   B．220V   C．73.3V

5．在纯电容正弦交流电路中，增大电源频率时，其他条件不变，电路中电流将（   ）。
   A．增大   B．减小   C．不变

6．电阻电感串联与电容并联后，总电流（   ）。
   A．增大了   B．减小了   C．不一定

7．在某对称星形连接的三相负载电路中，已知线电压 $u_{AB}=380\sqrt{2}\sin\omega t$ V，则 C 相电压有效值相量 $\dot{U}_C = $（   ）。
   A．$220\angle 90°$ V   B．$380\angle 90°$ V   C．$220\angle -90°$ V

8．负载为 Y 形连接的对称三相电路中，每相电阻为 11Ω，电流为 20A，则三相负载的线电压为（　　）。

  A．220V   B．440V   C．311V   D．380V

9．负载为△形连接对称三相电路中，每相电阻为 19Ω，三相电源线电压为 380V，则线电流为（　　）。

  A．20A   B．$20\sqrt{2}$ A   C．$20\sqrt{3}$ A   D．40A

二、填空题（共 22 分，每空 2 分）

1．如自检图 3-1 所示的电路中，U=10V，R=5Ω，电流 I=_____A。

2．如自检图 3-2 所示的电路中，U_S=20V，I=2A，R=15Ω，电压 U=_____V。

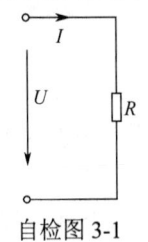

自检图 3-1 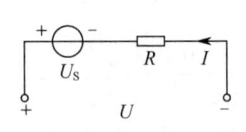   自检图 3-2

3．如自检图 3-3 所示电路，U_S=5V，I_S=5A，R=5Ω，等效为一个电压源与一个电阻串联电路，U_{OC}=_____V，R_0=_____Ω。

4．如自检图 3-4 所示电路，U_S=10V，R_1=5Ω，R_2=5Ω，等效为一个电流源与一个电阻并联电路，I_S=_____A，R_0=_____Ω。

5．如自检图 3-5 所示电路中，电压表 V_1、V_2 的读数都是 50V，求电路中电压表 V 的读数_____。

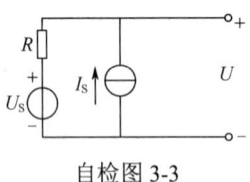

自检图 3-3 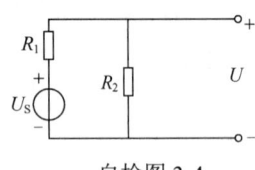   自检图 3-4 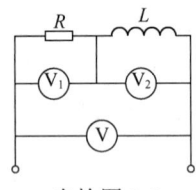   自检图 3-5

6．阻抗三角形的三条边的关系是（公式）_____。

7．对称三相交流电动势的特征是：各相电动势的最大值和频率_____，彼此间的相位互差_____。

8．RLC 串联谐振的条件是_____。

三、计算题（共 50 分）

1．如自检图 3-6 所示电路中，电源电压和电路元件参数均已知，U_{S1}=130V，U_{S2}=117，R_1=1Ω，R_2=0.6Ω，R_3=24Ω，求各支路电流。（15 分）

自检图 3-6

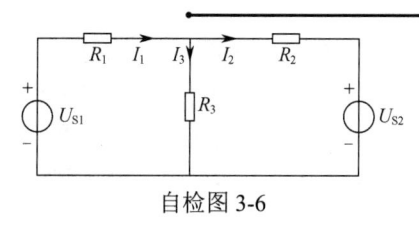

2. 如自检图 3-7 所示的 RL 串联正弦交流电路已知 $u=141\sin(100\pi t-180°)$V，$X_L=3\Omega$，$R=4\Omega$，试求电流 I、电感电压 U_L、无功功率及有功功率。（10 分）

自检图 3-7

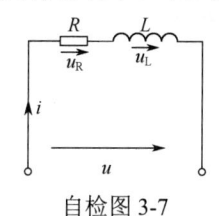

3. 如自检图 3-8 所示电路，已知：当 $I_S=0$ 时，$I=1$A；则当 $I_S=2$A 时，I 为多少?（15 分）

自检图 3-8

4. 如自检图 3-9 所示电路中，电路参数如图所示，求开路电压 U_{ab}。（10 分）

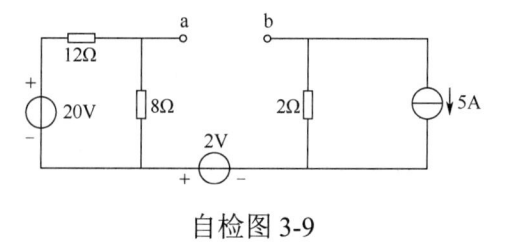

自检图 3-9

四、问答题（10 分）

1. 一用电设备原来采用的是三相三线制供电，后来因故断开一线，是否可以成为两相供电？（5 分）

2. 在三相电路中，采用三相四线制供电，问中线的作用是什么？(5 分)

自我检测题四

一、填空题（每空 1 分，共 30 分）

1. 电阻均为 9Ω 的 △ 形电阻网络，若等效为 Y 形网络，各电阻的阻值应为 _____ Ω。
2. 实际电压源模型"20V、1Ω"等效为电流源模型时，其电流源 $I_S=$ _____ A，内阻 $R_i=$ _____ Ω。

3. 变压器由_____和_____两部分构成，可以起到变换_____、变换_____，以及变换_____的作用。

4. 电阻元件上的电压、电流在相位上是_____关系；电感元件上的电压、电流相位存在_____关系，且电压_____电流；电容元件上的电压、电流相位存在_____关系，且电压_____电流。

5. RLC 并联电路中，测得电阻上通过的电流为 3A，电感上通过的电流为 8A，电容元件上通过的电流是 4A，总电流是_____A，电路呈_____性。

6. 在含有 L、C 的电路中，出现总电压、电流同相位，这种现象称为_____。这种现象若发生在串联电路中，则电路中阻抗_____，电压一定时电流_____，且在电感和电容两端将出现_____；该现象若发生在并联电路中，电路阻抗将_____，电压一定时电流则_____，但在电感和电容支路中将出现_____现象。

7. 火线上通过的电流称为_____电流，负载上通过的电流称为_____电流。当对称三相负载作 Y 形连接时，数量上 I_l=_____I_p；当对称三相负载作△形连接，I_l=_____I_p。

8. 由时间常数公式可知，RC 一阶电路中，C 一定时，R 值越大过渡过程进行的时间就越_____；RL 一阶电路中，L 一定时，R 值越大过渡过程进行的时间就越_____。

9. 换路定律指出：一阶电路发生换路时，状态变量不能发生跳变。该定律用公式可表示为_____和_____。

二、选择题（每题 2 分，共 20 分）

1. 一个输出电压几乎不变的设备有载运行，当负载增大时，是指（ ）
   A．负载电阻增大　B．负载电阻减小　C．电源输出的电流增大

2. 两个电阻串联，$R_1:R_2$=1:2，总电压为 60V，则 U_1 的大小为（ ）。
   A．10V　　　　　B．20V　　　　　C．30V

3. 叠加定理只适用于（ ）。
   A．交流电路　　　B．直流电路　　　C．线性电路

4. 已知工频电压有效值和初始值均为 380V，则该电压的瞬时值表达式为（ ）。
   A．$u = 380 \sin 314t$ V
   B．$u = 537 \sin(314t + 45°)$ V
   C．$u = 380 \sin(314t + 90°)$ V

5. 实验室中的交流电压表和电流表，其读值是交流电的（ ）。
   A．最大值　　　　B．有效值　　　　C．瞬时值

6. $u=-100\sin(6\pi t+10°)$V 超前 $i=5\cos(6\pi t-15°)$A 的相位差是（ ）。
   A．25°　　　　　B．95°　　　　　C．115°

7. 在自检图 4-1 所示电路中，$R=X_L=X_C$，并已知安培表 A_1 的读数为 3A，则安培表 A_2、A_3 的读数应为（ ）。
   A．1A、1A　　　B．3A、0A　　　C．4.24A、3A

自检图 4-1

8. 处于谐振状态的 RLC 串联电路，当电源频率升高时，电路将呈现出（　　）。
   A．电阻性　　　　B．电感性　　　　C．电容性

9. 工程上认为 $R=25\Omega$、$L=50$mH 的串联电路中发生暂态过程时将持续（　　）。
   A．30～50ms　　　B．37.5～62.5ms　　　C．6～10ms

10. 某对称三相电源绕组为 Y 形连接，已知 $\dot{U}_{AB}=380\angle -15°$ V，当 $t=10$s 时，三个线电压之和为（　　）
    A．380V　　　　B．0V　　　　C．$380/\sqrt{3}$ V

三、简答题（每题 10 分，共 50 分）

1. 已知自检图 4-2 所示电路中电压 $U=4.5$V，试求解电阻 R。

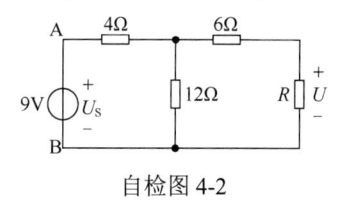

自检图 4-2

2. 已知自检图 4-3 所示电路中，$R=X_C=10\Omega$，$U_{AB}=U_{BC}$，且电路中端电压与总电流同相，求复阻抗 Z。

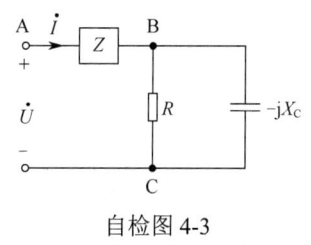

自检图 4-3

3. 三相电路如自检图 4-4 所示。已知电源线电压为 380V 的工频电，求各相负载的相电流、中线电流及三相有功功率 P，画出相量图。

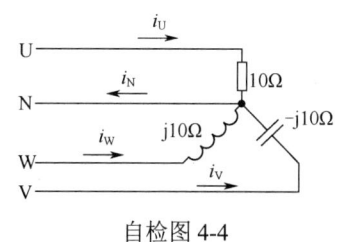

自检图 4-4

4. 自检图 4-5 所示电路换路前已达稳态，在 $t=0$ 时将开关 S 断开，试求换路瞬间各支路电流及储能元件上的电压初始值和电容支路电流的全响应。

自检图 4-5

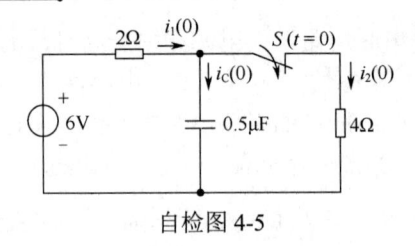

5. 电路如自检图 4-6 所示。（1）试选择合适的匝数比使传输到负载上的功率达到最大；（2）求 1Ω 负载上获得的最大功率。

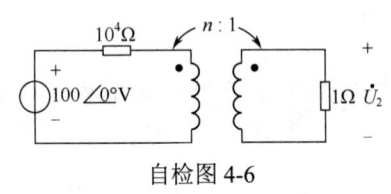

自检图 4-6

自我检测题五

一、填空题（每空1分，共30分）

1. 电阻均为9Ω 的 Y 形电阻网络，若等效为△形网络，各电阻的阻值应为＿＿＿＿Ω。
2. 自检图 5-1 中 U_{ab} 的表达式为＿＿＿＿＿＿＿。

自检图 5-1

3. 对称三相电路中，中线的电流 $\dot{I}_N = \dot{I}_A + \dot{I}_B + \dot{I}_C =$ ＿＿＿＿＿＿。

4．三相四线制供电线路中中线的作用是＿＿＿＿＿＿＿＿，中线上不允许安装＿＿＿＿＿＿＿＿。

5．三相四线制中，若 $\dot{U}_{VW} = 380\angle-30°$ V，则 $\dot{U}_U =$ ＿＿＿＿＿，$\dot{U}_V =$ ＿＿＿＿＿，$u_{UV} + v_{VW} + u_{WU} =$ ＿＿＿＿＿。

6. 并联谐振时，电路的阻抗 $|Z| =$ ＿＿＿＿＿，并联谐振时，电路的总电流很小，支路电流＿＿＿＿，把并联谐振叫做＿＿＿＿＿谐振。

7. 可以通过并联适当的＿＿＿＿来提高线路的功率因数。此时，总电流比原来＿＿＿＿了，总电压和总电流的相位差＿＿＿＿＿，但总有功功率＿＿＿＿＿，无功功率＿＿＿＿＿。

8. RLC 并联电路中，测得电阻上通过的电流为 3A，电感上通过的电流为 8A，电容元件上通过的电流是 4A，总电流是＿＿＿＿A，电路呈＿＿＿＿性。

9. 火线上通过的电流称为＿＿＿＿电流，负载上通过的电流称为＿＿＿＿电流。当对称三相负载作 Y 形连接时，数量上 $I_l =$ ＿＿＿I_p；当对称三相负载△连接，$I_l =$ ＿＿＿＿I_p。

10. 三相电源作 Y 形连接时，由各相首端向外引出的输电线俗称＿＿＿＿线，由各相尾端公共点向外引出的输电线俗称＿＿＿＿线，这种供电方式称为＿＿＿＿＿制。

11. 一阶电路全响应的三要素是指待求响应的＿＿＿＿值、＿＿＿＿值和＿＿＿＿＿。

12. 变压器除了进行变换电压外，还可以变_____和变_____。

二、选择题（每题 2 分，共 20 分）

1. R_1 与 R_2 并联后接到 10V 电源上，电源的输出功率为 25W，若 $R_1=4R_2$，则 R_2 为（　　）。
   A．5Ω　　　　B．10Ω　　　　C．15Ω　　　　D．2Ω

2. 下列有关发出功率和吸收功率的说法错误的是（　　）。
   A．电压源不总是发出功率的
   B．电阻总是吸收功率的
   C．$P=UI$ 关联参考方向时，$P>0$ 吸收功率
   D．$P=-UI$ 非关联参考方向时，$P>0$ 发出功率

3. 在正弦流电路中，串联电路的总电压（　　）串联电路中某一元件的电压。
   A．一定大于　　B．一定小于　　C．等于　　D．有可能小于

4. 电容元件的正弦交流电路中，电压有效值不变，当频率增大时，电路中电流将（　　）。
   A．增大　　　　B．减小　　　　C．不变　　　　D．无法判断

5. 已知 RLC 串联电路中，$Z=(30-j40)\Omega$，该电路属于（　　）电路。
   A．感性　　　　B．容性　　　　C．阻性

6. $u=100\sin(6\pi t+10°)$ V 超前 $i=5\cos(6\pi t-15°)$ A 的相位差是（　　）。
   A．-65°　　　　B．65°　　　　C．25°

7. 在自检图 5-2 所示电路中，$R=X_L=X_C$，并已知安培表 A_3 的读数为 3A，则安培表 A_1、A_2 的读数应为（　　）。
   A．1A、1A　　　B．3A、0A　　　C．4.24A、3A

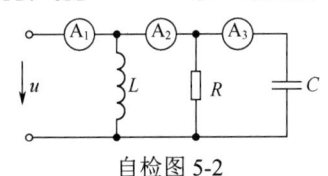

自检图 5-2

8. 在频率为 f 的正弦交流电路中，一个电感的感抗等于一个电容的容抗。当频率变 $2f$ 时，感抗为容抗的（　　）。
   A．1/4　　　　B．1/2　　　　C．4　　　　D．2

9. 在电路的暂态过程中，电路的时间常数 τ 越大，则电流和电压的增长或衰减就（　　）。
   A．越快　　　　B．越慢　　　　C．无影响

10. 某对称三相电源绕组为 △ 形连接，已知 $\dot{U}_{AB}=220\angle15°$ V，当 $t=10s$ 时，三个线电压之和为（　　）。
    A．380V　　　　B．0V　　　　C．$380/\sqrt{3}$ V

三、计算题（每题 10 分，共 50 分）

1. 求自检图 5-3 所示电路的戴维南等效电路。

自检图 5-3

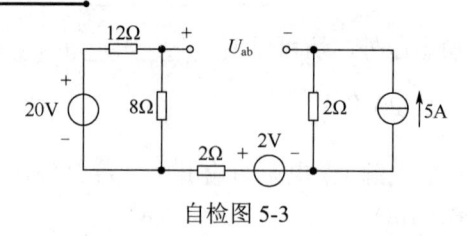

2．RL 串联电路接到 220V 的直流电源时功率为 1.2kW，接在 220V、50Hz 的电源时功率为 0.6kW，试求它的 R、L 值。

3．已知对称三相负载各相复阻抗均为 $8+j6\Omega$，Y 形连接于工频线电压为 380V 的三相电源上，若 u_{AB} 的初相为 60°，求各相电流。

4．自检图 5-4 所示电路，U_{S1}=9V，U_{S2}=6V，R_1=6Ω，R_2=3Ω，L=1H。开关 S 闭合之前电路已处于稳态，在 t=0 时开关 S 闭合。试用三要素法求开关闭合后的 i_L 和 u_2。

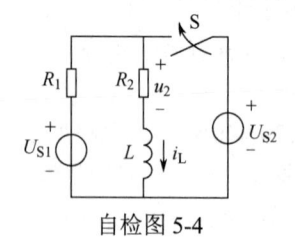

自检图 5-4

5．某同学说一台电压为 220V/110V 的变压器，原绕组匝数为 3000 匝，副绕组匝数为 1500 匝，可以将匝数减为 200 匝和 100 匝，以减少铜线，是否正确？为什么？

附录 B　自我检测题参考答案

自我检测题一

一、填空题（每空 2 分，共 50 分）

1. +12V　0V　+12V
2. $10I+5$
3. 1.5V，1.5Ω
4. $u=\sqrt{2}X_\text{L}\sin(\omega t+135°)\text{V}$
5. （1）$20\sin(\omega t+45°)$　（2）相量图如下图所示。
6. 13V　14.4V　3V
7. 7.6W　8var　0.6
8. 提高功率因数　变大　不变
9. 零
10. 27.3A　13A
11. 三相交流电　$n=60f_1/p$
12. R_1
13. 变频调速、变极调速、转子电路串接电阻调速

二、计算题

1. I=0.88A，U_a=44V，U_r=215.6V，$\cos\varphi$=0.2，P=38.7W，Q=189.7var，S=193.6VA
2. I_N=19.89A，T_N=65.4N·m，T_st=98.1N·m，I'_st=43A，T'_st=32.7N·m，不能选用启动，原因是负载转矩大于启动转矩
3. U_p=380V，I_p=76A，I_l=132A，P=69312W
4. I=0.03A
5. 答案如下图所示。

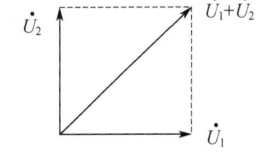

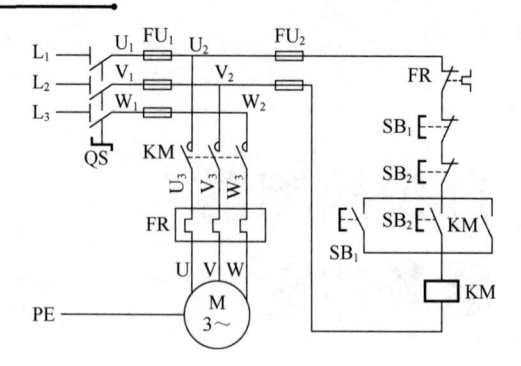

自我检测题二

一、判断题（共8分）

1. × 2. √ 3. √ 4. × 5. √ 6. × 7. √ 8. ×

二、填空题（共32分）

1. −4A 2. 13V，10V 3. 5V 1Ω 4. $\dfrac{I_m}{\sqrt{2}\omega C}\angle -60°$ V 5. 220V 314rad/s 60°

6. $X_L = X_C$ 7. 使三相负载互不影响 8. 感 9. 0 10. $10\sqrt{2}$ A

11. $\sqrt{3}$ 12. $i = C\dfrac{du}{dt}$ $W = \dfrac{1}{2}CU^2$ 断路

三、计算题（共50分）

1. $I=2$A 2. $U_C=1$V $i_2=157\sqrt{2}\sin(314t+180°)$A 3. 功率因数为0.6
4. $i = 129\sin(\omega t + 180°)$ A 5. 无功功率为200var

四、问答题

1. 相电压是火线和零线之间的电压。线电压是火线和火线之间的电压。对于星形接法的正序的三相交流电源，相电压的大小是线电压的$1/\sqrt{3}$，且相位滞后30°。
2. 充分利用电能；并电容的方法。

自我检测题三

一、选择题（共18分）

1. C 2. C 3. B 4. B 5. A 6. C 7. A 8. D 9. C

二、填空题（共22分）

1. 2A 2. −10V 3. 30V 5Ω 4. 2A 2.5Ω 5. $50\sqrt{2}$
6. $|Z| = \sqrt{R^2 + (X_L - X_C)^2}$

7．相同　120°　8．$X_C=X_L$

三、计算题（共 50 分）

1．I_1=10A　I_2=5A　I_3=5A
2．I=20A　U_L=60V　P=1600W　Q=1200var
3．I=2A
4．U=20V

四、问答题（共 10 分）

1．不能
2．使三相负载互不影响

自我检测题四

一、填空题（每空 1 分，共 30 分）

1．3Ω
2．20 A　1Ω
3．铁芯　线圈　电压　电流　阻抗
4．同相　正交　超前　正交　滞后
5．5　感
6．谐振　最小　最大　过电压　最大　最小　过电流
7．线　相　1　1.732
8．长　短
9．$i_L(0_+)= i_L(0_-)$和 $u_C(0_+)=u_C(0_-)$。

二、选择题（每题 2 分，共 20 分）

1．C　2．B　3．C　4．B　5．B
6．C　7．C　8．B　9．C　10．B

三、简答题（每题 10 分，共 50 分）

1．解：可用戴维南定理，
将负载 R 断开，得到有源二端网络，如下图所示，可求开路电压：
$$U_{OC} = \frac{9}{4+12} \times 12 = 6.75 \text{ (V)}，$$

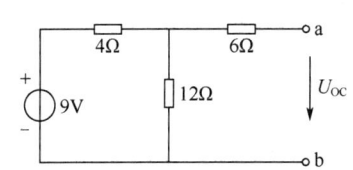

得到无源二端网络如下图所示,可求等效电阻为:

$$R_O = \frac{4 \times 12}{4+12} + 6 = 9 \ (\Omega)$$

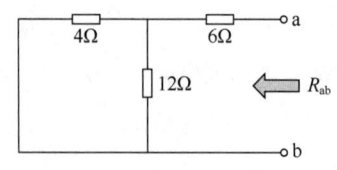

根据等效电压源电路如下图所示,$U = \frac{6.75}{9+R} \times R = 4.5$ 求出:$R=18\Omega$

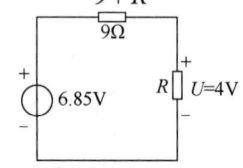

2. 解:根据题意可知,电路中发生了串联谐振。

$$Z_{BC} = \frac{1}{0.1+j0.1} = \frac{1}{0.1414\angle-45°} = 7.07\angle 36.9° = 5 - j5(\Omega)$$

因谐振,所以 $Z_{AB} = Z_{BC} = 5 + j5(\Omega)$

3. 解:各相电流均为 220/10=22A,由于三相不对称,所以中线电流

$$\dot{I}_N = 22 + 22\angle-30° + 22\angle 30° = 22 + 19.05 - j11 + 19.05 + j11 = 60.1\angle 0° \ A$$

三相有功功率实际上只在 U 相负载上产生,因此 $P=22^2 \times 10=4840W$,相量图略。

4. 解:$u_C(0-)=4V$,$u_C(0+)=u_C(0-)=4V$,$i_1(0+)=i_C(0+)=(6-4)/2=1A$,$i_2(0+)=0$
换路后的稳态值:$u_C(\infty)=6V$,时间常数 $\tau=RC=2\times 0.5=1\mu s$
所以电路全响应:$u_C(t)=u_C(\infty)+[u_C(0+)-u_C(\infty)]e^{-t/\tau}=6-2e^{-1000000t}V$

5. 解:理想变压器的反射阻抗 $Z_{1n} = n^2 \ \Omega$
由负载上获得最大功率的条件可得

$$10^4 = n^2, \quad n = 100$$

理想变压器负载上获得的最大功率:

$$P_{max} = \frac{100^2}{4\times 10^4} = 0.25W$$

自我检测题五

一、填空题(每空1分,共30分)

1. 27Ω
2. 5I−10
3. 0
4. 保证负载的相电压严格等于电源的相电压　　熔丝和开关
5. 220∠120°　220∠0°　0

6. L/RC　很大　电流

7. 电容　减小　减小　不变　减小

8. 5A　感

9. 线　相　1　1.732

10. 火　零　三相四线

11. 初始　稳态　时间常数

12. 电流　阻抗

二、选择题（每题 2 分，共 20 分）

1．A　　2．D　　3．D　　4．A　　5．B

6．A　　7．C　　8．C　　9．B　　10．B

三、计算题（每题 10 分，共 50 分）

1．解：$U_{ab}=0V$，$R_0=8.8\Omega$

2．解：$R = \dfrac{U^2}{P} = \dfrac{220^2}{1200} \approx 40.3\Omega$　　　　$I = \sqrt{\dfrac{P}{R}} = \sqrt{\dfrac{600}{40.3}} \approx 3.86A$

$|Z| = \dfrac{U}{I} = \dfrac{220}{3.86} \approx 57\Omega$

$L = \dfrac{\sqrt{|Z|^2 - R^2}}{2\pi f} = \dfrac{\sqrt{57^2 - 40.3^2}}{314} = \dfrac{40.3}{314} \approx 0.128H$

3．解：$|Z_p| = 8 + j6 = 10\underline{/36.9°}\ \Omega$

$\dot{U}_A = 220\underline{/30°}\ V$

$\dot{I}_A = \dfrac{220\underline{/30°}}{10\underline{/36.9°}} = 22\underline{/-6.9°}\ V$

根据对称关系可得 $\begin{cases} i_A = 22\sqrt{2}\sin(314t - 6.9°)\ A \\ i_B = 22\sqrt{2}\sin(314t - 126.9°)\ A \\ i_C = 22\sqrt{2}\sin(314t + 113.1°)\ A \end{cases}$

4．解：（1）求初始值。因为开关 S 闭合之前电路已处于稳态，故在瞬间电感 L 可看做短路，因此

$i_L(0_+) = i_L(0_-) = \dfrac{U_{S1}}{R_1 + R_2} = \dfrac{9}{6+3} = 1A$，$u_2(0_+) = R_2 i_L(0_+) = 3 \times 1 = 3V$

（2）求稳态值。当 $t=\infty$ 时，电感 L 同样可看做短路，因此

$i_L(\infty) = \dfrac{U_{S2}}{R_2} = \dfrac{6}{3} = 2A$，$u_2(\infty) = R_2 i_L(\infty) = 3 \times 2 = 6V$

（3）求时间常数 τ。将电感支路断开，恒压源短路，得

$$R = R_2 = 3\Omega, \quad \tau = \frac{L}{R} = \frac{1}{3}\text{s}$$

（4）求 i_L 和 u_2。利用三要素公式，得

$$i_L = 2 + (1-2)e^{-3t} = 2 - e^{-3t}\text{A}, \quad u_2 = 6 + (3-6)e^{-3t} = 6 - 3e^{-3t}\text{V}$$

5. 答：不可以。因为 $U=4.44Nf\Phi_m$，而要减少匝数，就必须增大磁通，也就是要增加磁芯的大小，提高了材料成本。

参 考 文 献

[1]宋卫海．电路分析学习辅导与技能训练．山东：山东科学技术出版社，2006．
[2]张仁醒．电工专业技能实训．北京：机械工业出版社，2010．
[3]林平勇．高嵩．电工电子技术．北京：高等教育出版社，2001．
[4]罗挺前．电工与电子技术．北京：高等教育出版社，2001．
[5]席时达．电工技术2版．北京：高等教育出版社，2003．
[6]吕厚余．申群富，肖惠惠．电工电子学．重庆：重庆大学出版社，2001．
[7]田淑华．电路基础习题解答与实践指导．北京：机械工业出版社，2013．
[8]刘青松．电路基本分析学习指导．北京：高等教育出版社，2005．
[9]董力．郑怡，电工技术．北京：化学工业出版社，2005．
[10]马应魁．电气控制技术实训指导2版．北京：化学工业出版社，2006．
[11]沈翊．赵素英．电子电工应用基础．北京：化学工业出版社，2006．
[12]罗良陆．电工电子技术基础．大连：大连理工大学出版社，2006．

反侵权盗版声明

电子工业出版社依法对本作品享有专有出版权。任何未经权利人书面许可，复制、销售或通过信息网络传播本作品的行为；歪曲、篡改、剽窃本作品的行为，均违反《中华人民共和国著作权法》，其行为人应承担相应的民事责任和行政责任，构成犯罪的，将被依法追究刑事责任。

为了维护市场秩序，保护权利人的合法权益，我社将依法查处和打击侵权盗版的单位和个人。欢迎社会各界人士积极举报侵权盗版行为，本社将奖励举报有功人员，并保证举报人的信息不被泄露。

举报电话：（010）88254396；（010）88258888
传　　真：（010）88254397
E-mail：　dbqq@phei.com.cn
通信地址：北京市万寿路 173 信箱
　　　　　电子工业出版社总编办公室
邮　　编：100036